KB150529

외식 식공간 연출

RESTAURANT SPACE DESIGN 외식 식공간 연출

홍종숙·전지영·조태옥 지음

교문사

머리말

식문화는 인간을 가장 인간답게 하는 문화적 행동이며, 한 민족이 같은 환경에서 공통적으로 나타내는 행동양식이다. 그 시대를 살아가는 사람들의 생활상을 엿볼 수 있는 중요한 문화이기도 하다. 식문화는 그 나라의 문화를 대표한다. 우리 생활의 여러 부분들이 모여 하나의 식문화를 이룬다.

예전에는 대부분 집에서 음식을 해 먹는 내식이었는데, 현재는 점차 사람들의 활동영역이 넓어지고 전문화되면서 자연스럽게 외식이 늘고 있다. 외식산업의 발달에 따라 음식은 단순히 생리적으로 영양소를 공급하는 것을 넘어서서 문화와 서비스를 판매하는 상품으로 자리매김하였다. 먹고 살기 힘들었던 과거와는 달리 현재는 의식주를 모두 즐기면서 삶을 충족시키는 라이프스타일로 바뀌었고, 식문화에서도 그 변화양상은 다양하게 나타나고 있다. 푸드스타일링과 음식을 먹는 식공간 분위기에 대한 소비자들의 요구가 커지고 있는 것이다.

현대인은 건강에 대한 관심이 높아지면서 음식에 대한 고급화를 지향하게 되었다. 그 이유는 단순하게 식사하는 것을 떠나 보다 즐겁고 쾌적한 분위기에서 식사하기를 원하기 때문이다. 현대 식공간은 맛있는 음식을 멋있게 먹기 위한 공간, 즉 먹는 공간이 멋있는 공간이어야 하는 것이다. 음식은 당연히 맛이 있어야 하고 여기에 시각적인 즐거움을 주는 요소 또한 필요하다. 식사를 하는 공간의 모든 요소는 소비자의 심리에 영향을 미치며 감정에 영향을 준다. 고급화, 다양화, 세분화되는 소비자의 니즈에 부응하기 위해서 시각적 요소 외에 음향, 향기 등 공간을 이용하는 자들의 오감을 충족할 수 있는 분위기를 조성해야 한다. 이러한 역할을 바로 공간연출자가 감당해야 한다. 현대사회에서 외식시장의 급속한 성장으로 인해 식공간 연출은 점점 차별화 전략을 펼치고 있다. 식공간 연출의 차별화가 있어야 이용자들이 공간을 선택하는 데 도움이 되기 때문이다.

본서에서는 외식산업에서 효과적으로 식공간을 연출할 수 있도록 1장 외식산업과 식공간 연출에 대한 개념, 2장 외식산업의 역사, 3장 디자인 기초이론, 4장 색채 디자인, 5장 식공간 감성마케팅, 6장 테이블 세팅, 7장 이미지별 스타일, 8장 식공간 디자인, 9장 외식산업 이벤트, 파티, 전시공간 연출, 10장 외식산업 업종별 식공간 연출 사례 등으로 구성하였다. 부록에서는 전시 공간 연출 사례를 실어 좀 더 식공간 연출에 대한 이해를 돕고자 하였고, 독자들이 직접 식공간 연출 모델링을 실습해 보도록 했다.

끝으로 독자들에게 도움이 되고자 이 책을 집필하였지만 여러 가지로 부족함을 느낀다. 내용의 이해를 위해 인용한 저서의 저자 분들께 양해를 구하며 심심한 사의를 표한다. 급한 일정에도 많은 도움을 주신 (주)교문사 임직원과 편집을 위해 고생하신 편집팀에게도 깊이 감사드린다.

2014년 10월

홍종숙, 전지영, 조태옥

차례

CHAPTER 10

외식산업 업종별 식공간 연출 사례

CHAPTER 1

외식산업과 식공간 연출

CHAPTER 1

외식산업과 식공간 연출

외식산업의 발달과 식공간의 개념

초기 인류는 채집을 통해 구한 식재료를 가지고 생식을 하였으며 불을 사용하게 되면서 음식을 조리해 먹기 시작하였다. 차츰 음식을 재배하게 되면서 정착생활을 시작하였고 점차 식기의 사용과 음식을 먹는 상차림이 발달하게 되었다. 음식문화는 그 시대를 살아가고 있는 사람들의 생활상을 볼 수 있는 중요한 문화이다. 식생활의 대부분이 집에서 음식을 해 먹는 내식의 개념이었다면 점차 사람들의 활동영역이 커지고 전문화되어 가면서 음식을 집이 아닌 밖에서 사먹게 되는 외식의 형태가 발달하게 되었다. 먹고 사는 것 자체가 어려웠던 시절엔 외식을 한다는 것은 연중행사로 각별한 체험이었다.

경제성장과 질적 의식수준의 향상은 단순히 배를 불린다는 것 이상으로 음식을 즐기는 과정이 되었다. 선진국에서는 레스토랑을 EAST상품이라 부르기도 한다. EAST란 약자로 즐거움(entertainment), 분위기(atmosphere), 음식의 맛(taste), 위생(sanitation)을 의미한다. 단순히 배를 불리기 위한 의미의 레스토랑이 아니라 앞서

• 다양한 레스토랑의 분위기

말한 즐거움, 분위기, 맛, 위생의 4가지의 기능을 모두 갖춘 총체적인 가치, 즉 토털 상품을 파는 장소를 레스토랑이라고 한다. 외식산업에서 음식은 단순히 생리적인 영양소를 공급하는 것을 넘어서서 문화와 서비스를 판매하는 상품으로 자리매김하게 되었다. 점차 음식뿐만 아니라 푸드스타일링과 음식을 먹는 식공간 분위기에 대한 소비자들의 요구가 커지고 있다. 다양한 소비환경으로부터 영향을 받는 소비자는 레스토랑 방문 시 어떤 이미지를 갖느냐에 따라 구매 성향이 나뉜다. 소비자들의 레스토랑 선택기준은 자신의 자아이미지와 점포이미지가 일치하는가에 따라 선택하기 때문이다. 이러한 레스토랑의 이미지는 소비자의 구매행동에 영향을 미치게 된다. 또한 레스토랑의 이미지는 마케팅 전략의 결과로 형성되는데 점포의 입지, 메뉴, 분위기, 가격, 광고, 서비스 등 소매업자에 의해 통제가 가능한 변수 하나하나가 레스토랑의 이미지 형성에 영향을 미치게 된다. 그러므로 레스토랑 사업주

• 실내 식공간

는 자신의 점포 이미지에 대해 지속적으로 파악하여 소비자의 취향을 읽어야 하며, 레스토랑을 장기적으로 운영하기 위해서는 점포이미지를 소비자의 라이프스타일이나 개성을 고려하여 파악하는 접근방법이 필요하다.

레스토랑의 분위기는 주로 물리적 특성(건물 설계, 복도 레이아웃, 벽과 바닥의 재질, 향기, 컬러, 내부 인테리어 등)에 대한 지각으로부터 형성되며, 레스토랑의 이미지를 구성하는 요소이기도 하다. 레스토랑의 분위기는 소비자의 정서적인 상태에 영향을 미치고, 다시 레스토랑 내 구매 행동에 긍정적이거나 부정적인 영향을 주며 이러한 감정을 통하여 구매 행동에 영향을 미치게 된다. 이와 같이 물리적 환경이 중요하게 되면서 특히 식공간에 대한 중요성이 커지고 있는데 그렇다면 식공간이란 무엇인지, 그 개념에 대한 정의는 다음과 같다.

식공간(食空間)이란 '음식을 먹는 공간'을 의미하는데 이는 테이블이나 식당 등

• 야외 식공간

• 테이크아웃(take-out) 식공간

한정된 공간뿐 아니라 음식을 먹는 행위가 이루어질 수 있는 포장마차나 야외 공원이나 들판, 사무실, 학교, 자동차 등 광범위한 공간을 포함한다. 어떠한 환경이나 여건이든지 간에 식공간으로의 변환이나 공간창출이 가능하며 음식을 먹는 행위가 이루어지는 적용범위가 확대될수록 식공간의 개념과 영역도 넓어지게 될 것이다.

외식산업의 물리적 환경과 식공간의 중요성

1980년대에 접어들면서 체험 마케팅이 등장하면서 대중들이 이용하는 공간에 감각적으로 체험을 경험하는 추세가 급속하게 번져 나갔다. 레스토랑을 새롭게 연출하고, 미술관을 개조하고, 체험에 대한 기대를 갖게 하는 호텔이 세워졌다. 이런 곳에서 느낄 수 있는 매력적인 감각과 기분 좋은 흥분감, 편안함은 이용하는 소비자들에게 대중적인 시설들을 개인의 공간처럼 느끼게 하였다. 고객들은 판매하고 소비하는 장소로만 여겨졌던 공간에 대한 개념이 즐거움과 편안함, 상호작용 등의 영역으로써 확장된 개념으로 변하였다. 이렇게 하여 '제3의 공간(the third place)'이라는 개념이 등장하였고 이러한 '연출된 공간'은 우리가 생활하는 공간에서 좋은 활력소가 되고 있으며, 상업공간은 제3의 공간이 될 수 있다. 제3의 공간은 일시적이지만 자기 집처럼 느끼는 편안함의 정서적 부가가치를 의미한다.

상업공간은 먼저 여러 사람이 모이는 것이 가능해야 한다. 레스토랑 역시 사람들이 모여야 하는 장소이며, 사람들이 오지 않는 레스토랑은 아무런 의미를 갖지 못한다. 이미 우리나라 외식업 시장은 공급과잉 시대이다. 이러한 상황에서 사람들이 모이게 하기 위해서는 보다 편안하고 쾌적하며 색다른 경험이 레스토랑에서 이루어져야 하며 메뉴나 서비스를 공급하기 위해 디자인, 공간, 경영이 동시에 고려되어야 한다. 레스토랑에서 소비자는 식사를 한다거나 서비스를 공급받을 때 단순히 식사를 하는 의미를 넘어 정신적으로 느끼는 질적 가치의 만족까지도 원하는 시대가 되었다. 식공간은 기본적으로 먹는 행위가 일어나는 장소뿐만 아니라, 가족이나 단체의 친목도모나 사교의 장으로 이용되거나, 외교나 정치 등 중요한 사안을 결정하는 커뮤니케이션의 장으로 활용되고 있다.

외식공간은 제조업이나 판매업과는 다르게 현장에서 직접 음식을 만들고 서비스를 제공하는 특성을 가지고 있고, 기본적으로 먹는다는 의미 외에도 분위기, 오락, 즐거움을 주는 요소를 가지고 있으며 전체적으로 고객이 느끼는 경험을 말한다. 문화의 발전에 따른 식문화의 발전은 식공간 연출을 디자인하는 이의 사고방식을 확장, 발전시켰다. 식사를 하는 행위는 배를 채우는 개념에서 맛있는 것을 먹는 개념으로 변하였다. 더 나아가 오감만족을 시켜주는 음식과 그 외 음식에 필요한 식기, 커트러리 등 테이블 세팅을 포함하여 식공간 연출과 레스토랑의 마케팅까지 이러한 모든 요소들이 유기적으로 조화를 이루어야 만족감을 느낄 수 있다. 식공간은 이제 하나의 문화공간으로 인식하고 자리매김하고 있으며 일반적으

• **실내외 레스토랑**

로 건물을 포함하는 내외장, 가구, 공급비품 등 물리적 장치로서 해석되는 일이 많으며, 식사를 하는 사람 역시 중요한 역할을 한다. 식사는 식사를 하는 시간 동안의 체험이므로 배경음악이나 조명 등 시간에 의한 여러 가지 요소가 중요한 역할을 한다. 라이프스타일의 변화와 소비자의 의식변화에 따라 식공간연출가는 꾸준하게 소비자와 니즈변화, 주변 외식시장의 변화를 관찰하고 소비자에게 식문화를 즐길 수 있는 공간을 제시하여야 한다. 각 공간의 특성에 맞도록 기능적인 면과 미적인 아름다움을 동시에 고려하여 식공간을 연출하는 것이 중요한 기본 원리이고, 무엇보다도 식사를 하는 사람들의 입장에서 가장 필요한 것이 무엇인지를 고려하는 인간에 대한 마음이 필요하며, 음식과 공간을 통하여 상대방에게 친절함과 즐거움을 베푸는 마음가짐으로 일을 하는 것이 중요하다.

식공간 연출은 물리적인 조형적인 면, 기능적인 면, 심리적, 심미적, 가시적인 주변 환경 등 다양한 요인에 의해 영향을 받으며 복잡하게 얽혀 있다. 식사를 하는 공간이면서 동시에 편안하게 휴식을 제공하는 공간이기도 하고, 분위기 있고 즐거운 새로운 장소의 기능을 수행해야 한다. 이로 인해 식공간을 이용하는 사람들의 앞서 말한 기능적이고 동시에 심리적인 욕구를 충족시켜주어야 하며 커뮤니케이션과 문화교류의 장이 될 수 있는 공간이 되어야 한다.

외식산업 식공간 연출의 방향성

먹고 살기 힘들었던 과거와는 다르게 의식주를 즐기는 삶으로 라이프스타일이 자연스럽게 바뀌게 되면서 식문화에서도 그 변화양상은 다양하게 나타났다. 현대인의 건강에 대한 관심이 높아지면서 음식에 대한 고급화를 지향하게 되었다. 이는 현대의 식공간이 단순하게 식사를 하는데 그치는 것이 아니라 보다 즐겁고 쾌적한 분위기에서 식사하기를 원하며, 맛있는 음식을 멋있게 먹기 위한 공간, 즉 먹는 공간이 멋있는 공간이어야 하는 것을 의미한다. 음식 맛은 당연히 있어야 하는 것이고 여기에 시각적인 즐거움을 주는 요소 또한 필요한 것이다. 식사를 하는 공간의 모든 요소가 소비자의 심리에 영향을 미치며 감정에 변화를 주기 때문이다. 고급화, 다양화, 세분화되는 소비자의 니즈에 부응하기 위해서 시각적 요소 이외에도 음향, 향기 등 공간을 이용하는 자들의 오감을 충족할 수 있는 분위기를 조성해야 할 것이며 이러한 역할이 바로 공간연출자가 감당해야 하는 몫이다. 현대사회에서 외식시장의 급속한 성장으로 인해 식공간 연출은 차별화 전략을 펼치고 있다. 이러한 식공간 연출의 차별화는 곧 공간을 이용하는 자들이 이 공간을 선택하게 하는 가장 효과적인 방법이 되기 때문이다.

식문화에 대한 세분화된 변화양상으로는 블로그 등을 통해 사람들이 맛집에 대한 정보를 공유하고, 정보를 통해 먼 길도 마다 않고 외식업체를 방문하여 문 밖에서 장시간 기다림을 감수하고라도 먹으려는 식도락가들이 생긴 것을 들 수 있다. 또한 레스토랑 내에 테이블을 한두 개만 놓고 소수 정예로 손님을 받으며 최상의 음식과 서비스를 통해 감동을 주는 레스토랑도 생겼다. 미식가로 불리는 사람들에게 새로 생긴 괜찮은 레스토랑을 먼저 발견하고 주변인들에게 소개하는 것은 일상의 즐거움이 되었다. 소비성향은 개개인의 가치관에 따른 다양한 미적 감수성을 표출할 수 있는 여러 디자인을 필요로 하게 되었고, 이전처럼 다수를 위한 디자인이 아니라 각각의 소비자에 대한 디자인이 되어야 한다. 따라서 다양화, 세분화, 전문화, 고급화, 세분화된 레스토랑 디자인에서 소비자는 똑똑하게 자신의 취향과 같은 것을 선택하는 것이다.

식문화의 발전은 새로운 직업군을 만들어냈다. 테이블 데코레이터, 푸드스타일리스트 등을 비롯한 관련 업종의 인기도 높아지고 있는데 오너셰프, 레스토랑 컨설턴트를 예로 들 수 있다. 외식시장에서 식공간이 초기에는 콘셉트에 따른 인테리어와 메뉴, 서비스 등을 고려하여 세팅되었지만 발렌타인데이나 크리스마스, 돌잔치 등 특별한 이벤트나 계절적 변화에 따라 공간연출을 병행해야 하는 경우가 많아지게 되면서 이런 상황별 공간연출에 대한 전문가가 필요한 실정이다. 또한 음식에 어울리는 식기의 제안이나 테마에 맞는 테이블 클로스, 센터피스 등을 구상하여 연출하는 것도 식공간연출가의 몫이라 할 수 있다.

식공간연출가는 음식문화에 대한 전반적인 이해와 각 테마에 어울리는 소재와 재질, 이벤트와 행사의 전반적인 기획자적 역량도 필요할 뿐만 아니라 무엇보다도 음식을 먹는 사람의 기본적인 편의와 심리적인 안정감과 미적인 충족 또한 고려해야 한다. 이에 점차 확대되어 가고 있는 외식시장에서 식공간에 대한 중요성을 인식하고 보다 좋은 환경에서 고객들이 만족할 수 있도록 많은 노력을 기울여야 할 것이다.

CHAPTER 2

외식산업의 역사

CHAPTER 2

외식산업의 역사

한국 외식산업의 역사

한국의 외식산업

《삼국사기》에 의하면 490년 신라의 서울 경주에 처음으로 시장이 개설되었다. 이후 509년에는 동시, 695년에는 서시, 남시 등의 상설시장이 개설되었다. 고려시대(983년) 개성에는 성체, 낙빈, 연령, 희빈 등의 이름을 가진 식당을 개설했다는 기록이 《고려사》에 기록되어 있다.

1103년에는 지방의 각 고을에서도 술과 음식을 팔고 숙박도 겸하게 하는 상설식당을 개설하도록 하여 훗날에는 물상객주, 보행객주 등의 시초가 되었다. 진주에서 생겨난 주막집, 목로주점은 오늘날의 식당에 숙박을 겸하는 형태로 발전된 것이다.

1900년 이전에 집 이외의 장소에서 식사를 할 수 있는 음식점은 거의 없었으며, 사람들의 왕래가 잦아지게 되면서 주막, 목로술집, 국밥집 등 요깃거리를 파는 곳이 생기게 되었다.

'식당'이라는 단어의 시작은 조선시대 성균관 명륜당 앞 좌우동제와 서제에 있던 선비와 유학들이 식사하는 곳의 이름인 '진사식당'이라 한 것에서부터 연유되었다. 조선시대에는 지금의 행상인 보부상들의 활동이 성행함에 따라 주막이 발달하였다. 이곳은 객주, 객사 등으로 부르기도 하였는데 식사를 하게 되면 무료로 잠자리가 제공되었다. 상거래의 진행이 활발해지고 타 지역 간의 왕래가 서로 잦아지면서 기존의 주막이 수용하는 데 한계에 다다랐으며 숙박 전문업이나 요리 전문점이 생겨났다. 조선시대의 식당이라 함은 집을 떠난 이들에게 숙식을 동시에 충족시켜주는 소규모의 업소로 그 명맥을 유지해 왔다.

우리나라의 식문화에 외국음식이 소개되기 시작한 것은 개화기에 접어들면서부터이다. 서양의 음식을 처음 접하게 된 것은 1800년대 후반 제물포 앞바다에 온 영국인 홀이 군함에 한국인을 불러 유럽 음식과 포도주를 대접한 데서 시작되었다. 서양음식은 유길준의 《서유견문》(1895)에 소개되었으며 서양인들이 먹는 빵과 우유, 버터, 각종 육류, 주스나 커피에 대한 자세한 내용이 담겨 있다.

개화기에 들어서서 일본, 중국, 서양 음식이 들어오게 되었고 전문 음식점까지 생겨났다. 요리는 일본사람들이 헤이안 시대부터 팽자식물이라 하여 익혀서 먹는 의미로 쓴 말을 우리나라에서도 그대로 일제강점기에 받아들여 요리라는 말을 쓰게 되었다. 요릿집 또는 요정이라 불리며 이곳에서는 격식에 맞추어 주안상을 차려서 영업하였다.

1879년 병자수호조약 이후 서울 종로를 중심으로 식당이 생겨나기 시작하면서 식당업과 숙박업으로 구분, 본격적인 외식업의 형태를 보이기 시작했다. 1908년에는 한성기생조합이 생겨났는데 이는 구한말의 관기를 중심으로 한 조합이라 할 수 있다. 이는 기생이 노예 상태에서 자유업으로 전환되는 시기이었으며, 동시에 기생을 데리고 유흥업을 하는 요릿집이 시발점이 되었다.

최초의 전문음식점은 조선 궁중 최고의 주방장인 대령숙수로 연향음식을 책임지던 안순환이 1890년 나라가 망한 이후 궁중에서 일하던 조리사와 기생들을 모아 '명월관'(1903)을 만들었다. 청나라 요릿집이나 일본 요릿집이 저마다 성업 중이니 자연히 우수한 조선음식을 전문으로 하는 요릿집이 문을 연다면 분명 성공할 수 있다고 판단한 것이다. 궁중음식을 시중에 내놓게 되면서 일반인도 궁중음

• **명월관**

자료: 한국민족문화대백과

식을 접할 수 있는 기회가 되었다. 그는 독상 문화였던 음식상 차리기를 여럿이 함께 음식을 먹을 수 있도록 교자상을 개발하여 이후 한정식의 원형을 만들어냈다. 주로 고관이나 친일계 인물들이 자주 드나들었으며, 문인과 언론인들도 출입하였다. 1918년 5월 24일 명월관이 소실되자 안순환은 장춘관(長春館)의 주인 이종구(李鍾九)에게 명월관 간판을 내주어 서울 돈의동 139번지(지금의 피카디리극장 자리)에 명월관 별관 간판을 걸게 하였다. 그리고 자신은 이종구의 소개로 종로구 인사동 194번지에 위치한 순화궁(順和宮) 자리에 명월관 분점격인 태화관(太華館)을 개점하고 영업을 시작하였다. 이 태화관에서는 기미독립선언 때 안순환의 주선으로 손병희(孫秉熙) 등 33인의 민족 대표가 모여 독립선언문을 낭독하고 축하연을 베풀기도 하였으나, 이 일로 인해 문을 닫았다. 그 후 안순환은 식도원(食道園: 지금의 남대문로 1가 신한은행 본점 자리)이라는 광교에 서울에서 가장 큰 요릿집을 새로 내었다.

식도원은 조선요리를 잘 만드는 곳으로 유명하여 연회가 벌어졌는데 주로 돈 많은 손님이 기생을 불러 놓고 연회를 벌이곤 하였다. 통감인 이토 히로부미도 자주 드나들었다고 전해진다. 요릿집의 음식이 차츰 변모하여 한국적인 음식이 타락하여 〈동아일보〉에 나온 글에 "유감인 것은 조선 요리를 전문으로 한다는 각 요리점에서 한갓 이익에만 눈을 뜨고 영원히 조선 요리의 맛깔 좋은 지위를 지속할 생각을 못한 결과 서양 그릇에 아무렇게나 담고, 신선로 그릇에 얼토당토않은 일본 요리 재료가 오르는 등 가석한 지경에 이르렀다."고 하였다(동아일보 1921. 4. 4.).

우리나라에서 호텔이라고 양식설비를 갖춘 숙박시설이 처음으로 등장한 것은 병자수호조약 체결 이후 부산, 원산, 제물포(인천) 등 3개 항구가 개항되고 외국인의 왕래가 빈번해지기 시작하면서부터이다. 서구문물은 여러 가지 변화를 가져왔는데 숙박시설도 역시 많은 변화를 가져왔다. 객주, 여객, 주막 등 전통적인 숙박시설과는 다르게 여관, 호텔 등 낯선 모습의 고급스런 시설이 들어서게 되었다. 한일합방 이후 일본은 고종에게 일본궁중요리사를 보내 서양요리를 만들었으며 주 2회 정도 서양식 만찬을 베풀고 주방장과 웨이터를 두었다.

처음으로 우리나라에 호텔 간판이 붙은 고급 숙박시설은 1888년(고종 25년) 일본인 호리(堀力太郎)가 인천에 세운 대불(大佛)호텔이다. 이때에는 아직 경인선(京仁線)이 개통되기 이전이라 인천에 도착한 외국인들은 대개 하루 이상 인천에 머물렀기 때문에 호텔이 제일 먼저 생긴 것이다.

1902년에 독일 여인 손탁(Sontag: 한자명 孫鐸)이 서울 정동에 손탁호텔을 세웠다. 손탁은 프랑스에서 독일로 양도된 알자스-로렌 출신으로, 그의 여동생이 조선의 초대 러시아 공사관이 된 칼 베베르와 결혼하면서 조선과 인연을 맺게 되었다. 베베르의 추천을 받아 민비(명성황후)를 알현하고 이후 왕실의 접대 담당자가 되었다. 그녀는 궁궐 실내 장식을 서양식으로 꾸미고, 주방에도 서양 식기를 마련하는 등 왕실의 면모를 바꾸는 일을 맡았다. 1895년 당시 서울에 온 지 10년 가까이 된 손탁은 고종과 민비로부터 신임을 받고 고종의 탄신일 연회를 성공적으로 마무리하면서 손탁에게 파격적으로 경운궁(덕수궁)과 도로를 마주보는 곳에 있는 왕실 소유 토지와 가옥을 하사하였다. 하사받은 집을 서양식 실내장식으로 바꾸고 프랑스식 요리를 고종에게 올리곤 하였는데 자신의 집에 모인 서양인들에게도 그와 같은 음식을 제공하였다. 고종이나 왕실과 접촉하려는 외국인들은 먼저 손탁을 통하지 않으면 안 되었다.

우리나라 최초의 양식당 역시 손탁호텔 내 레스토랑이라 할 수 있다. 이곳이 서양요리를 먹을 수 있는 우리나라 첫 레스토랑이며 커피가 처음으로 보급된 곳이기도 하다. 한국에서의 커피는 1896년 아관파천 당시 러시아 공사관에서 고종황제가 처음 마셨다고 전해지고 있다. 또 다른 기록으로 1884년부터 한국에서 선교사로 활동한 알렌(Allen)의

• **손탁호텔**

자료: 한국민족문화대백과

저서에는 "궁중에서 어의로서 시종들로부터 홍차와 커피를 대접받았다."고 기록되어 있으며, 선교사 아펜젤러(Heny G. Appenzeller)의 선교단 보고서에는 1888년 인천에 위치한 대불 호텔을 통해 커피가 일반인들에게 판매되었음이 밝혀졌다.

1884년 미국의 천문학자 로웰(Lowell)은 그의 저서 《조선, 고요한 아침의 나라(Choson, The Land of Morning Calm)》에서 커피를 대접받았다는 기록을 남겼으며, 유길준의 《서유견문》(1895)에도 커피가 중국을 통해 조선에 소개되었다고 했다. 고종은 고종 32년(1895)에 러시아 공사관으로 파천하고 있었다. 이때부터 고종은 커피를 즐겨 마시게 되었고, 다음 해 덕수궁으로 환궁한 후에도 계속 커피를 즐겨 마셨다고 한다.

광복 이후 국내 정세는 어려운 경제적 여건으로 인하여 매일 먹을 것을 걱정하고 때우는데 급급한 빈곤한 상황이었다. 이 당시 음식점 수는 대략 166개 정도였으며 '외식업'이라는 말보다는 '요식업'이라는 단어가 익숙하던 시기이다.

1950년대는 전쟁으로 인한 어려운 경제적 상황에서 서구문물의 유입에 의하여 빵과 과자 등의 서양음식이 소개되었다. 제분, 제면, 과자제조업, 청량음료, 통조림 등이 작은 규모로 생산되기 시작한 시기이다. 50년대까지는 주막이나 목로주점 등의 전통음식점이 생겨나기 시작하였으나, 외식을 한다는 것은 일반 국민들에게는 쉽지 않은 선택이었다.

해방과 함께 미국식의 생활 방식은 자연스럽게 상류층에게 전달되었다. 1930년대 조선의 상류층은 미국의 생활 방식을 접하였기에 별다른 거부감 없이 받아들이게 되었다. 이러한 분위기에서 서양 빵은 당시 쉽게 접할 수 있는 음식이었다. 무상원조로부터 받은 밀가루가 공급을 초과하였으며 한국인이 대표인 제과점도 이 당시에 등장하였다. 1945년 상미당이 대표적인 사례라 할 수 있다. 1960년대에는 정부가 혼식을 장려하여 동네 빵집이 급증하였다.

1960년대에는 식사를 해결한다는 것이 우선 과제인 시대였다. 식생활의 간소화가 이루어져 라면, 빵, 과자 등의 시장영역이 확보되기 시작하였다. 당시 경제수준은 소비지출 중 식료품비가 60%를 차지할 정도로 경제적인 어려움이 있었던 시대이다. 하지만 영세한 소규모로 음식을 판매하는 활동이 시작되었고 노상점포들이 대량 출현하였다. 이러한 어려운 현실을 반영한 음식이 바로 미군부대에서 나온 식재료로 만든 부대찌개이다.

1963년 인스턴트 라면이, 1966년에는 코카콜라가 국내에 들어오게 되었으며, 1969년에는 인스턴트 칼국수가 상품으로 출시되었다. 제3공화국이 줄기차게 추진했던 혼분식장려운동은 밀가루 음식의 소비를 더욱 부추겼다.

1970년대는 경제여건이 좋아지기 시작하면서 요구르트, 케첩, 마요네즈 등이 유입되었고 식품산업의 공업화에 따른 인스턴트식품 라면 등이 등장하였다. 1970년대 새마을 운동의 등장과 같은 본격적인 경제개발로 인하여 식생활이 개선되었으며, 1977년 '림스치킨'이 국내 최초로 튀김 통닭을 주 메뉴로 한 프랜차이즈 형태를 도입하였다. 현대적 의미의 프랜차이즈 시스템은 '롯데리아'라고 할 수 있는데 1979년 일본 '롯데리아'와 합작으로 소공동에 1호점을 오픈하였다. 국내 기업형 외식업의 효시이자 최초의 해외브랜드로 햄버거와 탄산음료를 판매하는 '롯데리아'가 국내 외식업계의 한 획을 그었다.

한반도에 프라이드치킨은 6·25전쟁 이후 미군 부대를 중심으로 유입되었다. 당시에 미군부대에서 근무하던 한국인들의 입소문을 통해 시중에 알려졌고 일반인들은 이를 '치킨'이라 불렀다. 1960년대 생닭을 팔던 시장 상인들이 치킨센터를 함께 운영하였는데 대부분 닭을 통째로 식용유에 튀겨서 팔았다. 한국식 프랜차이즈 음식점은 미국에서 수입된 패스트푸드점 영업 기법을 도입하여 1980년대부터 본격적으로 성업하기 시작하였다. 뒤이어 매콤하고 달콤한 양념을 가미한 양념통닭이 등장, 시장을 압도하면서 닭고기 소비에 일익을 담당하였다. 체인점 본사에서 재료를 비롯해 음식과 관련된 모든 사항을 제공하였기에 특별한 노하우 없이도 누구나 개업할 수 있었다. 치킨 프랜차이즈는 한국의 대표적인 프랜차이즈 업종으로 자리를 잡았다.

1979년 인스턴트커피가 일반적이었던 시절에 '난다랑'은 원두커피를 최초로 소개한 곳으로, 당시 300원이었던 커피 값을 800원으로 올리며 고급화 전략을 내세우며 커피숍 바람을 일으켰다.

1980년대는 우리나라 외식사업의 전환기로 볼 수 있다. 개인소득의 향상과 함께 경제발전으로 인하여 고급화, 다양한 제품이 소비자의 요구를 높여주었다. 'KFC', '웬디스', '피자헛' 등 해외 프랜차이즈의 국내진출이 급격히 증가하였으며, 한편으로 1983년 '장터국수'를 시작으로 면류의 프랜차이즈 시대가 도래하여 '다림방'과 '다전국수' 등 면 전문점이 성황을 이루었다. 1986년 면류 체인점의 수가 급증하면서 '민속마당', '참새방앗간', '도투락' 등 중소 브랜드가 난립되는 양상을 보이기도 하였다. 면 전문점은 88년까지 40%의 급신장을 기록하였으나 88서울올림픽을 기점으로 매출이 둔화되었다.

이처럼 외식업 발전에 있어서 태동기인 해방기부터 1980년대 중반은 '롯데리아'의 출범에 이어 아시안 게임이 개최된 1986년 이후 국내 브랜드는 물론이거니와 해외 프랜차이즈가 속속 진출하면서 국내 외식산업이 대형화, 표준화, 체인화의 길로 접어들게 되었다.

1985년부터 1990년에는 국내 외식업이 본격적인 외식산업으로 자리 잡은 시기이다. 86아시안 게임과 88서울올림픽은 외식산업을 대형시장으로 이끌었으며 연매출 8조 원이라는 매출을 올렸다. 다국적 외식 브랜드 역시 잇따라 국내에 상륙하여 활발한 점포전개를 시작하게 된 것도 이 시기이다.

1985년에 '피자헛'이 국내 피자시장의 문을 열게 되면서 이후 '피자인'(1985)이 들어오고, '도미노피자'(1989)가 들어오면서 배달전문 체인도 국내 시장에 발을 들이게 되었다.

1986년에 세계적인 햄버거 체인 '맥도날드'가 국내 시장에 들어오면서 이미 1981년에 들어온 '웬디스'와 1984년에 들어온 '버거킹'과 함께 3강 체제를 구축하면서 당시 선두업체인 '롯데리아'를 위협하기도 하였다.

1988년 9월 첫발을 내민 '코코스'는 처음으로 들어온 패밀리 레스토랑으로 단연 외식업계의 주목을 받았으며 고품격 서비스를 내세운 외국계 패밀리 레스토랑 브랜드들이 국내에 상륙하면서 외식업계의 대형화, 고급화를 주도하게 되었다. '코코스' 외에도 'T.G.I.F'(1992), '스카이락'(1994), 'LA팜스'(1994), '베니건스'(1995), '아웃백스테이크하우스'(1997)까지 패밀리 레스토랑은 호텔 레스토랑과 비슷한 품질의 메뉴를 제공하면서도 가격은 훨씬 싼 것이 장점이었다. 더욱이 호텔 레스토랑보다

나은 서비스와 분위기 덕분에 가족 단위의 외식을 원하는 중산층에게 테이블 서비스를 즐기게 하여 인기가 높았으며, 국내 외식시장의 발전을 앞당겼다. 이러한 외국계 패밀리 레스토랑은 이국풍의 실내 인테리어와 세련된 서비스로 국내 외식업소의 위상을 한 단계 올렸으며 또한 고용창출에도 이바지하였다. 하지만 부정적인 시각도 있어 외국브랜드에 로열티를 지불한다는 점과 비싼 가격으로 인해 과소비 조장이 우려된다는 사회 여론도 있었다. 이 시기 해외 유명 브랜드의 선전과 함께 국내 대형 식당들 역시 차츰 그 입지를 확고히 하며 자리매김하였다. '삼원가든'과 '늘봄공원', '한우리'(당시 서라벌), '대원' 등은 물론이고 '용수산', '하림각' 등의 대형식당이 전성기를 구가하며 호황을 누렸다. 이때부터 요식업, 식당업, 음식업이라는 용어에서 외식산업이라는 용어로 변화되기 시작하였다.

1990년대는 간단하게 전통의 맛을 즐기려는 소비자의 욕구에 의해 북어국, 호

표 2-1 **해외 브랜드 도입현황**

종류	브랜드명	시기	점포	출점형태
햄버거	롯데리아	1979년	168개	직영, 가맹
	맥도날드	1988년	28개	직영
	버거킹	1981년	21개	직영
	웬디스	1990년	16개	직영
	서브웨이	1991년	8개	가맹 위주
치킨	KFC	1984년	73개	직영
	파파이스	1994년	5개	직영
피자	피자헛	1985년	69개	직영
	피자인	1984년	36개	직영
	도미노피자	1991년	28개	직영, 가맹
패밀리 레스토랑	코코스	1988년	24개	직영
	T.G.I.F	1991년	4개	직영
	판다로사	1992년	1개	직영
	스카이락	1994년	1개	직영

자료: 매일경제, 1994. 10. 1.

박죽, 식혜 등 다양한 전통음식이 인스턴트식품으로 개발되는 경향이 확산되었다.

1992년부터 경기가 하강곡선을 그렸는데, 당시 BSI 전망에 의하면 '도·소매 숙박 및 음식료업체'가 부진과 채산성 악화업종으로 분류되기도 하였다. 암울한 분위기로 시작된 90년대 상반기에는 외식업이 더 이상 황금알을 낳는 업종이 아니라고 요약할 수 있다. 식당 수는 늘어난 반면, 매출은 연간 5.5%의 저성장을 가져왔으며 서울 시내 식당 중 매년 총 식당 수 대비 25~30%인 2만 업소 정도가 문을 닫아야 했다. 이러한 추세는 95년까지 이어졌으며 외식업체는 '가격파괴'라는 혁명을 내세웠다. 하지만 우후죽순으로 생겨난 가격파괴 정책은 결국 식재료비, 인건비, 임대료 등 각종 원가를 제외하고 나면 남는 것이 없는 상황이 되었다.

점차 경기침체로 인한 최악의 무역수지적자와 명예퇴직이라는 이름의 감원바람, 경영수지 악화로 인한 회비 및 접대비 절감 등 서서히 내리막길을 걷던 외식업 경기가 1997년 말 불어닥친 IMF로 인하여 최악의 상황에 직면하게 되었다. IMF로 인하여 나타난 명퇴자들을 중심으로 창업에 대한 관심이 높아지며 활기를 띠는 가운데 외식업에 대한 경험이나 노하우 없이도 할 수 있는 외식 프랜차이즈에 대한 관심이 높아졌다. 외식업에 대한 경험이 없는 사람도 가맹비, 로열티 등의 일정 비용을 지불하면 경영상 시행착오와 실패율을 최소화할 수 있다는 장점은 빠르게 시장규모를 넓혀갔다. 'BBQ'를 운영하는 (주)제너시스를 비롯해 프랜차이즈 본부가 탄생하면서 프랜차이즈 시대를 열었고, '교촌치킨', '페리카나' 등 치킨 프랜차이즈 시대가 열리게 되었다.

90년대 초반 국내의 외식업계에 성과를 얻은 부분도 있는데 이는 패스트푸드, 피자에 이어 패밀리 레스토랑과 커피 전문점 시장의 새로운 형성을 들 수 있다. 특히 이 시기는 국내 외식업체가 프랜차이즈로 재탄생되는 순간이며, 가맹점이 늘어감에 따라 CK(Central Kitchen)의 도입으로 매뉴얼화, 시스템화를 앞당기는 계기가 되었다.

'코코스'는 1997년 IMF 경제위기 상황을 넘어서지 못하고 본사의 경영실패로 인해 문을 닫게 되었고 비슷한 시기에 들어온 'T.G.I.F'는 '코코스'에 밀려 한 번도 패밀리 레스토랑 업계에서 1위 자리에 오르지 못하였는데 코코스가 문을 닫은 후

가격파괴 거리(커피 값 1,000원, 삼겹살 1인분 4,500원) 93곳 생겼다

서울시가 소비자물가 안정을 위해 추진 중인 '가격파괴 시범거리' 조성이 시민과 업주의 높은 호응 속에 전개되고 있고 거리에는 가격파괴를 알리는 현수막이 걸려 있다. 서울시는 중구와 종로, 강남, 강동 등 시내 12곳, 3곳 이상씩 조성되는 등 용산과 금천구를 제외하고 23개 구에 모두 93곳의 가격파괴 거리가 조성되었다고 밝혔다. 서울시는 연말까지 확대조성 적극적으로 추진하여 차, 음식값, 미용요금은 보통 5~30% 정도 내리고 최고 67% 정도 할인하였다. 커피 값이 3,000원에서 1,000원으로 66.7%, 돈가스는 7,000원에서 2,900원으로 58.6% 정도로 내렸으며, 생맥주는 500cc 1,500원에서 1,000원으로 인하하였다. 서울시는 시민과 업소들의 호응을 얻음에 따라 당초에는 지난달 말까지 마무리 짓기로 했던 '가격파괴 시범거리' 조성을 연말까지로 이어나가기로 했다. 종로구 관계자는 IMF 이전에 비싼 가격 때문에 손님이 크게 떨어진 곳들이 많아 앞으로 많은 업소들이 자발적으로 가격파괴 거리 조성에 참여할 전망이라고 밝혔다.

자료: 경향신문, 1998. 3. 3.

새로운 선두주자로 떠오르게 되었다. IMF의 여파가 심했던 1998년에는 업소가 많게는 70~80%, 적게는 20~30% 매출하락을 겪게 되었으며 휴업과 폐업을 하는 업소가 많이 생기게 되었다.

가격파괴로 싼 값에 음식을 제공하던 외식업체는 자연스럽게 식재료 품질이 하락하였고 결국은 고객들이 발길을 돌리는 현상이 나타났다. IMF가 2년여 만에 벗어나기는 했지만 저가에 익숙해져 있는 고객들의 가격심리를 다시 원래대로 올리기는 쉽지 않았다. 이밖에 피자뷔페, 일식돈가스, 조개구이, 참치회, 칡냉면 등이 새로운 시장을 형성하였으나 대부분 오래가지는 못하였다. 김영삼 전(前) 대통령이 칼국수를 좋아한다 하여 그 영향으로 한때 칼국수가 서민음식으로 인기를 끌기도 하였다.

90년대 말에는 '퓨전'이라는 단어가 전국을 강타하였다. 퓨전퀴진(동서양의 재료 및 조리법을 혼합한 음식)은 신선한 충격이었으나 새로운 메뉴개발의 부진과 잘된다 싶으면 바로 따라하기 식의 무분별한 경쟁으로 인하여 서서히 하향세로 접어들었다.

이 시기 '스타벅스'의 도입은 국내 커피시장의 역사에 큰 획을 그었다. '스타벅스'는 1999년 이화여자대학교 앞에 처음 생겼는데, 인스턴트커피에 익숙하던 국내 커피시장에 에스프레소 커피를 전파하며, 테이크아웃 문화를 탄생시키기도 하였다. '스타벅스' 이후 국내외 에스프레소 커피 전문점들인 '할리스', '커피빈', '이디야', '자바커피' 등이 잇따라 시장에 진출하여 커피시장의 브랜드 난립 형상을 보였다. 에스프레소 커피가 대중화됨에 따라 자연스레 커피 원두의 질적인 차등화 경향이 뚜렷해져 고가일지라도 고품질의 커피를 선호하고 또한 휴식공간 개념의 중·대형 매장들이 각광을 받았다.

2000년대 일본식 이자카야가 등장하여 음주문화를 바꾸었다. 기존에는 술이 중심이고 안주가 부수적이었다면 이자카야 등장 이후는 안주의 비중이 높아졌다. 하지만 이러한 문화 역시 오래가지는 못하고 1~2년 이후 서서히 사라지게 되었다.

2000년대 전국의 아파트 단지상가는 프랜차이즈 음식점이 공장에서 찍어낸 벽돌처럼 똑같이 자리를 차지하고 있다. 치킨 프랜차이즈, 커피 프랜차이즈, 감자탕 프랜차이즈, 만두 프랜차이즈 등 전국 어딜 가도 똑같은 간판과 메뉴를 만날 수 있어 음식과 맛으로 맥도날드화가 되고 있다.

2001년 패밀리 레스토랑은 신규고객 창출과 함께 기존 고객들의 로열티를 높이기 위한 다양한 마케팅 전략을 활발히 진행하였는데 이동통신사, 카드사, 백화점 등과의 제휴를 통하여 인지도는 물론 신규고객 확장에 주력하였으며 CRM(Customer Relationship Management, 고객관계관리)구축을 통하여 타킷 마케팅으로 보다 세분화된 고객관리를 실현했는가 하면 충성도가 높은 고정고객에 대한 혜택도 강화하였다.

2003년에는 2004년부터 실시된 이동통신사의 번호 이동성 제도에 따라 SKT가 제휴업체들과 함께 더블할인 행사를 함에 따라 '아웃백스테이크하우스', 'T.G.I.F', '베니건스', '마르쉐' 등은 최대 50%까지 할인혜택으로 웨이팅 3~6시간이라는 상황을 연출하였다. 또한 이 시기에 '아웃백스테이크'가 공격적 점포확장 전략에 따라 업계 3위에서 업계 1위 자리를 차지하였고, 또한 '아웃백스테이크하우스' 인터내셔널을 상대로 내부기구, 유니폼, 식기 등을 역수출하는 등 한국의 우수한 능력을 세계에 알리는 모습을 보였다.

IMF보다 더 강력한 불황은 2002년부터 시작되어 2003년 광우병 파동과 조류독감으로 최고조에 달하게 되었다. 이때 매출이 90%까지 하락하는 등 관련 외식업체는 큰 타격을 입게 되었다. 범국민적으로 닭과 오리 먹기 캠페인을 벌이는 등

표 2-2 근대 한국외식산업의 발달과정

<table>
<tr><th>연대</th><th>분류</th><th colspan="2">발달과정</th></tr>
<tr><td>1900년 이전</td><td></td><td colspan="2">•509~695 상설시장 개설
•1103~ 주막 등장
•1885 일본 요리집 등장
•1890 명월관(최초의 전문음식점)</td></tr>
<tr><td>1900~1950</td><td>태동기</td><td colspan="2">•가내 주도형
•공화춘(1905), 이문설농탕(1907), 카카듀(1927), 한일관(1934), 용금옥(1940), 고려당(1945)</td></tr>
<tr><td>1960</td><td>침체기</td><td colspan="2">•분식 장려, 미국 식품 원조, 전쟁 직후 외식산업 침체기
•개인 업소 및 노점 잡상인 대량 출현
•뉴욕제과(1967)</td></tr>
<tr><td>1970</td><td>도약기</td><td colspan="2">•소규모 영세 요식업 출현
•해외 브랜드 도입 및 프랜차이즈의 태동기
•난다랑(국내 프랜차이즈의 효시, 1979)
•롯데리아(서구식 외식시스템의 효시, 1979)</td></tr>
<tr><td rowspan="2">1980</td><td rowspan="2">성장기</td><td>초기</td><td>•영세한 국내형 햄버거, 국수, 치킨, 생맥주 등 브랜드의 등장
•버거킹(1980), 윈첼(1982), 피자헛(1984), KFC(1984), 장터국수(1984), 신라명과(1984)</td></tr>
<tr><td>후기</td><td>•기업형 프랜차이즈
•원두커피, 양념치킨, 베이커리, 패스트푸드, 패밀리 레스토랑 등 해외 브랜드의 도입
•맥도날드(1986), 피자인(1986), 코코스(1988), 놀부보쌈(1988), 도토루(1989), 자뎅(1989)</td></tr>
<tr><td>1990</td><td>성장기</td><td colspan="2">•대기업의 프랜차이즈 활성화
•유명 브랜드 수입
•1997년 IMF 외환 위기로 생계형 외식창업 증가
•T.G.I.F(1992), 파파이스(1993), 스카이락(1994)</td></tr>
<tr><td>2000년대 이후</td><td>성수기</td><td colspan="2">•퓨전, 웰빙, 다양화
•국내 외식 프랜차이즈 브랜드 수출
•BBQ, 놀부</td></tr>
</table>

관련업계 살리기에 발 벗고 나서서 그나마 빠른 회복세가 있었다. 연이어 일어난 불량만두 사건은 외식업체 대한 불신으로 이어지기도 하였다.

한편 광우병과 조류독감과 상관없이 먹을 수 있는 식재료로 돼지고기는 수혜를 입었다. 솥뚜껑 삼겹살, 와인삼겹살 등 삼겹살 전문점이 호황을 누리기도 하였으며, 또한 스트레스 해소에 도움이 된다 하여 불닭, 매운짬뽕 등 매운맛을 콘셉트로 하는 업체들이 나타났다.

2004년은 가을부터 일기 시작한 AI 파동과 미국에서 발생한 광우병에 이어 불량 먹거리에 대한 신뢰감이 무너지면서 소비자들은 외식에 대해 불신감을 갖게 되었다. 광우병 파동으로 인해 패스트푸드업계는 기존의 정크푸드 이미지에 원자재의 안전성까지도 문제가 되자 전년대비 약 15~20%의 감소를 보였다. 이러한 현상을 막기 위해 패스트푸드 업체들은 샐러드, 요거트 등 웰빙형 메뉴를 개발하였다.

외식업체들의 이러한 변화 속에서도 웰빙 트렌드를 반영한 업체들은 매출이 상승하였는데 그중에도 가장 독보적인 것은 요구르트 전문점이었다. 상큼한 소프트 타입의 요구르트 아이스크림은 젊은 여성고객들에게 인기를 얻으며 외식 시장에서 자리를 잡게 되었다. 또한 웰빙 신드롬은 유기농, 친환경 제품에 대한 선호도가 높아지고 건강한 먹을거리에 대한 관심이 많아지면서 샐러드, 저칼로리 등 건강을 생각하는 제품들이 선호되었다.

2008년 패밀리 레스토랑 업계를 대변하는 키워드는 '폐점'이다. 'T.G.I.F'는 한 해 동안 18개 점포 폐점이라는 사상 초유의 기록을 남겼고, '빕스'는 8개, '씨즐러' 3개, '토니로마스'와 '마르쉐' 각 1개 등 줄줄이 폐점이라는 씁쓸한 모습을 나타냈다.

한식업계는 2008년 악천후 속에서도 선전했던 한 해였다. 상반기부터 AI, 미국산 쇠고기 수입재개 등의 먹을거리 관련 이슈가 끊이지 않고 국제 곡물가 상승과 고유가로 인한 식재료, 유통비용 등이 큰 폭으로 상승하는 악천후가 계속 되었음에도 불구하고 '놀부', '원앤원', '본아이에프', '다영에프앤비', '더본코리아' 등 주요 한식 프랜차이즈 업체들의 전년대비 매출액은 평균 23.2%, 신규 가맹점은 14.1%의

표 2-3 우리나라 외식산업의 성장배경

외식산업의 성장배경	요인
인구통계적	• 인구의 지역적 이동 • 핵가족화 • 노령인구 증가 • 1인 가구 증가 • 여행인구의 증가
경제적	• 국민소득의 증가 • 외식과 문화생활 소비 유형의 변화 • 외식비의 증가
사회적	• 맞벌이 부부의 증가 • 직업관의 변화 • 여성의 사회참여도 증가
문화적	• 자동차 문화의 대중화 • 미식가 증가
기타	• 기술, 정치, 법률, 행정, 환경의 변화

증가세를 보이며 여타 프랜차이즈 업종에 비교한다면 양호한 실적을 이루었다.

피자업계에서는 '미스터피자'가 전년 동기대비 21.9% 성장하여 3,900억 원의 매출을 달성하여 업계 중 가장 높은 매출 성장률을 나타내었다. 또한 350개의 매장을 확보하여 매장수 면에서 '피자헛'을 제치고 선두 브랜드로 올라섰다. 건강과 웰빙을 주요 콘셉트로 한 메뉴 전략을 펼친 '미스터피자'는 그녀들의 피자 콘테스트 등 고객 참여를 통한 메뉴개발을 실시해 보다 고객 지향적인 브랜드로 자리매김하였다. '피자헛'은 파스타헛이라는 마케팅 전략을 펼쳤지만 예전의 피자헛의 1위 자리를 차지하지는 못하였다.

패스트푸드는 기존 객단가가 높은 패밀리 레스토랑이나 씨푸드 뷔페 등을 찾던 고객들이 소비 위축으로 외식비를 줄이는 시점에서 패스트푸드 업체들이 프리미엄 버거 및 커피를 강화하고 패스트푸드의 이미지를 업그레이드하면서 고객을 흡수한 것이 매출 증대의 주요인이 되었다. '맥도날드'의 맥카페 론칭에 이어 '롯데리아', '버거킹'도 프리미엄 커피를 출시하여 커피 전쟁을 방불케 하였다. 이는 기존에 5,000원 정도의 커피 값에 부담을 갖는 고객을 유인하는 계기가 되어 '버거 전문점'이라는 이미를 벗고 퀵서비스 레스토랑(QSR)이나 캐주얼 다이닝 레스토랑

• 롯데마트 '통큰치킨'

• 맥카페

(CDR)으로의 전환을 꾀하였다.

롯데마트에서는 5,000원짜리 '통큰치킨'을 선보이면서 치킨업계의 큰 반향을 일으켰다. 하지만 '5,000원짜리 치킨의 경우는 고객을 유인하는 미끼상품으로, 불공정 거래에 해당한다.'는 치킨업계의 주장과 '좋은 품질의 상품을 저렴한 가격에 공급하는 것이 유통업의 본질'이라는 유통업계의 입장이 첨예하게 대립한 끝에 일주일 천하로 막을 내렸지만 '통큰'이라는 수식어는 외식업계 마케팅의 대표적인 수단으로 이용되고 있다. 이후에도 '통큰피자', '통큰커피' 등 다양한 '통큰' 상품이 출시되었다.

커피업계의 변화로는 세계적인 브랜드인 '스타벅스'가 1999년 한국에 진출한 이후 줄곧 1위를 지켜왔었는데 '카페베네'가 연예인 기획사들과의 제휴마케팅, 드라마 PPL 등을 지속적으로 실시하며 무서운 속도로 올라와 커피숍 매장 수 1위로 새롭게 올라섰다. 또한 커피 매출은 꾸준히 성장하여 기존에 던킨 도너츠나, 맥카페 등 패스트푸드 시장에 도입하였고 맥도날드의 경우 '별도 콩도 잊으라'는 카피로 '스타벅스'와 '커피빈'에 대항하여 맥카페로 커피시장에 진입하였다. 아울러 캡슐 커피, 원두 판매 등의 매출도 꾸준히 높아지고 있다.

2009년 역시 외식업계의 화두는 생존이었다. 미국발 서브프라임 모기지 환난으로 시작하여 고유가, 고환율로 인한 물가상승 등은 외식업게에 직격탄을 날려 연중 불황이라는 꼬리표를 달고 다녔다. 이러한 상황인 가운데 정부가 추진한 전통주 세계화 프로젝트와 맞물려 막걸리 열풍이 불면서 막걸리 소비 및 대중화가

• 던킨 도너츠 & 커피

눈에 띄게 증가하였다. 막걸리를 중심으로 한 우리 전통주 자체에 관심이 높아지면서 막걸리와 함께 먹을 수 있는 전 종류의 음식점들이 인기를 얻었다.

2000년 이후에는 유사업종 및 업태의 외식기업과 레스토랑 업계의 경쟁이 치열해지면서 틈새시장 또는 기존의 레스토랑을 초월한 다양한 콘셉트의 레스토랑이 등장하였다. 주고객층이 신세대로 이동하면서 새로운 트렌드의 외식문화가 형성되고 있으며 전형적인 선진국형 외식문화가 확산되었다. 이밖에도 건강에 대한 관심과 다이어트에 대한 열풍이 계속해서 일어나면서 유기농, 저염식, 저칼로리 등의 건강한 음식을 찾는 사람들이 많아지고 있다. 하얀 쌀밥보다는 거친 식감의 현미밥이 건강에 좋다하여 더 선호하고 있으며 무조건 가공을 하고 다듬은 것에 익숙했던 사람들이 자연과 환경, 건강을 생각하면서 식재료도 최대한 가공과정을 줄이고 식재료 자체가 가지고 있는 본연의 맛을 즐기는 것을 선호하고 있다. 가공과정을 줄인 식재료가 더 높은 가격임에도 불구하고 백화점에서 잘 팔리는 실정이다. 와인과 차(tea)에 대한 소비도 점차 증가하고 있으며 약선 요리가 웰빙을 대변하는 외식 아이템으로 떠오르고 있기도 하다.

서양 외식산업의 역사

레스토랑의 어원은 1765년 불랑제가 파리에서 처음으로 팔기 시작한 스태미너 수프로, 당시 신비한 스태미너 식품으로 유행하였는데, 체력을 회복시킨다는 뜻의 '레스토레(restaurer)'라는 말에서 유래되었다. 이 스태미너 수프를 파는 가게라는 뜻으로 레스토랑이라 하게 되었으며, 마침내는 일반적으로 음식물을 제공하는 가게의 명칭이 되었다.

서구인들은 수세기 동안 집 밖에서 식사를 했다. 그런데 여관, 식품 가판대 또는 기타 편의점 등과 정반대로 레스토랑의 역사는 불과 250년에 지나지 않는다. 애초에 부자들의 전용 공간으로 시작된 레스토랑은 초반 1세기 동안에는 부자들의 전용 공간으로서 런던, 파리, 뉴욕, 베를린에서 거의 별다른 변형 없이 국제적이면서 다소 프랑스적인 요리를 제공하였다. 오늘날 레스토랑을 이만큼 성공시키고, 미각 문화를 대표하는 곳으로 자리 잡도록 해준 것은 바로 수많은 종류의 음식과 분위기, 서비스 스타일이다. 그런데 우리가 이러한 레스토랑의 변화에 대하여 말할 수 있게 된 것도 알고 보면 250년의 역사 중 불과 최근 50년 사이에 일어난 일이다.

서양의 외식산업

고대의 외식업

고대 이전부터 인류는 음식을 가공하여 섭취해 왔고 시장에서 물물교환이나 판매하기도 했다. 덴마크의 부족과 스코틀랜드의 해안에 위치한 오크니섬의 부족들은 B.C. 10,000년 전에 큰 주방에서 무리를 지어 조리를 했던 증거가 있다. 약 B.C. 5000년에는 스위스 호수 인근 거주자들이 단체로 모여 식사를 했었던 기록들이 남아 있다.

고대 이집트의 무덤과 신전에는 고대 이집트인들이 여러 사람들을 위해 음식을 준비하고 제공한 시각적 자료가 남아 있다. 그 자료에는 오늘날과 같이 가공된 음식을 시장에서 판매하였던 기록도 찾아볼 수 있다. 시장 상인들은 지금과 비슷하게 가공된 음식을 길에서 팔았다. 물론 위생관념과 길거리에서 음식을 판매하는 것을 규제하는 법은 제정되어 있지 않았다.

또한 고대의 무덤들에서 많은 정보를 얻었다. 예를 들어, 이집트의 투탕카멘의 묘에는 왕이 사후에 필요할 것이라고 생각된 음식들을 많이 포함하고 있다. 놀랍게도 그 음식들은 지금 우리가 먹는 음식과 비슷하다. 심지어는 그곳에 남겨진 밀 알갱이는 발견된 후 심었는데 자라기까지 하였다. 아시리아 사람들은 와인과 맥주를 동물의 가죽으로 만든 주머니에 보관하였다. 가난한 사람들은 맥주를 마시고 부자들은 와인을 마셨다.

고대 중국의 기록에서는 여행자들이 길가에 있는 여관에 머물러 숙박했다는 것을 알 수 있다. 중국의 큰 도시에서는 식사와 와인, 그리고 기타 등등의 재료를 파는 식당이 존재하였다. 인도에서는 다양한 숙박업과 식음료 사업이 당연하게 여겨져 고대의 법을 제정하여 규제하였다.

최근에 파키스탄에서 발굴된, 고대 모헨조다로 유적에서는 다량의 음식을 가공하기 위한 돌 오븐과 돌 스토브를 갖춘 레스토랑과 비슷한 시설에서 식사를 하였다는 유적도 있다.

성경책에는 단체를 위해 큰 규모의 음식을 제공했었던 성구가 적혀 있다. 예를 들면, 페르시아의 초대왕 크세르크세스가 180일 동안 연회를 열었던 것과 솔로몬왕이 22,000마리의 소를 잡아 대중을 위해 연회를 열었던 구절들이 있다. 아시리아의 왕, 사르다나팔로스는 식(食) 신봉자였으며 큰 연회를 사랑하였다. 그는 최고의 요리사들을 모아 그들의 기술과 명예를 위해서 경연대회를 개최하였다. 그것은 현재 4년마다 독일에서 열리는 요리경연대회의 시초가 되었다. 이러한 기회를 통하여 자신들의 조리 실력을 겨룰 수 있었다고 한다.

고대 그리스인들은 높은 수준의 공공식사를 하였다. 많은 사람들이 사회적 생활을 집에서의 연회 또는 공공 연회를 갖는 것으로 하였다. 그리스에는 숙박업과 식음료 사업이 존재하였으며, 편안한 삶과 맛있는 식사를 즐기는 정신을 전파하는 쾌락주의가 사회 전반에 흐르고 있었다. 그리스의 전문 요리사들은 귀빈으로 대우 받았으며, 그들의 가진 뛰어난 조리법을 발표하는 자리는 가장 중요한 곳이었다. 더 나아가 고대 그리스에서는 조리법에 대해서 저작권을 갖는 것도 가능하였으며 조리사들은 사회적으로 높은 대우를 받았다.

그리스 상류층 식사의 특징은 현대사회에 존재하는 것과 같이 와인을 곁들인 전채요리(appetizer)부터 과일, 치즈, 디저트까지 형식이 갖추어진 식사를 즐겼으며, 춤과 음악 등의 엔터테인먼트(entertainment)가 제공되는 문화수준으로 높은 연회를 즐긴 것으로 전해진다.

고대 그리스인들은 모여서 관심 있는 분야에 대해 토론을 하거나 스낵 종류의 음식을 먹고 마시는 것을 좋아했다. 로마사람들도 마찬가지로 연회를 좋아했다. 실제로 몇몇 황제들은 축제를 너무 좋아해서 국가를 부도시키기도 하였다. 로마의 장군이었던 루클루스(Lucullus)는 향락적인 연회를 매우 좋아했는데, 루쿨란(Lucullan)이란 단어를 사용할 때면 호화롭고 찬란한 식사를 뜻한다. 육류요리를

로마 연회의 3가지 코스

① 구스타티오(gustatio), 전채요리들의 집합체로써 현재 이탈리아의 안티파스토(antipasto)로 발전되었다.

② 다양한 종류의 고기와 야채, 대부분의 요리는 가공되어지지 않은 것으로 다른 나라로부터 수입된 것이다.

③ 과일과 과자, 그리고 그 동안에 충분한 와인도 같이 제공된다. 또한, 로마사람들은 의자에 앉아서 식사를 하지 않는 대신 소파에 기대어 식사를 하였다.

자료: 아키피우스(Apicius) 외, 요리와 식사.

장식할 때 쓰이는 특별하고 비싼 소스는 루클루스 소스라고 불린다. 그 이유는 아마도 가장 비싼 소스 중 하나가 사용되고 수탉의 벼슬을 장식으로 사용하기 때문이다. 마크 안토니는 클레오파트라의 정성스럽게 준비한 요리가 너무 만족스러워 그녀에게 도시 전체를 선물로 주기도 하였다.

로마인들은 그리스인들보다 요리에 더 많은 관심을 가지고 있었다. 섬세하고 맛있는 요리를 개발하고 빈번한 축제와 연회를 즐겼으며 대중적인 음식을 제공하는 터버나스(tavernas)* 에서 와인과 음식을 판매하였다.

많은 로마의 예술적인 요리들은 암흑기 동안에도 보존되었고, 이탈리아와 프랑스 요리의 발판이 되었다. 이것은 이후에 유럽 전체의 요리까지 영향을 주기도 하였다. 로마 요리의 특성은 스토브를 사용하지 않는 대신 직화 또는 장작을 이용하였으며, 벽돌로 만들어진 오븐으로 빵을 구웠다. 이 시기부터 로마는 유럽에서 가장 오래된 와인 생산국으로 기반을 갖추었는데, 와인을 생산하여 운반하기 위한 도로시설이 갖추어졌기 때문에 "모든 길은 로마로 통한다."라는 말이 생겨났다.

중세시대의 외식업

로마제국의 멸망으로 인해 공공 식사를 하는 것이 전보다 덜 호화로워졌다.

영국의 시인, 초서(Chaucer)의 캔터베리 이야기(Canterbury Tales)는 몇 명의 여행자들이 여관에 머물렀을 때에 하는 이야기들을 모아놓은 책이다. 수도원과 수녀원에서는 수도승 또는 수녀들에 의해서 매우 뛰어난 구조를 갖춘 외식서비스의 교육을 받게 되었고, 제빵, 제주, 조리 지식을 발전시킬 수 있었다. 시간이 흘러 많은 장인들은 다양한 서비스의 길드(모임)를 만들어 이러한 종교 단체에서 많은 지식을 얻었다. 현재 상당한 수의 조리법이 수도승들에 의하여 고안되었으며 지금까

---

* 타번(tavern, 여관)이란 단어를 만들어 낸 '타버나스(Tabernas)'는 와인과 음식을 먹는 고대 로마의 조그만 식당들이었다. 우리는 이런 식당들을 고대 폼페이의 유적에서 거의 손상이 없이 찾을 수 있었다. 그 곳의 넓은 계산대에는 와인을 저장하는 큰 항아리가 있었고, 뒤쪽에는 벽돌로 만들어진 오븐과 여러 조리도구가 남아 있었다. 이런 조그마한 타버나스는 트라토리아(trattorias, 간단한 음식을 제공하는 이탈리아 식당) 또는 현 시대의 이탈리아의 조그마한 동네식당들의 초기 모습이었다. 당시 로마에는 식품 판매와 외식업의 운영에 있어 법으로 규제를 해놓았다.

지 사용되고 있다. 예를 들어, 파운드케이크와 다양한 육류요리들이 있으며, 베네딕틴(Benedictine), 쿠앵트로(Cointreau), 그랑 마르니에(Grand Marnier), 카르투지오(Chartreuse)와 같은 저명한 술들이 이 시기에 발명되었다. 이것들은 아직도 만들어지고 있으며 제조법은 술을 빚는 장인들에 의해 비밀로 지켜지고 있다.

긴 원형의 크고 볼이 얇은 나무로 만들어진 그릇을 트렌쳐(trencher)라 하는데 이것은 당시 사람들이 만든 음식을 보관하는 주된 상자였다. 그곳에 주로 고기와 야채로 끓인 수프와 스튜 또는 라구(ragout)를 담아 보관하였다. 빵은 액체를 흡수하기 위해 사용됐고, 단검은 고기와 야채를 자르고 찌르기 위해 사용되었다. 중세시대가 끝날 시기에 식사과정은 상당히 개선되었고 절차에 의한 코스음식이 시작됐다. 프랑스는 이 변화에 힘입어 명성을 얻기 시작했다. 첫 코스의 메뉴에는 더 많은 전채요리와 수프, 샐러드가 등장하기 시작했다. 에피타이저로 간단한 음식들이 식사 시작에 제공되기 시작했으며, 무거운 음식일수록 나중에 제공되고, 마지막에는 디저트로 마무리되었다.

이 시대에 영국도 역시 그들의 식문화를 발전시켰다. 우리는 역사적으로 앙리 8세의 궁궐에서는 화려한 음식들이 단계적으로 코스에 맞게 제공되었다는 것을 알 수 있다. 그때는 현재 발전된 프랑스식은 아니었지만 지금과 비슷한 패턴은 갖고 있었다. 제공되는 요리는 스포츠 시합을 강조시키기도 하였고 대부분 육류, 생선, 조류고기로 꼬치를 만들어 먹었다. 그들은 다양한 수프, 페이스트리, 푸딩을 먹었고, 식사당 하나 또는 두 종류의 달콤한 고기를 자주 즐겼다.

당시 식탁에서는 나이프와 포크가 일상화되어 있지 않았기에 신분이 높은 사람 앞에만 나이프가 놓여 있었고, 일반인들은 포크 대신 손으로 음식을 집어 먹었다. 또한 중세에는 다양한 향신료가 사용되었는데 당시 소화작용을 돕고 육류의 부패를 방지하는 방부제의 역할을 하였다.

중세시대 프랑스의 화려한 식음료 문화는 귀족들의 특권으로 나팔을 불어 이웃들에게 연회를 알렸고, 곡예사, 마술사들이 묘기를 하였으며 음유시인들은 시를 지어 잔치가 더욱 흥겹게 하였다.

중세시대 동안, 전문적인 외식업으로 종사하는 사람들이 모여 여러 길드들이 구성되었다. 굽는 사람들의 길드(Chaine de Rotissieres, Guild of Roasters)가 12세기경 파리에서 생겨났다. 길드(guilds)는 연회를 위해 대량으로 음식을 준비하는 역할을 하였는데, 이 당시 길드는 특정 제품을 독점 생산하는 막강한 조직이었다. 현재 이 길드의 권리는 미식가의 소속이 되었다. 한 특정 길드는 그 생산 상품의 특별성에 있어서 독점적인 체계를 갖추었고 다른 경쟁자들이 생산하는 것을 제지하기도 하였다. 길드들은 고전적인 주방 구조를 주방장과 수행원들로 발전시키고 많은 전문적인 조리 방식을 세웠다. 그 전통적인 방식은 아직도 사용되고 있다.

그때 요리사의 모자인 토크(toque)가 생겨났고, 요리 견습생의 상징으로 쓰이게 되었다. 나아가 요리사들로부터 권리를 받아 임명된 총 주방장의 표시로서 검정색 모자가 쓰여 졌다. 그 모자는 작고 원형이었으며 검정 실크로 만들어졌다. 그리고 오직 선택된 주방장들만 쓸 수 있었다(중세 시대에 검정색은 귀족을 나타내는 색이었다). 현재 프랑스와 미국의 요리사들로부터 선택 받은 총 주방장들의 모임인 금색토크의 모임은 최고의 요리사들을 나타내는 상징적 모임이다.

르네상스 시대

르네상스 시대에는 고급 요리가 하나의 예술로서 성장되었다. 르네상스식 음식은 이탈리아에서 시작하였지만 프랑스로 옮겨져 최고급의 요리로 발전하게 되었다. 이런 발전의 중심에는 귀족들이 있었다.

프랑스가 언제나 고급요리로서 알려져 있던 건 아니다. 중세 시대에 프랑스 음식과 코스요리는 평범했다. 하지만 1533년 프랑스의 앙리 2세와 이탈리아 플로렌스(이탈리아 피렌체 지방)의 캐서린 드 메디치(Catherine de Medici)의 결혼으로 인하여, 프랑스는 고급요리 또는 상위의 조리 기술을 가진 나라로서 상승하기 시작하였다. 이탈리아의 메디치가(家)는 미켈란젤로 같은 유명한 예술가들이 자주 찾아온 것뿐만 아니라 고급요리와 음료를 집에서 제공하기로 유명했다. 캐서린이 프랑스로 건너왔을 때, 메디치가의 총 주방장을 같이 불러와서 그녀 자신을 앙리 2세의 식탁과 궁궐의 독재자라고 칭하였다. 그전에는 알아주지 않았던 프랑스의 요리가 앙리 2세의 궁궐 생활의 기쁨으로 자리 잡게 되었다. 캐서린은 아이스

크림과 같은 다양하고 훌륭한 요리를 소개하여 프랑스 요리의 완성에 공헌하였으며 상류계급뿐만 아니라 중류계급의 사람들에게도 이탈리아의 요리와 풍습이 유행하였다.

이런 전체적인 것들이 프랑스 요리를 궁궐에서나 식탁에서 최상급의 품질을 갖춘 음식으로 발전시키게 되었다. 음식적인 면 말고도, 캐서린은 이탈리아로부터 나이프, 포크, 수저를 가져와 프랑스의 귀족에게 소개하였다. 이밖에도 집이 아닌 다른 곳에서 식사를 하게 될 때, 자신의 도구를 가져와 먹는 것으로 인식되어 빠른 속도로 유행이 되었다.

앙리 2세의 조카, 앙리 4세(나바르 앙리)는 궁궐에 자주 와서 이런 훌륭한 음식에 친숙하게 되었다. 1589~1610년, 앙리 4세의 재림 동안 그는 고급 음식과 서비스를 받기 위해 계속 노력하였고, 프랑스의 가정에서도 그렇게 할 수 있도록 백성들을 격려했다. 앙리 4세는 역사적으로도 대단한 미식가로 알려졌으며, 현재 그의 이름을 딴 수프도 생겨났다. 앙리 4세의 포타주(Patege Henri IV)는 넓은 그릇에 큰 덩어리들의 닭고기와 소고기를 사용하여 조리한 것이다.

앙리 4세와 그의 궁궐, 그리고 프랑스의 왕들은 계속적으로 식사와 음식에 대해 관심을 가졌다. 훌륭한 식사를 대접하고, 유명한 요리사들을 격려하여 고급 조리과정을 발전시키는 것이 신사적인 것으로 생각되었다. 1600년대, 루이 13세부터 15세까지 부르봉 왕가(Bourbons)의 궁궐에서는 조리에 대한 지식을 지속적으로 발전시키고 훌륭한 요리사의 양성을 위해 노력하였다. 1643년에서 1715년에 통치했던 루이 14세는 그의 자산을 과시하며 매우 호사스러운 생활을 누린 것으로 잘 알려져 있다. 그는 요리사들의 발전을 위해 좋은 학교를 설립하였다. 궁궐에 찾아오는 많은 귀족들도 그들의 식사와 고급 요리, 소스들도 유명해져서 그들의 이름을 따서 만들어진 것들도 있다. 고급 화이트소스로서 사용되는 베샤멜소스(Béchamel)와 모르네이(Mornay) 소스는 백작들의 이름을 따서 만들어진 것이다. 양파를 사용해서 만들어진 고급 소스는 수비스 백작의 이름을 따라 만들어졌다. 1715년부터 1774년까지 통치한 루이 15세도 마찬가지로 조리 예술과 과학의 발전을 위해 노력하였다. 미식가이며 자신도 요리사였던 폴란드왕 스타니슬러스 1세

(Stanislaus I)는 1704년부터 1735까지 통치하였는데, 그의 딸이자 루이 15세의 아내였던 마리아 렌즌스카(Maria Leszczynska)는 캐서린 드 메디치의 주방 구성과 기준들을 복제하여 최상급의 질과 정교함을 외식업에 적용하였다. 더 나아가 루이 15세의 애인이었던 마담 퐁파두르(Madame Pompadour)와 마담 두 베리(Madame du Barry)는 뛰어난 미각적인 재능을 갖고 있을 뿐만 아니라 전문적인 요리사였다. 지금도 그녀들의 이름을 따른 고급요리들이 많이 있다. 또한 왕도 마담 두 베리를 뛰어난 요리사라고 생각하여 최고 주방장들에게 수여한다는 코르동 블루(Cordon Bleu)라는 상을 수여하였다.

당시의 메뉴들은 매우 정교하였다. 프랑스에는 3가지 코스가 있었는데 대략 20가지 이상의 요리가 한 코스에 제공되었고, 또한 대부분의 조리 과정이 매우 섬세하게 진행되었다. 하지만 마지막 시기에 메뉴들은 간단해졌고 한 코스당 제공되는 요리의 수도 줄어들게 되었다.

1792년 부르봉 왕가의 통치는 프랑스 혁명으로 인하여 끝나게 되었지만, 식음료에 대한 프랑스 사람들의 사랑은 멈추지 않았으며 최고급 요리 예술의 주춧돌이 되었다. 귀족과 재벌을 섬겼던 고용인들은 그들의 조리 기술을 식당에 적용하였고, 재산은 잃었지만 고용인들은 잃지 않아 여전히 살아남은 몇몇의 귀족들은 그들의 집과 삶을 바꿔 음식을 제공하기 시작했다. 그들의 작업과정은 여전히 높은 기준을 유지하고 있었으며 집의 명성도 유지되었다. 유명한 미식가들의 모임도 그들의 작업과정의 선두에 서게 되었다. 몇몇의 작가들은 조리와 식사에 대한 예술을 글로 표현하기 시작했다. 《맛의 생리학(The Physiology of Taste)》의 저자이며 세계에서 첫 번째 요리잡지였던 〈그림롸드 드 라 레이니어(Grimrod de la Reyniere)〉의 편집장이었던 앙텔름 브리야 사바랭(Jean-Antheleme Brilllat-Savarin), 《요리 대사전(The Grand Dictionaire de Cuisine)》의 편찬자였던 알랙산더 두마 페레(Alexandre Dumas pere), 나중에 유명한 스테이크 요리의 이름을 붙여진 빅컴테 드 샤토브리앙(Vicomte de Chateaubriand) 같은 작가들은 그 시대가 최고의 요리를 제공하였다는 책들을 남기기도 하였다. 화려했던 나폴레옹의 시대에서도 부자와 귀족들의 집 요리들도 더없이 높은 레벨이었다고 한다. 루이 왕이 돌아온 것과 비슷한 정도였다는 평도 있다.

원래 레스토랑 단어의 의미는 음식을 제공하는 시설이라는 뜻이 아니었다. 레스토랑은 18세기 말 '레스토라토르(restaurateur)'라고 불렸던 요리사가 제공한 원기 회복용 수프를 뜻하였다. 19세기 전반에 수십 년 동안 파리에는 많은 레스토랑이 생겼는데 부르주아 계급의 고객들이 각자 테이블에 앉아 가격이 매겨진 다양한 음식 리스트에서 먹고 싶은 음식을 선택하여 소비하게 되는 레스토랑 스타일에 점차 익숙해졌기 때문이다. 프랑스 혁명 이전에 파리의 레스토랑은 100개가 못 되었으나 1804년이 되자 레스토랑 수는 대여섯 배나 증가하였고, 1825년에는 거의 1,000개가 넘었다. 1835년에 마침내 '레스토랑'이라는 단어는 식사 제공용 시설이라는 뜻으로 《프랑스 아카데미 사전》에 등재되었다. 그리고 브리야 샤바랭은 레스토랑 주인을 다음과 같이 정의하였다. "항상 음식 준비를 해 놓고서 대중들에게 연회를 제공하고, 정해진 가격에 사람 수에 따라 고객의 요구에 맞추어 요리를 차려 내는 일을 하는 사람이다."라고 하였다.

고급 요리가 발달하는 동안에, 외식을 하는 대부분 사람들의 식습관은 평범했다. 장거리 이동경로인 중심도로를 따라서 허름한 여관이나 터번들이 있었다. 계급이 높은 여행객이나 장기투숙객들이 평범한 곳에서 머물 때, 종종 그들은 자신의 하인들에게 음식을 준비하게 하였다. 수도회들은 계속적으로 여행객들에게 관심을 가지고 있었지만, 사람들은 대체로 집안에서 식사를 하였기 때문에 보통 사람들이 식사를 할 수 있는 공간은 존재하지 않았다. 대부분의 사람들은 재료나, 요리 도구나 장비뿐만 아니라 고급음식을 만들거나 제공하는 방법도 모르고 있었다.

1600년경에 처음으로 카페(coffee house)가 프랑스에서 선을 보였고, 유럽 대부분의 도시에 급속하게 퍼져나갔다. 와인과 같은 약한 주류와 코코아, 그리고 커피가 주를 이루었고, 음식은 제공되지 않았다. 이러한 카페는 지역 상류층 사람들이 좋은 음료를 마시면서 최신의 소문이나 소식을 접하고 흥미에 대해 이야기할 수 있는 곳에 대개 자리를 잡았다. 프랑스 1760년대 후반 루이 14세의 집권기간에 다른 중요한 사건이 발생했다. 불랑제(Boulanger)라는 이름을 가진 사람이 건강을 유지할 수 있다고 믿게 되는 수프들을 제공하는 공간을 열었다. 이 수프들은 병을 치료할 수 있는 다양한 음식들로 채워져 있었고, 영양적이라고 주장되었다. 한 수프는 그 안에 송아지의 발을 넣어 차별성을 가졌다. 불랑제는 그의 건강 복원사를 '레스토레(restaurers)'라 부르고, 그의 기업을 '레스토렌테(restorante)'라 칭하였다. 우리는 여기서 손쉽게 '레스토랑(restaurant)'의 기원이 되었다는 것을 알 수 있다. 그 후 30년 동안 파리는 500개가 넘는 식당을 가지게 되었고, 이는 현대 외식산업의 시작이 되었다.

외식이 일상적인 관습이 되자 레스토랑의 인기가 높아졌다. 장 마르끄 바누트(Jean Marc Vanhoutte)에 의하면 19세기 전반부 동안 파리 인구 80만 명 중에서 6만 명이 매일 레스토랑을 다녀갔다고 한다. 1903년이 되자, 많은 고객의 요구에 부응하기 위해서는 파리에 레스토랑이 1,500개, 호텔 2,900개, 카페와 브라세리 2,000개, 그리고 와인 상점이 무려 1만 2,000개나 생겼고, 그중의 4분의 3은 음식을 같이 제공하였다. 19세기 파리는 프랑스 미식의 중심지로서 고급 레스토랑과 최고의 음식을 자랑하였다. 새로운 레시피와 요리가 맨 먼저 등장하는 곳도 파리였다.

1792년 프랑스 대혁명 기간 중 부르봉 왕조가 몰락하였다. 프랑스 혁명 때까지는 프랑스 요리가 국제적이었다고 할 수 없었으나 혁명 이후 귀족들이 해외 망명 시 요리사를 동반하여 요리의 이론뿐만이 아닌 프랑스 요리 자체를 해외에 전파하는 데 이바지하였다. 또한 실직당한 귀족들의 수석조리사들이 독자적으로 레스토랑을 개업하게 되면서 프랑스에는 레스토랑 문화가 싹트기 시작하였다. 프랑스와 다른 나라들에서 고급 요리의 발달과 레스토렌테가 출현한지 막바지에 다다랐을 때 다른 중요한 사건이 발생되고 있었다. 18세기 말기에 시작된 산업혁명은 사회적 및 경제적으로 큰 변화를 이끌어 내었다. 큰 공업단지가 협회 체제의 붕괴의 결과와 함께 출현하였다. 상업적인 거래가 중요한 요소가 되었다. 오랜 기간 동안 많은 농업 경작지를 가진 상류층 사람들은 유럽의 정치적 또는 경제적인 상황을 지배해 왔다. 산업혁명이 증가됨에 따라 이러한 것도 변하였다.

산업혁명 이후

정치적 대 격변은 프랑스의 부르봉 왕가의 몰락에서 시작되었고 나폴레옹의 등장은 유럽 사회 안에서의 변화를 가속화시켰다. 새로운 사회 계층이 산업혁명의 결과로써 출현하였고, 이는 기업가들, 소매업자들, 경영주들, 그리고 금융업자들로 중상층을 구성하였다. 이 새로운 계층은 유럽의 사회와 경제상황에 영향을 주기도 하고 지배하기도 하였다. 최고의 주방장과 하인이 고용되었다. 음식은 부유한 기업가들을 위해 최고급 상류 클럽에서 제공되었다. 심지어 수준이 조금 낮은 중산층들도 이를 누릴 여유가 있었기 때문에, 유능한 사람들에 의해 준비된 음식을 요청하기 시작하였다. 이를 통해 외식산업은 더욱 더 대중화되었다.

외식산업의 발전과 혁명을 촉진한 또 다른 요인으로 현대 과학의 발전을 꼽을 수 있다. 갈릴레오(Galileo), 베이컨(Bacon), 데카르트(Descartes), 파스퇴르(Pasteur) 등 위대한 과학 업적을 이룬 사람들은 기술의 발전, 그리고 인간의 삶의 질을 향상시킨 지식의 발전에 기여하였다. 이러한 기술은 식품가공에 지대한 영향을 미쳤다. 니콜라스 아페르(Nicolas Appert)는 통조림 제조법을 발견하여 유럽정복을 위한 프랑스 군인들에게 급식할 수 있게 함으로써 2,000프랑의 상금을 나폴레옹 1세로부터 받았다. 아페르와 다른 과학자들은 이 밖에 수많은 과학적 발견을 이루어냄으로 음식의 생산, 보관, 가공에 큰 도움을 주었다. 이러한 발전으로 촉발된 식량의 초과생산은 인류 역사상 단 한 번도 이뤄지지 않았던 현상이었다. 중세시대 일상적이었던 엄청난 기아는 끝이 난 것으로 보여 진다. 외식식품산업의 발전과 수많은 사람들의 외식을 가능하게 하는 음식자원은 더 이상 부족하지 않게 되었다.

19세기 후반까지 프랑스의 상차림은 모든 요리가 한꺼번에 올려져 웅장한 전시효과가 있었으며 손님들은 원하는 음식을 먹을 수 있는 장점이 있었다. 그러나 1810년 러시아 대사 쿠라킨공에 의하여 요리를 순서대로 서비스하는 러시아식 상차림이 소개되어 프랑스 식탁에도 변화가 생겨 새로운 식사예절이 필요하게 되었다.

20세기 초의 프랑스 요리는 가벼운 음식 위주로, 바쁜 현대인들의 필요성을 부합하는 요리가 발전되었다. 20세기 초에는 새로운 사교의 시대가 시작되어 정신적, 물질적으로 휴양과 여가를 즐기려는 사람들이 왕래함에 따라 프랑스 파리뿐 아니라 다른 지방의 요리까지도 관심을 가졌다. 20세기 초는 관광과 식도락의 결합으로 호텔 산업이 본격적으로 등장하였다. 프랑스인들의 요리에 관한 관심사는 식문화에서도 볼 수 있듯이 음식에 평생을 바친다는 이야기가 있을 정도로 잘 먹는 것을 중요시한다.

미국의 외식업

초기 미국 식민지 시대의 외식음식은 유럽과 같은 방식으로 제공되었다. 당시 시대를 고려해보면 여행자는 도로 주변의 숙박시설에서 식사를 할 수 있었고 이것은 여전히 오늘날에도 존재한다. 커피하우스가 뉴욕과 필라델피아, 보스턴 등 몇몇 큰 도시들에 들어섰고 술집과 식당들 또한 음식을 제공했다. 몇몇 클럽은 여전히 존재하여 지역 인사들에게 고급 요리를 제공한다.

미국의 계속된 성장과 함께 호텔에 대한 수요도 높아져 갔다. 호텔은 대도시부터 생겨나기 시작했다. 1818년 뉴욕은 8개의 호텔이 있었고 1846년까지 뉴욕에는 100개 이상의 호텔이 생겼다. 1850년 시카고는 150개의 호텔을 자랑했고 그중 몇몇의 호텔은 사치스러웠다.

유럽의 유명 요리사와 스탭들이 미국으로 건너왔고 뉴욕의 에스터하우스, 샌프란시스코의 팔레스, 덴버의 브라운 팔레스, 시애틀의 버틀러, 시카고의 팔머하우스는 리츠와 에스코피에가 운영한 호텔 중에서도 우아하고 패셔너블한 곳이었다. 이 호텔들은 그 지역에서 문화, 사회적인 중심 역할을 하였다.

캘리포니아를 향한 골드 러시와 그 이후 발견된 금 생산지역으로 몬타나와 알래스카와 그 외에 지역들, 그리고 실버 러시 지역인 콜로라도와 네바다로 많은 사람들이 이동함에 따라 서부에 인구가 증가했다. 또 많은 이들이 부를 축적함에 따라 훌륭한 다이닝 서비스를 원했다. 남북 전쟁 이후 철길이 급격하게 깔리기 시작했다. 지역사회는 철길로 유지되었고 작은 호텔들이 철길을 따라 들어서면서 여행자에게 식사와 숙박을 제공했다. 레스토랑도 그 주변에 생기기 시작했고 많은 여행자들이 곧 단골이 되었다.

델모니코(Lorenzo Delmonico)가 뉴욕의 월스트리트에서 고급 레스토랑을 시작했고 이것은 곧 세계적 명성을 갖게 되었다. 그와 그의 형제들은 뉴욕에서 다른 식당들도 운영했는데 이것이 아마도 첫 번째 레스토랑 체인의 형태일 것이다. 그러나 당시 시대의 다이닝 서비스의 주는 우아하고 패셔너블한 고급스런 요리의 제공이 아니었다. 델모니코는 첫번째로 여성을 허용한 훌륭한 부대 연회 행사를 갖춘 레스토랑이었다.

세기가 지나 사람들은 집을 떠나 공장, 오피스 빌딩으로, 가게, 병원, 학교 및 복합 상업 시설들로 이동하기 시작했다. 그들에게는 식사가 필요했고 특히 점심에 대한 수요가 높았다. 곳곳에 커피하우스가 생기고 수많은 레스토랑들이 생겨났다. 일반적인 가격대의 음식을 파는 가게들에 대한 인기가 높았다. 호른 엔 할달트(horn and hardart), 카페테리아 시스템과 니켈로디언(nickelodeon, 5센트짜리 극장)에 의해 자동화된 푸드서비스가 소개되었다. 음식이 작은 칸에 들어가고 그중에 스팀으로 가열되는 것도 있었다. 고객들이 코인을 넣고 문을 열어 음식을 이용하면 되는 방식이었다. 몇몇 공장과 사무 빌딩에서는 직원들을 위한 주방과 식사 장소가 있었다. 이런 구내식당의 음식은 훌륭했고 값 또한 저렴한 편이었다. 또한 이동식 점포들이 등장하여 음식을 판매했다. 공장 주변이나 빌딩 주변에서는 가벼운 식사나 스낵을 언제든지 간단하게 먹을 수 있었다.

다른 변화도 생겨났다. 미국인들이 소비를 위한 여유가 생기기 시작한 것이었다. 자동차의 시대가 도래하였고 더욱 많은 인구가 이동하기 시작했다. 근무 시간은 줄어들었고 더욱 많은 여가 활동이 가능해졌다. 전기 또한 언제 어디에서나 이용이 가능하게 되었다. 주방에는 아이스박스 대신에 냉장고와 제빙기가 생기기 시작했고 믹서나 식기세척기 같은 다른 가전제품들도 들어오기 시작했다. 이에 따라 주방의 많은 업무와 인력을 줄일 수 있었다.

제2차 세계대전 이후 외식산업은 급성장하였다. 전쟁 직후 외식 소매업이 6% 성장하는 동안 외식산업은 연간 10~11% 가량 성장하였다. 이러한 성장의 배경엔 정부 기관의 보호에 의해서 일부 가속화된 것도 있다. 공장과 사무건물들에서는 노동자들을 위한 외식서비스 단위들을 두었다. 1946년 연방정부는 '공립학교 점심 법률(National School Lunch Act)'을 통과시켰고, 대다수의 학교가 시행하였다. 대학에서는 외식산업 관련 교육을 실시하였다. 외식산업을 실행하는 영양사들은 건강 서비스뿐 아니라 스토우퍼(Stouffer)사 같은 회사에서 하는 상업적인 역할 역시도 중요하게 고려되었다. 스토우퍼사의 부사장인 마가렛 미첼(Margaret Mitchell)은 영양사이기도 하였다. 코넬 대학에서는 하워드 교수를 주도로 하여 처음으로 호텔 학과를 도입하였다. 그리고 레스토랑 관련 교육을 시작하고 곧 관광 관련 학과도 만들어지게 되었다.

스타틀러(Statler)가 주도하는 광대한 호텔 체인이 형성되었고 사람들은 필수적인 식생활뿐 아니라 집에서 먹는 식사의 변화를 주기 위해서도 외식을 시작하였다. 그러한 바람은 영양적인 요소와 단순한 식욕의 해소가 아니라 사회적이고 정신적인 바람을 충족시키고자 하는 즐거움의 산물이 되었다.

외식산업의 두 가지 중요한 요소가 동시에 일어나게 되었다. 패스트푸드 또는 퀵서비스라는 개념과 외식산업에서의 체인이라 불리는 대규모 국제기업의 출현이다. 첫 번째 패스트푸드는 1930년도에 나타난 화이트 캐슬 햄버거(White Castle Hamburger)였다. 그러한 생각은 제2차 세계대전 이후 천천히 성장하였다. 1940년대와 1950년대 후반에 많은 햄버거 체인사업이 시작되었다. 그들은 적절한 가격과 빠른 서비스로 엄청난 인기를 얻었다. 또 다른 퀵서비스 진입에 성공한 것은 치킨 산업이었다. 미국에서 패스트푸드는 최고의 산업 중 하나였다. 콜로넬 할란 센들러(Colonel Harlan Sanders)에 의한 켄터키 프라이드치킨과 같은 광대한 체인, 그리고 레이 클락(Ray Kroc)에 의한 맥도날드는 곧 세계 전역에 펼쳐나갔다. 이는 각 다른 산업에서의 경쟁자들과 만나게 되었다. 판매할 때 저렴한 가격과 다소 빈약한 이윤은 대량 생산과 판매에 의해 상쇄되었다. 제한된 메뉴는 공급을 간편하게 해주었고 덜 숙련된 경험과 기술로도 음식을 준비하고 서비스하는데 큰 역할을 하게 하였다. 이러한 외식산업에서의 체인은 엄청나게 성장하여 왔다. 미국요식업협회(The National Restaurant Association, NRA)는 지금 체인 음식점이 거의 모든 외식산업의 30%를 만들었다고 말한다. 이러한 전체 산업 판매에서의 퀵서비스는 점점 더 커지고 있다.

테이크아웃(take-out)은 외식산업의 중요한 부분이 되었다. 맞벌이 부부들과 바쁜 가족들, 노인 인구의 성장, 장애인, 준비된 음식을 필요로 하는 사람들, 요리에 익숙하지 않은 사람들은 테이크아웃과 커브사이드 외식산업이 출현하는데 동기를 부여하였다. 오늘날 소비된 음식의 40%가 테이크아웃으로 추정될 정도이다. 이것은 햄버거나 피자 등의 퀵서비스 레스토랑을 모두 포함한 것이다.

모리슨스 카페테리아(Morrison's Cafeteria), 그리고 골든 코랄 뷔페(Golden Corral Buffet)는 테이크아웃을 지향하는 주요한 두 회사였다. 골든 코랄은 포장용기와 손님들이 파운드당 지불하는 것에 주력하였다. 이 가격 방식은 전통적인 뷔페 방식에서 'to-go(가지고 가는)' 비즈니스나 'doggie bag(식당에서 손님이 먹다 남은 것을 넣어 주는 봉지)' 방식을 허락하게 하였다.

고급식당의 설립은 미리 주문된 음식, 식당 외부에 주차된 공간에서 기다리는 손님들의 자동차에 배달되는 가족 단위의 부분에 의한 커브사이드 서비스와 함께 만들어져 왔다. 가장 인기 있는 맨해튼의 식당인 우드(Woods)는 두 가지의 테이

표 2-4 미국의 외식산업 발달과정

연대	분류	발달과정
1800~1930	태동기	•셀프 서비스, 센트럴 키친의 도입, 프랜차이즈 및 급식사업 개시
1940	발전기	•기내식, 군대식으로 외식 발달의 토대 마련
1950	도약기	•외식산업의 기업화, 테이크아웃 태동, 대량생산 판매 시스템 도입 •KFC(1952), 버거킹(1954), 맥도날드(1955), 피자헛(1958), 식당업에서 외식산업으로 전환
1960	성장기	•프랜차이즈 체인 경영이 확립되고 급성장하는 시기 •대기업형 경영, 다점포 전개, 브랜드 수출
1970~1980	성숙기	•전 세계적인 외식 프랜차이즈 브랜드 보급, 외식의 국제화 및 다양화 •세계적인 다국적 기업의 탄생, 포스(POS) 시스템화
1990	고도 성숙기	•단순히 배를 채우는 것이 아닌 미식과 건강에 대한 소비자의 욕구 증대로 다양한 메뉴와 세분화된 시장구조 형성 •창의적 고부가가치 외식업 출현
2000	안정 성숙기	•고감성 외식기업, HMR 시장 생성, 건강메뉴 선호 •E-비지니스, 신개념 SNS 마케팅 도입 등

크아웃 방식을 가지고 있다. 그들은 그것을 'out of the Woods'라고 부른다. 손님들은 이러한 서비스를 원하였다.

이러한 테이크아웃 서비스나 커브사이드 사업은 계속될 뿐더러 손님의 욕구에 부흥하기 위하여 산업의 중요한 일부분이 될 것은 자명하다. 테이크아웃 서비스는 44%나 차지하고 있으며 편리함과 신속함을 요구하는 소비자의 욕구를 충족시켜주기 위해 빠르게 성장하는 추세이다.

CHAPTER 3

디자인 기초이론

CHAPTER 3

디자인 기초이론

디자인의 정의

《우리말큰사전》에 보면 디자인을 '외관상의 미적 감각을 부여하기 위하여 형상, 색채, 맵시, 그리고 그들의 결합 형태를 연구하고 응용하는 것'이라 정의하고 있다. 디자인이라는 용어는 구상, 계획, 설계, 의장 등 여러 가지 의미가 있는데, '계획하다', '설계하다'라는 의미의 라틴어 데지그나레(designare)에서 파생된 어휘로 일정한 용도나 기능이 있는 물건을 제작할 때 그 기능에 적합하면서도 경제성을 고려한 아름다움이나 형태를 갖도록 계획, 설계하는 것을 의미한다. 유사한 의미로 한국의 공예, 일본의 도안, 이탈리아의 디세뇨(disegno), 프랑스의 데셍(dessein)이라는 용어가 사용되고 있다. 디자인은 근대사회 이후 산업화를 이룬 모든 나라에서 동일한 성격으로 형성되고 발전해왔기 때문에 'design'이라는 외래어를 그대로 사용하고 있으며 오늘날 국제적으로 가장 보편적으로 많이 사용되고 있는 통용어 중 하나이다.

디자인이란 인간의 물질적, 정신적인 요구조건을 충분히 만족시킬 수 있는 조화로운 인공 환경형성을 목표로 한 창조적 활동이며, 구체적으로는 시각적 구성요소에 의한 심미성과 함께 편리한 기능성, 견고한 구조성, 경제성, 그리고 인간의 감정적인 부분까지 고려한 복합적인 표현활동이라고 할 수 있다.

디자인의 조건

심미성

기능성을 고려한 아름다움을 느끼는 미의식으로 유행성을 지니며 감성적이고 주관적이다. 아름다움에 대한 인식은 시대적, 문화적 배경에 따라 다르게 나타나며 또한 개인의 의식에 따라서도 많은 차이가 있지만, 생리적 욕구, 심리적 욕구와 함께 쾌적함과 편리함이 포함되어야 한다.

독창성

창조적이고 기존의 다른 업체와는 차별적인 아이디어가 있어야 한다. 사례조사를 충분히 하여 모방에서 창조가 이루어지도록 디자인되어야 한다.

경제성

외식공간을 디자인하려면 비용이 들게 마련이지만, 경제성을 고려한 디자인이 되어야 한다. 최소의 경비를 통하여 최대의 만족이 이루어질 수 있도록 디자인을 하여야 한다. 최소한의 인적자원, 물적자원, 자연환경 자원을 투입하여 추구하는 디자인을 최대한 달성하도록 한다. 기존의 시설을 재활용하여 비용을 절감하거나 시간을 최소화하여 경제성을 살리는 방법도 있다.

합목적성

인간이 생활을 하는데 필요한 다양한 욕구를 충족시키기 위해 목적에 맞는 기능성과 객관성으로 실용적인 디자인이 이루어져야 한다. 아무리 독창적이고 아름다운 공간이라도 생활하기 불편하다면 공간의 가치는 떨어질 수밖에 없다. 인체공학을 기초로 하여 정확한 치수와 배치가 이루어지도록 해야 한다.

질서성

질서성은 앞에서 말한 심미성, 독창성, 경제성, 합목적성이 서로 잘 조화롭게 유지되도록 해야 한다.

디자인 원리

비례

비례(proportion)란 길이나 면적이 2개 이상 존재할 때 생기는 것으로서, 상대적인 크기와 양의 개념으로 부분과 부분, 부분과 전체 간의 비율, 즉 상대적 크기를 의미한다. 외식공간에서 비례의 아름다움은 건물을 구성하는 모든 부분과의 적당한 크기의 관계 속에서 형성된다. 한 예로 레스토랑의 벽면에 액자로 장식했을 때 액자가 너무 크다 혹은 작다, 적당하다고 느끼는 것은 바로 비례감각이다. 전체적인 비례가 적당할 때 인간은 편안한 느낌을 갖게 된다.

같은 비례로 만들어진 같은 크기의 물건이라도 선, 색채, 질감, 무늬 등의 디자인 요소에 의해 전혀 다르게 보이는 경우도 있다. 실내공간에서 비율이 잘못 계획된 공간은 크기가 실제보다 더 작게 혹은 크게 보이거나 창문이나, 가구 등이 어색하게 배치된 것으로 보일 수도 있다. 비례는 보는 사람의 감정에 호소력을 지녀 너무 간단하면 단조롭게 느껴지고, 복잡하면 무질서 혹은 혼란을 느낄 수 있다.

고대 그리스인들은 1:1.618이라는 황금비율을 발견하고 이를 가장 아름답다고

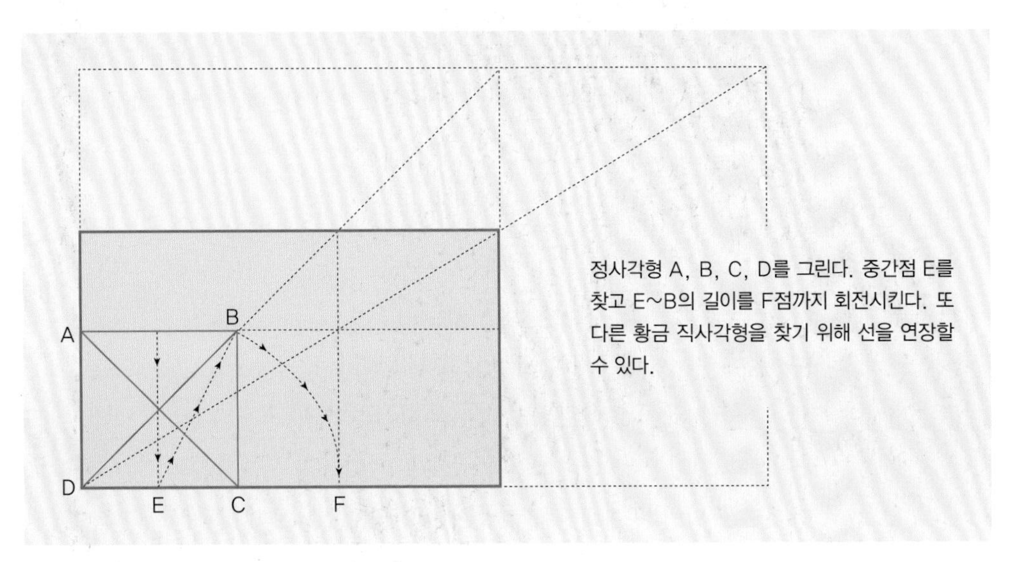

• 황금비와 직사각형을 찾아내는 방법

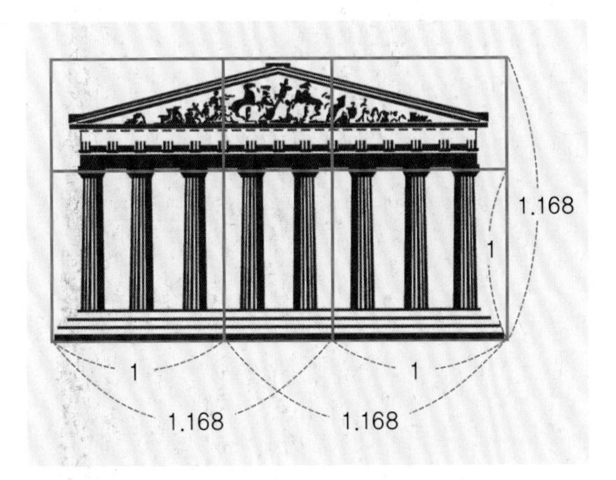

• 그리스 파르테논 신전 1:1.618 황금비율

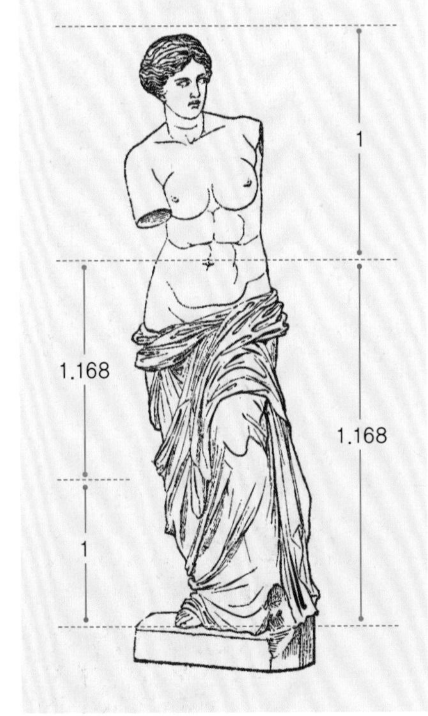

• 황금비율의 작도방법 : Ø=1:1.618

하였다. 황금비율은 안정성과 역동적인 긴장과 활기를 불어넣는 기본적인 비례로서 우리의 생활에서 우편엽서, 바이올린 등에 기초적인 비례로 활용되고 있다.

그리스의 파르테논 신전은 보는 바와 같이 1:1.618의 황금비율로 형태, 선, 비례에 대한 감각이 뛰어나며, 현대에 이르기까지 모든 예술분야에 영감을 주고 있다.

균형

균형(balance)이란 일종의 시각적 무게의 동등한 분배로 어느 한쪽으로 치우침이 없이 고르다는 뜻으로 두 개 이상의 요소가 부분과 부분, 부분과 전체 사이에서 시각적으로 힘이 안정되어 보이는 상태로 의미상의 무게감들이 서로를 필요로 하고 당기거나 밀면서 팽팽한 긴장감이 비켜 있는 것을 의미한다. 시각적 균형의 예를 보면, 크기가 큰 물건은 실제 무게와 관계없이 시각적으로 무겁게 느껴지며, 작은 물건이라도 여러 개가 모여 있으면 시각적으로 무거워 보인다. 균형은 항상 평정의 상태를 반영하는 것은 아니며 불안정의 상태를 중화시키는 요인을 찾기 위하여 계속해서 움직이는 상태일 수도 있다.

예를 들면 자전거를 타는 동안 우리는 중력의 힘을 극복하기 위하여 끊임없이 무게중심을 움직여서 평형의 상태를 유지하려고 한다. 이처럼 한 실내공간 안에서 사람의 움직임에 따라 공간의 시각적인 명백한 균형이 계속적으로 변화하기도 한다. 좌우대칭은 안정감과 정적인 느낌을 주지만 반면, 단조로운 느낌이 있고, 비대칭은 자유롭고 경쾌한 움직임이 느껴진다. 시각적 안정감을 위하여 무거워 보이는 색을 아래에, 가벼워 보이는 색을 위에 배치하며 큰 것은 아래에 작은 것은 위쪽에 배치하여 균형감을 줄 수 있다.

균형에는 대칭적 균형, 비대칭적 균형, 방사형 균형이 있다.

① 대칭형 균형(symmetry): 중앙의 수직축을 중심으로 마치 거울면을 대하듯 양쪽이 똑같은 위치와 형태들이 반복된다. 인체, 여러 종류의 동식물에서 볼 수 있으며 안정적이고 정적이며 위엄이 있고 조용한 느낌을 준다. 실내에서 대칭형 균형을 시도하면 안정감이 있고 편안하게 느껴진다.

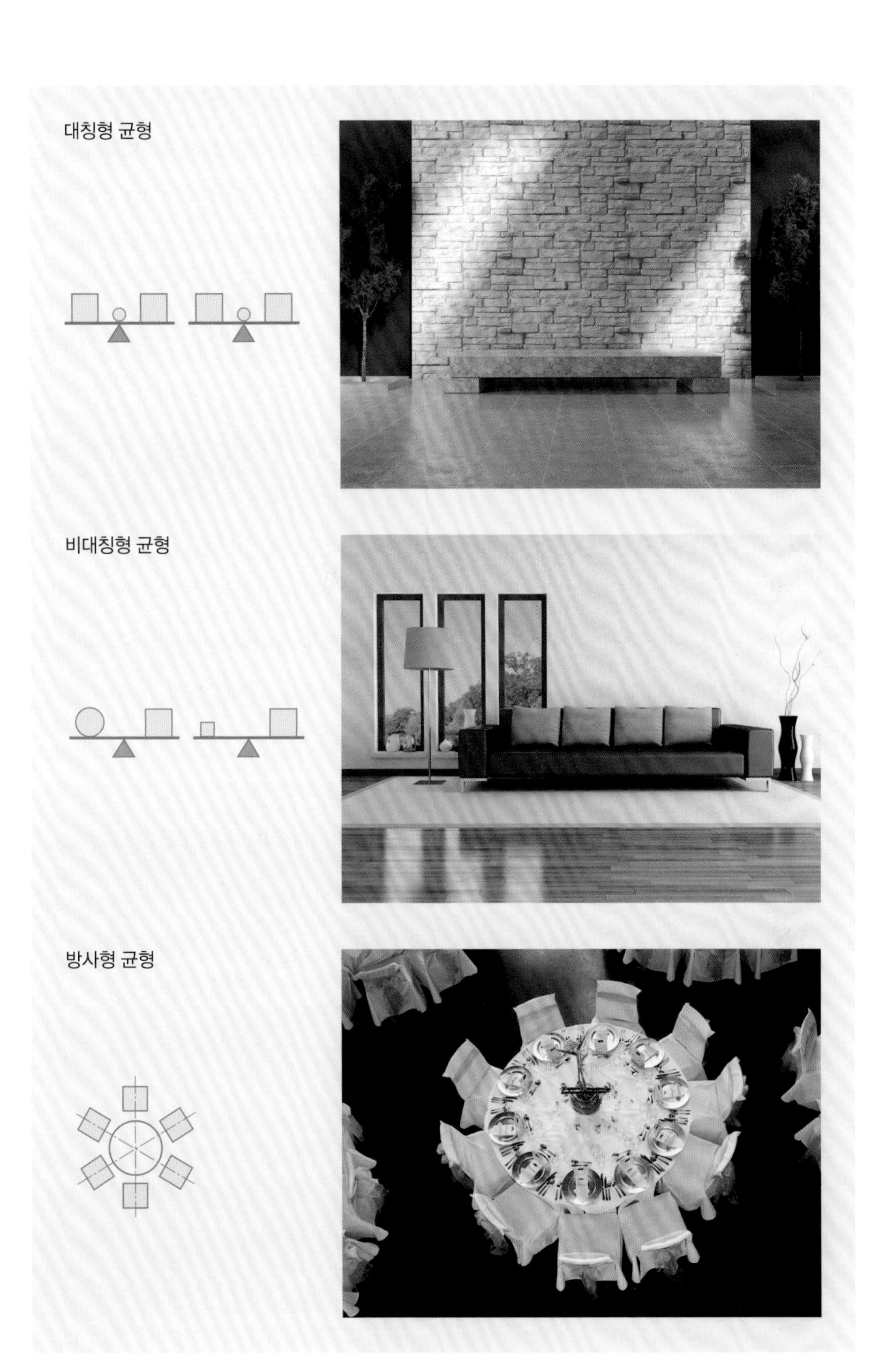

• **대칭의 종류**

② 비대칭형 균형(asymmetry): 양쪽의 시각적 배열 크기, 형태, 위치 등이 동일하지 않지만 시각적으로 균형이 잡힌 듯이 느껴지는 상태를 비대칭형 균형이라고 하며 능동적 균형이라고도 한다. 대칭형 균형에 비하여 좀 더 적극적이고 흥미로우며, 개성적인 느낌을 준다. 비정형적이기 때문에 자유롭고 융통성 있게 보이며, 지나치면 산만하게 보일 수도 있다.

③ 방사형 균형: 대칭적 균형과 유사하지만 중심점 또는 핵을 갖고 있으며 이를 중심으로 방사의 방향으로 확장되어 동적인 표정이 강하다. 주로 사각형으로 이루어진 공간에서 호기심을 유발시키고 신선한 느낌을 주게 된다.

리듬

리듬(rhythm)은 그리스어의 'rheo(흐르다)'에서 파생한 용어이다. 선이나 면적, 형태, 문양 등의 요소들을 어떠한 체계로 배치함으로써 생겨나는 시각적인 율동이다. 실내 구성요소가 규칙적으로 반복되면 정돈된 느낌을 주고 조화를 이루는 동시에 동적인 느낌을 주는데, 이것을 리듬감이라 한다.

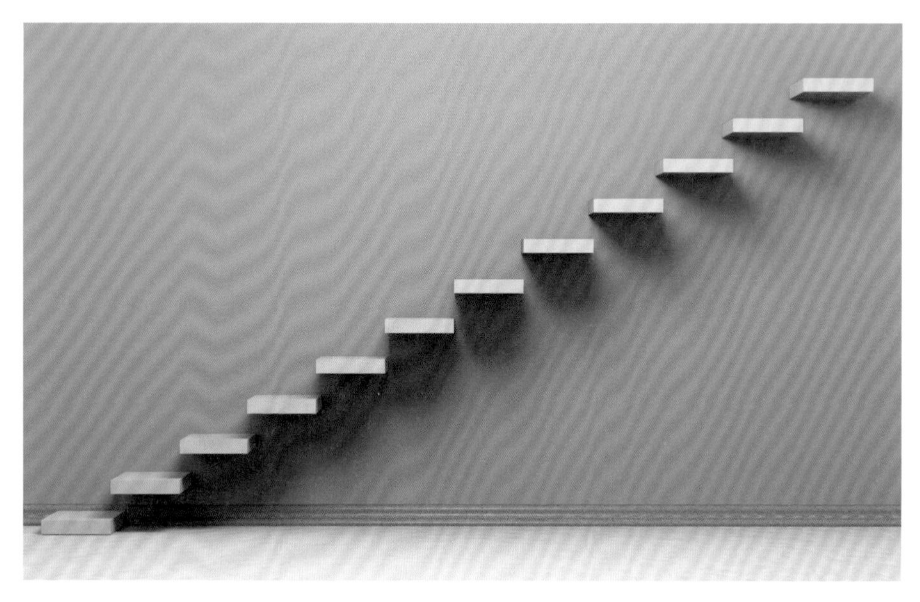

• 리듬

청각과 연관되는 음악의 원리로서 율동과도 관련이 있으나 시각예술에서의 리듬은 시각적인 움직임에서 비롯된다. 실내 디자인에서 볼 수 있는 리듬감으로 계단의 반복적 변화는 운동감과 리듬감을 나타낸다.

리듬은 다른 원리에 비하여 생명감과 존재감이 가장 강하게 나타나며, 동적인 질서와 활기 있는 표정을 가지고 있다. 시각적으로는 그리스 신전에서 사용된 벽돌과 기둥의 패턴, 나무에 반복적으로 생성되는 잎의 구조에서 볼 수 있다. 또 반복, 변형, 진행으로 완성될 수 있다.

반복

반복(repetition)이란 형태나 색채, 질감 등이 일정한 간격으로 반복되는 현상을 말한다. 실내 인테리어에서 벽지나 카펫의 무늬는 반복의 예로 볼 수 있다. 반복의 요소에는 점, 선, 평면형태, 입체형태, 재료, 색채, 질감, 패턴 등은 모두 반복의 요소가 될 수 있다.

• 반복

변형

리듬의 변형(alternation)은 디자인 요소들을 변경시킴으로써 약간 더 복잡한 디자인 시스템을 창출할 수 있다. 얼룩말의 줄무늬가 좀 더 자연스러운 리듬의 변형을 보여 주는 것처럼 세로의 가는 줄무늬가 있는 직물은 변형된 리듬을 보여 준다.

진행

진행(progression)은 운동감을 제시해 주고 시각, 시선을 방향성 있게 연속적으로 유도해 준다. 밝은 색상에서 어두운 색상까지의 전개방식, 작은 물체에서 큰 물체까지의 변화 등에서 이러한 리듬을 볼 수 있다.

통일

통일(unity)이란 디자인 요소의 반복이나 유사성, 동질성에 의해 얻어지는 효과이며, 전체적으로 일체감 있게 느껴지는 것을 말한다. 디자인 대상의 전체에 미적 질서를 주는 기본 원리이다. 하나의 구성물이 좋더라도 전체적인 효과를 고려하지 않는다면 그 공간은 통일감이 깨지게 된다. 통일감은 주제, 모양, 무늬, 크기의 반복뿐만 아니라 색채, 질감, 재료의 조화에 의해서도 이루어낼 수 있어 서로 연결된 원리이며, 이들은 언제나 함께 종합적으로 고려되어야 하는 원리인 것이다.

전체를 구성하는 여러 부분에는 공통 요소와 차이 요소가 존재하는데, 공통 요소가 적으면 대립되기 쉽고, 차이 요소가 많아지면 다양성으로 이어진다. 하지만 다양성의 도가 지나치면 무질서와 혼란해질 수 있다. 결국 지나친 통일은 단조롭고 무미건조해지고 넘치지 않는 선에서 적당한 변화가 있어야 한다. 통일은 특히 경관 디자인 등에서 유용하게 사용된다.

① 정적통일: 기하학적이거나 규칙적인 형태로 표현한 것을 말한다. 정적통일은 수동적이고 생동감은 없으나 안정적이므로 권위적인 공간에 사용하면 좋다.

• 진행

• 변형

• 통일

② 동적통일: 불규칙한 형태나 자유로운 곡선을 의미하지만 나선형과 같이 방향성을 가진 디자인도 여기에 속한다. 동적통일이 지나치면 공간성에 불안정과 혼돈을 야기하기도 한다.

조화

2개 이상의 조형요소들이 부분과 부분, 부분과 전체에서 공통성을 지녔거나 또는 이질적인 요소라 할지라도 서로 어울려 감각적 효과가 발휘될 때 나타나는 미적 현상을 말한다. 조화(harmony)는 여러 요소들의 변화와 통일의 정확한 배합과 균형에서 오는 결과로 일치감, 소속감을 느끼게 한다. 배색 구성에서 지나친 통일성은 딱딱하고 단조로우며 반대로 통일성이 결여되면 혼란스럽다. 즉, 합리적인 조화는 동질적 요소와 이질적 요소가 서로 모순되거나 배척하지 않도록 적절한 통일과 변화를 이룰 때 성립된다.

① 유사조화: 둘 이상의 요소들이 서로의 공통성에 의해 자연스럽게 조화된 것을 말한다. 이러한 조화는 전반적으로 온화하고 점잖고 우아하며 여성적인 안정감이 있으나 단조롭다.

② 대비조화: 둘 이상의 이질적인 요소가 서로 어울려 미적인 효과를 나타낸 것을 말한다. 그 예로는 거친 소재와 부드러운 소재, 차가운 색과 따뜻한 색, 직선과 곡선 등이 있다.

• 유사조화

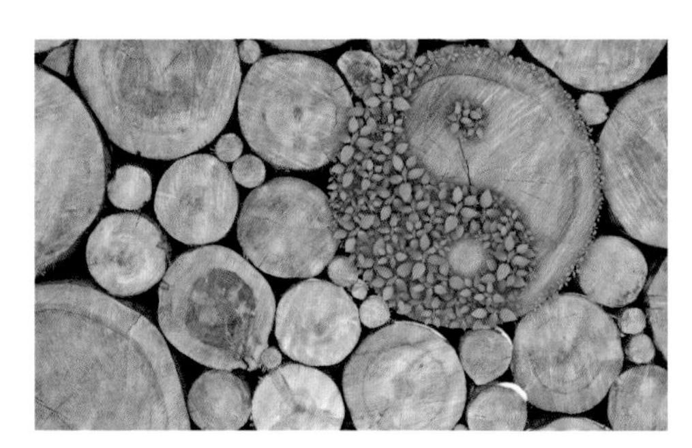

• 대비조화

강조

주어진 공간에서 가장 중요하게 생각되는 부분을 시각적으로 강하게 표현하여 그 부분이 공간의 중심이 되도록 해주는 것을 말한다.

디자인에서 강조(emphasis)는 주의를 환기시키거나 규칙성이 갖는 단조로움을 극복하기 위해 사용되며 관심의 초점을 조성하거나 흥분을 유도할 때 사용되기도 한다. 배색의 경우 어느 부분을 눈에 띄게 하려면 배경과 정반대의 보색을 사용한다. 이와 다르게 동일 계열의 강한 색을 사용해서 전체적인 흐름을 다시 한 번 강조하는 경우도 있다. 대비를 나타낼 수 있는 요인은 색상, 명도, 채도, 크기, 방향, 질감 등 모든 디자인 요소가 해당될 수 있다. 은은한 공간 내에서 채도가 높거나, 모든 것이 수직방향인데 한 부분만 수평방향인 경우, 전체적으로 밋밋한 가운데 한 부분만 거친 경우 등은 모두 시선이 머무는 강조점이 된다. 강조 효과를 높이는 데는 조명이 효과적이다. 테이블이나 벽에 조명을 이용함으로써 관심을 끄는 실내 디자인 요소로 강조시킬 수 있다.

• 강조

대비

대비(contrast)는 전체를 둘로 나누는 이분법과 전체를 세분하여 유사 정도에 의해 순서를 붙이는 단계법이 있다. 이분법은 빨강과 초록처럼 정반대의 성질이 배열되는 대비현상으로 개성적인 느낌과 강한 인상을 주므로 광고나 사람의 주의를 환기시키는 미디어에 효과적이다.

배색에 있어서 대비는 상호 반발하는 반대색이나 형태를 조합하여 색과 그 감정의 대조에 의해 전체적인 인상을 명료하게 하거나 두드러지게 하는 효과를 창출하는 기법이다.

디자인의 요소

점

기하학에서 의미하는 점의 개념은 위치만 있고 길이도 넓이도 없는 것을 의미한다. 점은 모든 조형예술의 최초의 요소로서 시조적 의미를 지니고 있으며, 최초의 점은 텅 빈 공간에서 외롭게 존재하는 부유물 같은 것이지만, 그 점이 생기면 무게와 긴장감이 생기는 느낌이다. 그러나 실내공간에서의 점은 상대적으로 작은 크기의 형태로서 그 이치가 강조된 경우를 일컫는 추상적인 개념이다. 모양이 아주 작고 미세한 것부터 크고 작은 둥근형, 삐뚤어진 형을 모두 점으로 인식한다. 그러므로 점은 한정된 고유의 크기를 가지고 있는 것은 아니다. 점의 크기에 따라서 구심의 긴장은 강하고 약한 느낌을 준다.

선

점이 움직이면 점의 정지는 파괴되며, 점이 움직임을 시작한 시점부터 끝나는 위치까지의 점의 연장선을 선이라 한다. 그래서 기하학에서는 수많은 점들의 집합

• 대비

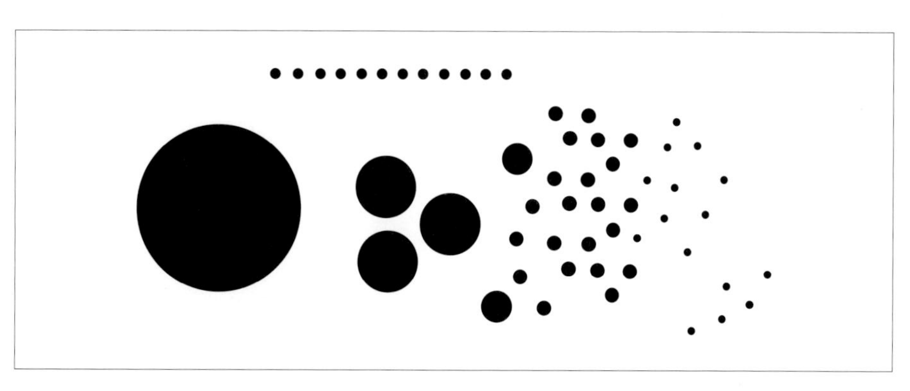

• 점

표 3-1 직선의 굵기와 특성

종류	도형	특징
가는 선		예리하고, 날카롭고, 섬세하다.
굵은 선		힘차고, 남성적이며 둔하고 우직하다.
가는 지그재그선		신경질적이고 불안하며 초조하다.
굵은 지그재그선		격렬한 움직임, 폭발, 힘의 강도를 느끼게 한다.

을 선이라 정의한다. 선은 무한한 다양성을 가지고 있으며 공간에서의 연출에 따라서 심리적인 시각적 효과를 준다. 또한 면에 있을 때는 길이와 위치만 있고, 공간 내에 있을 때는 두께가 있다. 넓이를 갖는 창틀이나 부피를 갖는 기둥도 실내공간에서는 모두 선적인 요소로 인식된다.

① 수평선: 중력의 결과로 나타나는 현상이다. 실내공간에서 바닥과 천장과 같은 면들이 수평선을 나타낸다. 우리가 수면을 취할 때 수평적인 자세를 취하므로 수평선은 휴식과 평온함을 암시한다. 수평선이 강조된 실내는 일반적으로 딱딱함, 남성적, 합리적, 명쾌함, 단순함, 평온함, 안정감을 준다.

② 수직선: 자연의 원리인 중력이 수직방향이기 때문에 완전한 수직방향에 대해 사람들은 매우 민감한 반응을 보인다. 수직은 하늘을 향해 있기 때문에 위엄, 경건함, 또는 영원함을 암시하기도 한다. 그렇기 때문에 중세교회는 높은 기둥으로 수직선을 강조하였다. 실내공간에서는 벽, 기둥, 문틀, 커튼 등이 있으며 이러한 수직 요소를 강조하면 천장이 높아 보이고 경건한 분위기를 낼 수 있다. 상승력을 나타내며 엄숙, 단정, 신앙, 희망, 의지적인 느낌이 있다.

③ 사선: 사선은 불완전한 수평선과 수직선을 포함한다. 피사의 사탑은 경사진 불완전한 수직선을 이루고 있기 때문에 항상 쓰러질 것 같은 위기감을 나타낸다. 이처럼 경사를 이룬 사선은 항상 움직일 것 같은 역동성을 암시하는 것이다.

• 피사의 사탑

④ 곡선: 자연은 다양한 곡선으로 이루어져 있으며 대표적인 예는 인체의 곡선으로 완만한 곡선은 부드러움과 여유를 나타낸다. 이처럼 곡선이 나타내는

심리적 효과는 대체로 여성스러움, 정다움, 부드러움, 원숙의 느낌을 준다. 기하학 곡선의 시각적 효과는 대단히 명확하고 이해가 빠르며 자유 곡선은 젊음, 대담함, 매력적, 탄력적, 장엄함, 우아함, 고상한 느낌을 주는 반면, 번거롭고 혼돈의 느낌도 있다. 나선의 계속적인 진행은 무한함의 느낌을 주며 활동적으로 휘어진 선은 무기력함과 흥분의 감정을 나타내고, 완만하게 굽어진 선은 안락함, 우아함, 서정적 느낌을, 빠르고 어지러운 곡선은 폭력, 난폭한 감정을 암시한다. 실내공간에는 벽지나 직물의 패턴, 가구의 형태나 장식, 아치형 개구부 등 다양한 곡선이 있는데, 곡선은 부드럽고 풍부한 분위기를 나타낸다.

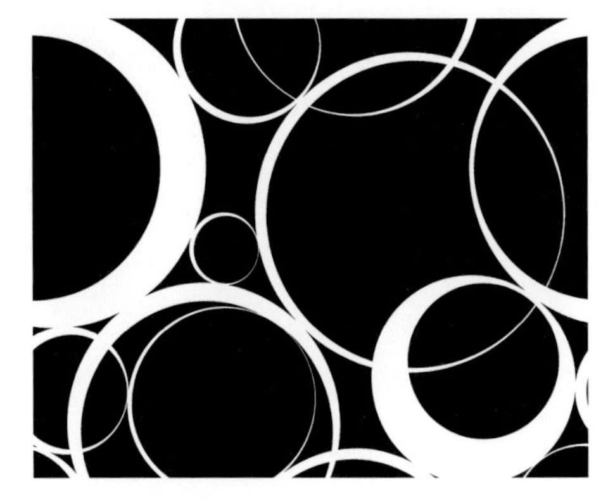

• 곡선

면

면은 개념상으로는 점 또는 선의 집합체이고, 시각예술에서는 길이와 넓이를 가지고 있으나 두께가 없이 형태를 생산하는 요소이다. 따라서 면에서는 점이나 선에서는 느낄 수 없는 원근감과 질감을 가질 수 있다. 면은 주로 선의 이동이나 폭의 확대 등에 의해서 성립되며 원근감과 질감을 나타내고 색채 효과에 대한 공간감이나 입체감을 나타낸다.

평면은 다음과 같이 분류할 수 있고, 여러 가지 심리적 시각효과를 갖는다. 기하직선형은 간결, 확실, 명확, 신뢰, 안정, 강함을 나타내며, 자유직선형은 강력, 남성적, 직접적, 예민, 활발, 명쾌함 등을 나타낸다. 기하곡선형은 자유, 유순, 명확, 고상, 확실, 이해하기 쉬움 등의 느낌을 나타내고 자유곡선형은 균형과 조화가 잘되면 아름답고 매력적이지만, 조화롭지 못하면 난잡하고 추한 형태가 된다. 즉 부드럽고 우아하고 매력적인 여성미를 나타내는 반면, 방심, 무질서, 귀찮음 등의 심리적 특성을 나타내기도 하는 것이다.

① 삼각형: 삼각형은 기능적인 비합리성이 있지만 상징성, 기념비적인 특성으로 인해 다양하게 적용되며, 사각형이 많은 실내공간에 삼각형을 사용하게 되면 정적인 공간에 변화와 생동감을 주어 동적인 분위기를 준다.

② 사각형: 실내공간에서 가장 많이 사용되며 합리적인 형태이다. 사각형은 형태자체가 가지는 이미지로 인해 공간이 딱딱하고 지루한 느낌을 줄 수 있으므로 디자인할 때는 크기, 색상, 장식, 배치 등에 변화를 주는 것이 필요하다.

③ 다각형: 오각형 이상의 각으로 구성된 조형 형태로 공간의 활력을 주고, 육각형이나 팔각형 등으로 의도적인 조형기법으로 사용되기도 하며 각이 많을수록 곡선적인 성질이 있다.

④ 원: 단순 원만한 느낌을 주며 삼각이나 사각에서 느껴지는 엄격함보다는 여유롭고 편안한 시각적 효과를 연출하는 데 효과적이다.

입체

면이 이동하여 생기는 형을 입체라 하며, 즉 공간이라 할 수 있고 선의 이동에 의해 생기는 형을 평면이라 하며, 형에는 평면적인 형과 입체적인 형이 있다.

입체의 형태들은 선에 대한 것과 유사한 심리적 특징을 나타낸다. 둥근 원형은 유동적이고, 율동적이고, 부드러운 느낌을 주고 타원형이나 강낭콩 모양은 따스함, 안락함, 보호감을 준다. 입체의 표정은 그것에 포함되어 있는 면의 특성에 의해 정해지지만 그 외 음영, 색채, 질감, 크기, 인간과의 관계 등에 의해서도 달라질 수 있다.

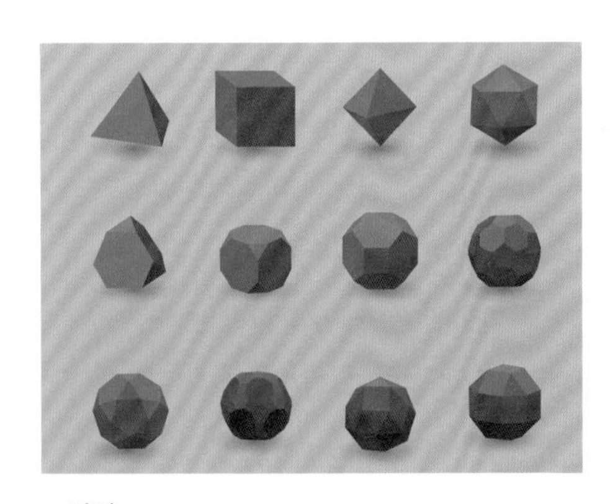

• 입체

색

색은 광원에서 나오는 빛이 물체에 비추어 반사, 분해, 투과, 굴절, 흡수될 때 안구의 망막과 시신경에 자극됨으로써 나타나는 감

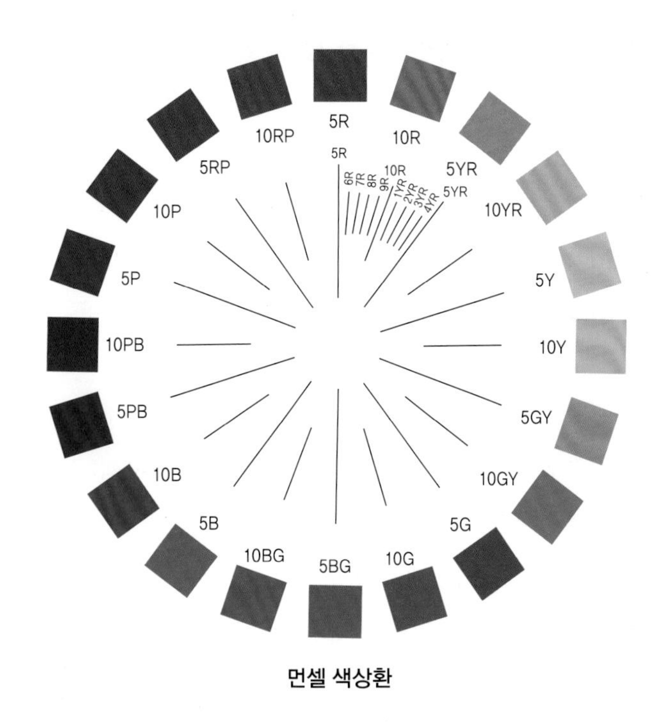

먼셀 색상환

각된 현상이다. 즉 모든 물체의 형태나 질감 등은 빛에 의해 육안으로 감지된다.

모든 색은 인간의 심리적 느낌에 따라 크게 따뜻한 색과 차가운 색으로 나누어진다. 빨강 계열의 색은 따뜻하게 느껴지고 파랑은 바다나 물을 연상케 함으로써 차갑게 느껴지지만 실제 온도가 높은 것은 빨강보다는 파랑 불꽃이다.

색은 인간의 심리적 구조와 밀접한 관계를 가지고 있다. 그래서 따뜻한 색은 심리적으로 긴장을 풀어주어 여유를 가지게 하는 반면, 차가운 색은 긴장감을 유발시키고 불안감이나 초조감을 주며 연두, 초록, 보라, 자주 등은 따뜻한 색이지만 차가운 느낌을 받기도 한다. 그러나 색은 주관적으로 관찰자에 의해 느낌이 다르게 보이며 대부분의 사람들은 자신에게 친근감을 주는 색을 따뜻한 색으로 받아들이기도 한다. 따뜻한 색 계열은 앞으로 진출되어 보이고 팽창되어 보이며, 차가운 색은 뒤로 후퇴, 수축한 것처럼 느껴진다.

CHAPTER 4

색채 디자인

CHAPTER 4

색채 디자인

식공간과 색채

색의 이해

색은 크게 적외선, 자외선, 가시광선으로 나뉜다. 적외선과 자외선은 인간의 눈으로 지각할 수 없고, 가시광선은 빛에 의하여 시세포를 자극하여 뇌의 시각 중추에 전달함으로써 색을 지각할 수 있다.

암흑 속에서는 아무것도 볼 수가 없다. 눈이 사물에 대하여 식별할 수 있게 해주는 환경이 밝음이며 밝은 곳을 조성하는 요소가 바로 빛이다. 보통 빛이라고 하는 것은 방사되는 수많은 전자파 중에서 눈으로 느낄 수 있는 것을 말한다.

영국의 물리학자 아이작 뉴턴(Isaac Newton, 1642~1727)은 프리즘을 이용한 분광실험을 통하여 빛이 빨강, 주황, 노랑, 초록, 파랑, 남색, 보라의 일곱 가지 스펙트럼의 색 파장으로 구성되었음을 발표하였다. 빛은 파장에 따라 서로 색감을 일으키며 여러 가지 파장의 빛이 고르게 섞여 있으면 백색으로 지각되는데, 이를 백색광이라고 한다.

색(color)은 물체 자체에서 빛을 바라는 것을 의미한다. 이는 빛(light)이고, 물

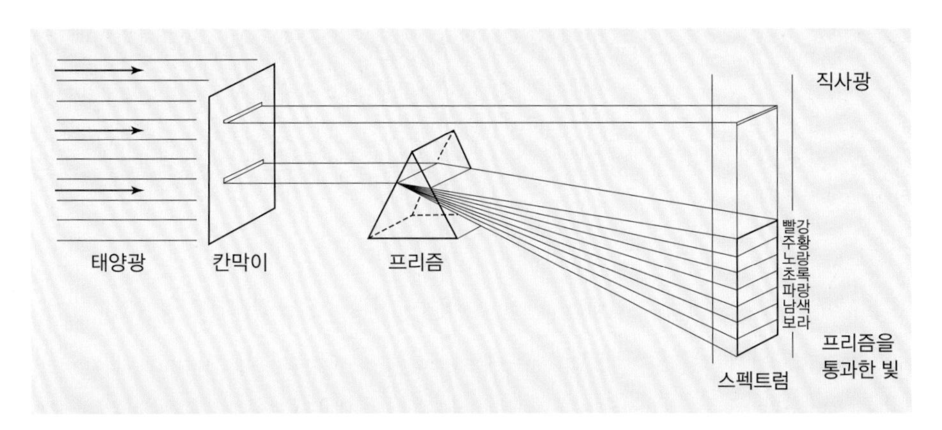

• 뉴턴의 분광실험

• 프리즘을 통과한 빛의 색상

질이며 감각이다. 이를 '심리 물리색', '빛의 색'이라고도 한다. 색채는 색과 달리 빛을 반사하는 반사광에 의해 눈에 인지되는 것이다. 빛을 모두 반사하면 흰색이 된다. 대뇌에 의해 판단된 이러한 색채를 '지각색'이라고도 한다.

색의 3속성

색상

색상(Hue)은 색을 구별하기 위한 색의 명칭으로 색의 차이를 나타낸다.

뉴턴은 광학실험에서 태양광이 무수한 색광으로 분광될 때 장파장의 빨간색에서 단파장의 보라색까지 미세한 그라데이션으로 변화되는 것을 관찰하였다. 그리고 표색계에서는 스펙트럼 안에서 대표 색을 정하였다. 태양광, 즉 빛의 파장이

다른 빛의 집합이라는 것을 발견하였는데 빨강, 노랑, 녹색, 파랑, 보라 등 다른 색과 구별되는 고유의 성질을 말하며 유채색에만 있다. 색상들을 원형으로 나열한 것은 색상환이라고 하는데, 색상환에서 배치되는 위치에 따라 유사색상, 보색, 반대색으로 나뉜다.

① 원색: 다른 색과 혼합해서 만들 수 없는 기본색상을 말하며 원색의 특성으로는 원색을 혼합하면 어떠한 색이라도 만들 수 있지만, 이와는 반대로 다른 어떤 색을 혼합하여도 원색은 만들 수 없다. 삼원색은 물감이나 안료와 같은 색료의 삼원색은 인쇄 잉크의 삼원색인 마젠타(M: magenta), 노랑(Y: yellow), 사이언(C: cyan)을 말한다. 이 세 가지의 삼원색을 다른 비율로 여러 가지 다른 색상을 만들 수 있다. 색광은 삼원색은 빨강(R: red), 녹색(G: green), 파랑(B: blue)으로 색광혼합을 통해서는 삼원색을 만들 수 없다.

② 보색: 색상환에서 반대에 위치하는 색으로, 빛을 섞는 가산혼합에서 색광

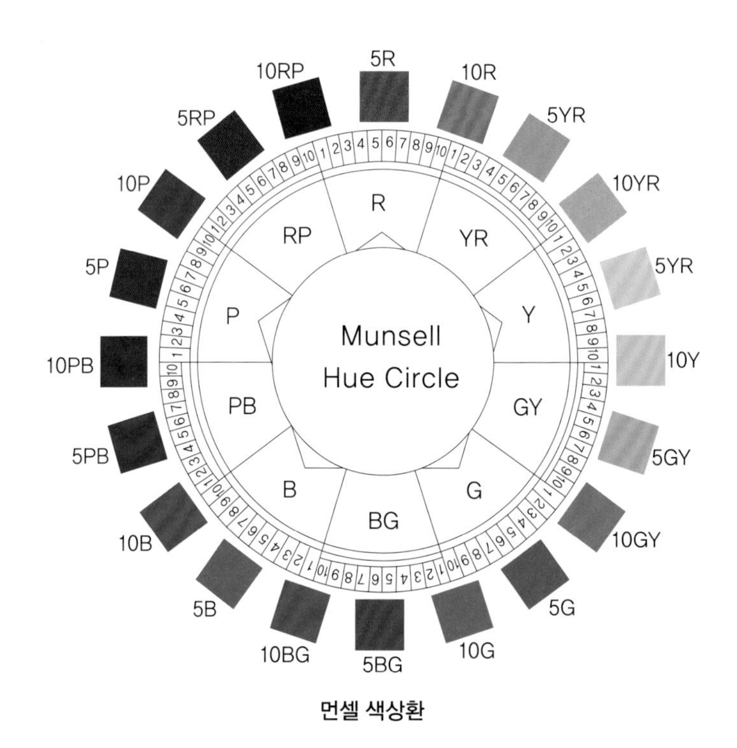

먼셀 색상환

의 삼원색 중 함께 섞어 백색광이 되는 두 색을 보색이라 한다. 감산혼합에서는 혼색의 결과로 검정이나 짙은 회색이 된다.

③ 색상환: 색채를 체계화시키기 위한 가장 일반적인 방법으로 각기 다른 파장의 색들이 순서대로 배열되는데, 뉴턴과 만셀의 이론에 근거하여 색광과 색료의 색상환이 대표적이다. 색상환을 통해 근처에 있는 색은 유사색이라고 하며 반대에 있는 색은 보색에 해당된다. 색상환은 단일 파장에 의하여 만들어진 단색들로만 이루어지기 때문에, 분홍색이나 갈색, 금속색 등은 색상환에서 나타나지 않는다.

명도: 색의 밝기를 나타내는 척도

물체 표면이 빛을 반사하는 양에 따라 색의 밝고 어두운 정도는 달라진다. 빛의 대부분을 흡수하여 반사하는 양이 적을수록 어두운 색을 띠고, 빛의 흡수가 적고 반사하는 양이 많을수록 밝은 색을 띤다. 색의 밝고 어두운 정도로서 무채색과 유채색에 모두 있는데 무채색이 명도를 나타내는 기준이 되며, 가장 밝은 고명도를 흰색, 가장 어두운 저명도를 검정으로 한다. 완전한 흰색과 검정은 현실적으로는 얻을 수 없는 색이다.

① 고명도: 10, 9, 8
② 중명도: 7, 6, 5, 4
③ 저명도: 3, 2, 1, 0

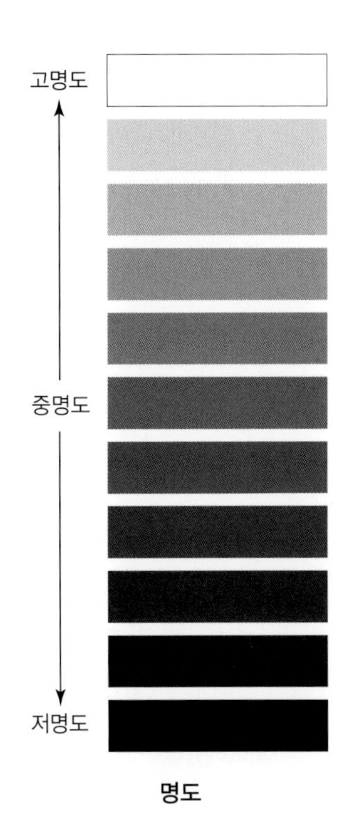

명도

채도: 색의 순수한 정도를 나타내는 척도

색에는 짙은 색이나 흐린 색이 있다. 같은 빨강이라도 짙은 빨간색이 있는가 하면 흐린 빨간색이 있다. 이는 색의 강약으로 달라지는 것인데 이와 같은 색의 강

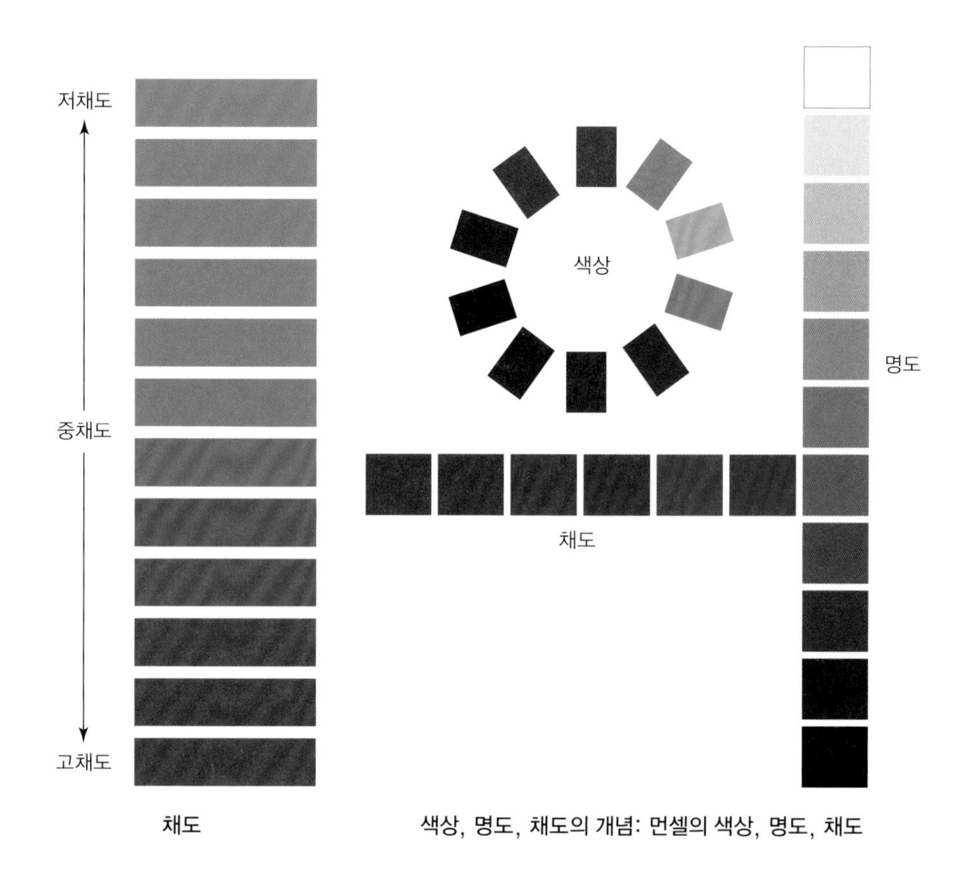

채도　　색상, 명도, 채도의 개념: 먼셀의 색상, 명도, 채도

약, 순도의 정도를 '채도'라고 하며 유채색에만 있다. 한 색상에서 채도가 가장 높은 색은 순색이라고 하며 유채색에 무채색을 섞을수록 채도는 낮아진다. 무채색의 축을 기준으로 하여서 바깥쪽으로 멀어질수록 채도가 높아지며, 무채색 축에 가까워질수록 채도는 낮아진다.

색의 분류

무채색

무채색은 색기미가 없는 색으로 흰색, 회색, 검정색에 해당된다. 가시광선을 구성하는 스펙트럼에서 각 색의 반사율이 거의 평행선에 가까운 특징을 지니고 있다. 이때 반사율의 정도에 따라 밝기가 달라져 반사율이 약 85%인 경우가 흰색이고, 약 30% 정도이면 회색, 약 3% 정도가 검정으로, 반사를 많이 하면 할수록 밝은 색으로 느끼게 된다.

유채색

흰색에서 검정까지의 순수한 무채색을 제외하고 색깔의 기미가 있는 모든 색을 유채색이라고 한다. 빨강, 주황, 노랑, 초록, 파랑, 남색, 보라 등 유채색은 그 종류가 무려 750만 종이나 되지만 실제 우리가 식별할 수 있는 색의 종류는 300여 종에 불과하고, 일상생활에 필요한 색은 50여 종이다.

색채 배색

색채 배색이란 색과 색의 조화와 효과로 2가지 이상의 색을 조합시킬 때 일어나는 효과를 의미한다. 이러한 색채의 배색은 일반적으로 색이 쓰이는 모든 곳에서 찾아볼 수 있는데 인테리어나 일반 생활용품 길거리에 붙어 있는 포스터 등 생활 전반에 걸쳐 나타나고 있다. 따라서 디자인할 때 배색의 원리를 기본적으로 이해하고 활용하는 것이 필요하다.

배색방법

① 동일배색: 가장 기본적이며 안정된 조화를 이루는 톤으로 한 가지의 색상으로 명도나 채도를 달리한 톤의 일부나 전부로 무난하며 단조로운 느낌을 줄 수 있다. 비슷한 계열의 색조이기 때문에 정리되고 안정된 느낌을 줄 수 있으며 자연스러운 통일감이 느껴진다.

② 유사배색: 색상환에서 하나의 색 주변에 있는 비슷한 색들과의 배색으로 안정된 느낌을 줄 수 있다.

• 동일배색

• 유사배색

• 보색배색

③ 보색배색: 색상환 상에서 서로 마주보고 있는 색상으로 강조하고 싶을 때 많이 사용된다. 생동감이 느껴지며 강렬한 이미지를 줄 수 있다.

배색에 따른 색상 분위기

색은 조화되는 색상에 의해 다양한 이미지가 연출된다. 이미지스케일은 컬러가 갖는 공통된 이미지를 객관적으로 파악하고 적용할 수 있도록 이미지를 분석하는 도구로서 유용하게 사용되어지고 있다. 과학적인 분석을 통한 자료로 이를 기본으로 하여 배색원리에 대해 이해하고 활용하는 것이 필요하다.

컬러 매치

톤 온 톤 배색

톤 온 톤(tone on tone) 배색은 톤을 겹친다는 의미로 동일색상에서 두 가지 톤의 명도 차를 크게 둔 배색이다. 동일 색상의 농담 배색이라고 불리는 배색이다. 예로 밝은 베이지와 짙은 갈색, 하늘색과 짙은 청색의 배색이다. 3가지 이상의 색을 배색한 경우도 동일 색상의 농담배색이면 톤 온 톤 배색이라고 한다.

톤 인 톤 배색

톤 인 톤(tone in tone) 배색은 명도 차가 크지 않은, 가까운 위치에 있는 톤의

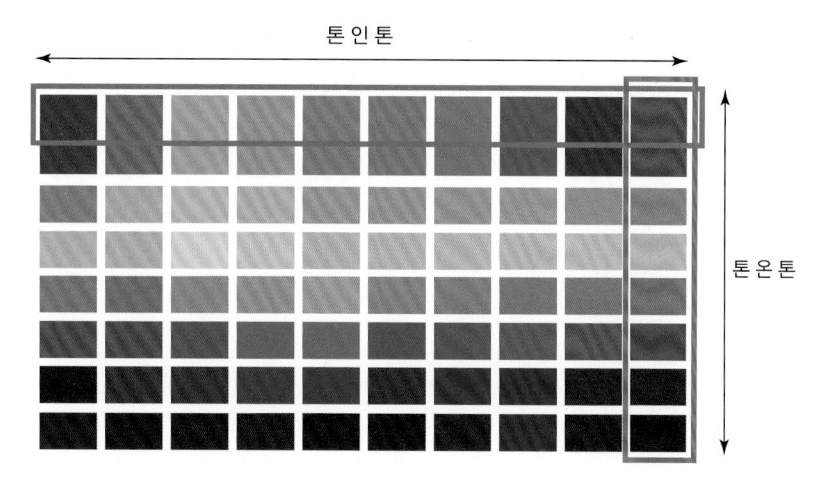

톤 인 톤(tone in tone)과 톤 온 톤(tone on tone)

조합에 의한 배색 기법이다. 색상은 톤 온 톤 배색과 마찬가지로 동일 색상이나 유사색상의 범위 내에서 선택한다. 또는 톤은 같지만 색상은 다른 비교적 자유로운 배색도 포함된다.

악센트 배색

악센트(accent) 배색은 전체가 평범하고 단조로운 색에 대해 강조하고 싶은 부분에 시선을 집중시키는 기법이다. 방법은 주가 되는 색채에 대조되는 색을 포인트로 두거나 보색으로 의외성이 강한 색을 더하기도 하는 것으로 악센트 컬러는 포인트가 되어 더욱 돋보이며 전체에 통일감을 준다.

색채효과

색채는 인간에게 강한 심리적 자극을 주는 요소로 널리 알려져 있다. 색채자극은 시각적으로 자극을 줄 뿐 아니라 생리 지각적 효과, 그리고 감정을 일으키는 심리적인 효과를 일으킨다. 이러한 심리에 대한 작용은 대상에 대한 문화적, 학습적 경험의 차이에 따라 개인적인 반응이 초래되기도 하며 환경과 사물의 관계에서 여러 가지 다른 연상이 일어나기도 한다.

색채의 심리적 효과

① 생리학적 효과: 색채환경에 대한 인간의 신체적 반응 효과

② 색채감정 효과: 색채환경과 인간의 감정 변화의 관련 효과

③ 건강 효과: 여러 질병 치유에 관한 색채의 역할 효과

④ 상업적 효과: 상업시설에 대하여 구매촉진의 효과

⑤ 색채심리 효과: 인간의 심리적 상태에 대한 이해 효과

공간의 색채효과

① 대비와 동화: 색상, 명도, 채도에 의하여 영향을 받으며, 공간에 있어서 가장 중요한 효과로 알려져 있는 것은 대비와 동화 효과에 의하여 동일한 색이 다른 색과 인접할 경우 서로 다른 효과를 가져 온다.

② 진출과 후퇴: 색채 중에서 난색의 경우 팽창되어 보이고 한색의 경우 후퇴되어 보인다. 색채를 잘 활용하면 좁은 공간에서도 확장되어 보이고 넓은 공간에서도 축소되어 보이는 효과를 줄 수 있다.

③ 팽창과 수축: 동일 면적에서 적용했을 때 부피감이 더욱 커 보이는 팽창과 부피감이 줄어 보이는 수축색이 존재한다. 이를 공간에 적용하게 되면 동일한 면적에서도 넓거나 혹은 좁게 보이는 효과를 줄 수 있다. 일반적으로 난색계열의 경우 팽창해 보이며 한색계열의 경우 수축되어 보인다.

④ 중량감과 경연감: 동일한 부피에 대해 좀 더 가벼운 느낌을 주는 색을 가벼운 색, 좀 더 무거운 느낌을 주는 무거운 색이라고 하고 이를 색채의 중량감이라 한다. 경연감도 이 중량감과 유사한 경향의 색채로 나타나며 특히 딱딱해 보이는 색채와 부드러워 보이는

진출과 후퇴

색들이 서로 차이를 보이면서 사용되는 재료의 소재적 특색을 강하게 연출하는데 매우 효과적인 색채 특징이다.

색채 이미지

소비자 소비성향 연구에 의하면 소비자들은 87%가 보고 구매하며, 7%가 듣고 구매한다. 3%는 직접 만져 보고 구매하며, 2%는 냄새를 맡아보고 구매한다. 마지막으로 1%는 맛을 보고 구입한다는 순으로 나타났다. 오감 중에서 시각의 영향력이 그만큼 절대적인 것으로 나타났다. 이는 소비자들이 시각전달 매체인 컬러에 매우 민감한 반응을 보인다는 의미이다. 그러므로 상품 컬러, 광고매체의 컬러, 디자인 등은 제품판매 등에 중요한 결정요인이 될 수 있다. 색에는 독특한 심리적 의미가 담겨져 있으며, 어느 정도는 이러한 것들이 인간의 물리적인 행동에도 영향을 미친다고 알려져 있다.

빨강

홍분, 정열, 힘, 강함 등의 의미를 내포하고 있으며 불과 연계하여 위험, 경고의 의미 또한 가지고 있다. 또한 혈액 순환을 빠르게 하여 혈압이 낮은 사람이나 무기력증인 경우 빨강을 가까이하면 에너지를 회복시켜주는 효과를 지녔기 때문에 정신적 에너지가 부족해서 무기력할 때 도움이 되는 컬러이다. 또한 너무 혈압이 높거나 급한 성격이라면 혈관을 늘려주는 역할을 하기 때문에 반대로 빨강을 멀리하는 것이 필요하다. 빨강은 또한 몸을 따뜻하게 해주는 특성이 있어서 감기에 잘 걸리는 사람이나 유난히 추위를 타는 사람이라면 빨간색의 소지품이나 옷을 착용하는 것이 도움이 된다.

빨간색은 긍정과 부정의 의미를 동시에 지니는 색이기도 하다. 지배하는 자에게는 권력의 상징이며, 저항하는 자들에게는 혁명과 반동의 의미를 가지고 있다.

빨간색은 모든 색채 중 가장 강한 채도로 어느 컬러나 배색과 조화하여도 자기의 색이 분명하여 강조하거나 부각시킬 때 많이 사용된다. 주위배경으로부터 자신을 확실히 구별해 주는 동시에 주의의 시선을 끄는 색이다. 또한 호기심 강하고,

• 빨강

매우 활동적이고 적극적인 이미지로 사회의 중심적 역할을 하면서도 자존심과 우월함을 동시에 갖는 지도자적 성격을 가진다.

빨강은 성욕이나 여성의 성을 상징하는 것으로도 자주 쓰인다. 청교도시대에는 불의를 범한 음탕한 여자에게 주홍글씨를 가슴에 붙이도록 하였다. 이후 붉은 불빛의 거리인 홍등가는 매춘의 상징이 되었다.

빨간색 공간에 있으면 신경이 예민해지고 판단력이 빨라지는 것을 느낄 수 있다. 감정상 표현이 어색한 사람이 자기를 나타내는데 도움이 되는 컬러이다. 빨간색을 쓴 공간은 너무 컬러가 진하거나 선명하게 되면 압박감이 들어 쉽게 피로해지는 경향이 있다. 따라서 포인트 컬러 정도로만 사용하는 것이 좋다.

소비자가 좋아하는 색은 기업의 입장에서 볼 때, 상품 판매의 결정적인 단서가 된다. 일반적으로 나이가 어릴수록 스펙트럼의 파장이 긴 따뜻한 색을 좋아하고 나이가 들어가면서 파장이 짧은 파랑과 같은 색을 좋아한다. 젊은이들이 검정색 옷을 즐겨 입는 이유는 강렬하고 뜨거운 색을 좋아하는 심리를 어두운 색으로 중화시켜 안정감을 갖고자 하는 심리가 있기 때문이다. 반대로 아기나 유치원의 용품이 원색인 이유가 여기 있다.

대다수의 패스트푸드 레스토랑에서 레드 색상을 주로 사용하는데 이는 레드가 침샘을 자극해서 배를 고프게 함과 동시에 눈을 피로하게 만들어서 손님들이 많이 먹고 빨리 나가도록 조장하기 때문이다. 또한 시각적으로 가장 먼저 눈에 띄는 색상이어서 지나가면서도 쉽게 찾을 수 있다.

주황

주황색은 빨강, 그리고 노랑과 비슷하지만 빨강과 노랑이 혼합된 색이기 때문에 따뜻하게 하는 효과는 빨강, 노랑보다 더 크다.

명도가 높은 주황색은 싱싱하고 명랑한 이미지를 주며, 저채도의 갈색 계열의 주황색은 화려하면서도 고전적인 내추럴한 분위기를 나타낸다. 저채도의 차분한 색채 계획에 주황색을 포인트로 적용하면 활기차고 생동적인 이미지를 부여할 수 있다.

• 주황

열정과 밝음의 혼합으로 상큼하고 친근하며 신선한 느낌을 준다. 또한 주황은 몸에 칼슘을 증가시키는 역할을 하기 때문에 특히 임산부에게 도움이 되는 컬러이며 산모가 주황빛 옷을 입으면 유선이 자극을 받아 모유 분비가 잘 된다. 또한 소화기관과 비장에 영향을 미쳐 소화기나 자궁 관련 질병이 있는 여성들은 주황색 의상을 착용하는 것도 좋다.

시각적으로는 활력, 만족, 적극 등을 상징하고, 에너지를 발산하는 활력소도 가지고 있다. 시간경과가 빨리 느껴지는 색이어서 빠르게 회전하는 패스트푸드(fast food)점에서 사용하는 경우가 많다.

이국적인 과일 오렌지를 통해서 이국적인 느낌의 색으로도 알려져 있으며, 불교에서 주황은 최고의 완벽한 상태를 뜻하는 깨달음의 색으로 불교의 상징색이다. 티베트 불교 수장 달라이라마는 항상 주황색 옷을 입고 있다. 이외에도 인도, 미얀마, 네팔 등지의 승려의 옷은 주황색을 입는다.

노랑

햇살의 에너지를 나타내는 색으로 명랑하고 힘찬 느낌을 주며, 가득한 햇살을 연상시켜 행복을 상징한다. 주황계열의 노랑은 황금색으로 부와 권위 등 노란색의 긍정적인 느낌을 강화시킨다. 마음을 자극하고 분위기를 밝게 하기 때문에 특히 날씨가 흐린 날에 적합한 컬러이다. 2009년 미국발 경제위기가 터졌을 때도 가장 유행했던 컬러이다. 천진난만하고 순수하며, 다분히 감정적인 컬러이다.

고대 중국의 음양오행설에서 노랑은 중앙을 상징하며 세계 중심의 색으로 중국의 대지의 색이었다. 이렇게 노랑이 중국의 국토를 상징하는 색이 되면서 중국에서 노랑은 황색으로 황제의 색이며 권위를 나타내는 색이기도 하였다.

따뜻하고 명랑한 색이며 넓은 면적에 사용하기에도 유용하나, 자칫 너무 많이 사용하면 지루하고 진부한 이미지를 주므로 다양한 톤으로 변형하여 사용하는 것이 바람직하다. 노랑은 햇살을 상징하며, 생동감 있고 활동적인 이미지를 지닌다. 명도가 높은 노란색은 순색의 이미지를 유지하지만, 명도가 낮아지면 순색의 이미지를 잃게 된다. 특히 주황색이 가미된 노란색은 부와 권위를 상징하지만, 연두색

• 노랑

이 섞인 연노란색은 창백하고 희미한 느낌을 주기도 한다. 노란색은 다른 색이 조금이라도 첨가되어지면 곧 순색의 특성을 상실하게 되는데, 불순물이 혼합된 노란색은 순색의 가치가 상실된 질투, 배신, 의혹, 불신의 이미지를 지닌다.

노랑은 운동신경계를 활발하게 작용시켜 근육의 에너지를 증대시키고 날카로운 지성과 비판력을 높여주는 효과가 있다. 우울증이 있는 경우 노랑 컬러를 도입하는 것은 생기를 주는 데 도움이 된다. 소화불량과 변비에도 효능이 있으므로 식당이나 화장실에는 사용하는 것도 좋다.

생리학적으로 보면 파랑과 보색의 관계를 이루기 때문에 노랑은 조인 것을 풀고 넓히며 규칙적으로 조정해주는 기능을 한다. 그렇기 때문에 노란빛을 짧은 시간 동안 위장에 쏘이면 소화제 구실을 하며 배변이 수월하도록 도와준다.

노란색은 모든 색채 중 명도와 채도가 가장 높아 명시성이 높으므로 무채색과의 배색에서 포인트 색으로 자주 사용된다. 또한 주의력을 높여 객관성이 모자라거나 예리한 판단을 할 수 있도록 도와주는 색이기도 하다.

초록

파랑과 노랑의 이차색으로 노랑의 유쾌함과 파랑의 차분함을 동시에 함축하여 일반적으로 차분하고 밝은 느낌의 색으로 알려져 있다. 녹색은 나무나 채소 등 자연을 연상시켜 건강과 복지의 이미지를 전달하는 색이며, 안전을 알려주는 색으로 긴장을 완화하고 감정을 느긋하게 진정시키는 효과가 있어 심신을 편안하게 하는 데 도움이 된다. 채도를 낮추고 어둡게 사용하면 위엄과 신뢰감을 증가시켜주는 컬러가 된다. 하지만 자연을 흉내 낸 초록의 공간을 자칫하면 무료하고 둔하고 단조로워 보일 수 있으므로 공간을 가득 채우는 것을 피하는 것이 좋다.

일반적으로 초록색은 성실하고 사회적인 사람들이 선호하는 색이라 불린다. 짜증이 나고 불면증과 만성피로, 집중력이 저하된다면 초록이 많은 공간에 간다면 모세혈관을 넓혀 혈관의 흐름을 원활하게 해주어 마침내 마음이 침착하고 편안해지는 느낌이 들 수 있다. 초록색은 사람의 눈에 가장 편안한 색상으로 마음의 긴장을 풀어주고 진정시키는 등 병을 치료하는 효과가 있다. 이러한 이유로 병원에서

• 초록

많이 사용하며, 안전과 진행 및 구급·구호의 의미가 있다. 자연과 식물을 상징하는 색으로 환경 및 성장, 번영 등의 이미지를 연상할 수 있다.

녹색은 동시에 공포와 혐오의 색이기도 하다. 죽은 시신은 창백한 녹색을 띤다. 녹색이 공포와 혐오의 색이 된 데에는 구리와 비소를 사용하여 얻어내는 색이 독성을 지닌 녹색이기 때문이기도 하다. 헐크(캐릭터)의 경우 몸이 커지고 괴력이 나타날 때 그의 몸이 더욱 녹색으로 변한다.

• **영원의 문턱에서**
빈센트 반 고흐(Vincent Van Gogh)

파랑

지구인의 80%가 좋아하는 색으로 남녀를 불문하고 누구나 좋아하며, 특히 기업이나 금융기관들이 신뢰감을 주는 색이기 때문에 좋아하는 색이고 기업의 CI(Corporate Identity)에도 많이 사용된다. 파랑색이 희망과 서광, 밝은 미래와 기업의 발전성을 나타내며 정직함과 신뢰를 상징하고 실용성의 이미지를 연상시키기 때문이다.

파랑은 단순, 순수, 진실, 엄숙, 사고, 명상 등의 의미를 지니고 있다. 파랑은 체온을 낮추고 맥박을 느리게 하고 혈압을 낮추는 등 신체적인 영향에서 빨간색과 반대의 효과를 가지고 있다. 이밖에도 하늘과 바다를 상징하여 공간감과 개방감, 공간감을 나타낸다. 공간을 차분하게 보이게 하는 효과가 있어서 격식 있는 엄숙한 자리에 어울리는 색이다. 실내에 사용하면 공간을 넓어보이게 하며 조용하고 한가로운 분위기를 낸다.

새로운 도전과 자유를 의미하는 파랑은 희망찬 미래를 지향하는 젊은이에게는 비전의 색이다. 우리 선조들이 사용한 말들 중 '청운의 꿈', '청운지사', '청학도' 등을 보면 파랑은 희망적이고 이상적인 정서를 상징하는 것을 알 수 있다. 반대로

• **파랑**

파랑은 부정적인 의미로 사용되기도 한다. 차갑고 고요한 느낌으로 슬픔이나 우울함의 인상을 주기도 한다. 블루 먼데이(blue monday) 또는 블루스(blues) 음악 등은 그 이미지로부터 유래된 것이다.

파랑을 밝게 사용하면 생생함을 나타내지만, 어둡게 사용하면 가라앉은 느낌을 주어서 무겁고 엄숙하며 억압적인 이미지를 나타낸다. 대개 사람이 정신적으로 기분이 안정되고 육체적으로는 혈압과 심박수가 떨어져서 침착한 기분이 들게 되므로 산만한 사람은 침착하게 책상에 앉아 있을 수 있도록 하는 효과가 있다. 또한 차가워 보이는 색이므로 북향의 방이나 난방이 안 되는 곳에서는 더욱 추워 보여 사용하지 않는 것이 바람직하다.

파랑은 특히 흰색과 매치하면 넓은 공간으로 보이고 이지적인 느낌을 연출할 수 있다.

음식의 경우 전체적으로 파란색의 기운이 돌면 식욕이 떨어지고, 파란색 조명에서도 감정이 저하된다. 차가움과 서늘함의 색조는 서늘하고 신선하게 보관해야 하는 식료품의 포장으로도 이상적인 색상이어서, 우유나 유제품의 포장에서도 자주 볼 수 있다.

갈색

최근에 커피가 대세를 이루면서 다시 주목받기 시작한 컬러이다. 클래식하며 전통적이고 동시에 인간적이고 풍부하다. 따뜻하며 조신하고 때로는 진부하기도 하다. 믿음직스러운 갈색은 침착하고 주위로부터 흔들리지 않는 이미지를 풍기고, 특유의 품격 있고 고상한 느낌으로 인해 나이가 들수록 더 좋아지는 컬러이다.

갈색은 나무의 순박함, 가정이나 농장의 안락함, 벽돌이나 돌과 같은 천연재료의 편안하고 따뜻한 이미지를 가지고 있다. 흔히 무난한 색깔로 여겨지는 컬러로 기분을 안정시키는 효과가 있지만 분위기가 침체되고 단조로운 컬러이기 때문에 여러 사람이 모이는 장소에는 적합하지 않다.

통계에 의하면 갈색은 가장 인기 없는 색이기도 하다. 한 조사에 의하면 여자의 17%, 남자의 22%가 갈색을 가장 싫어한다고 하였다. 그럼에도 불구하고 갈색

• 갈색

• 보라

은 오래 전부터 신사들이 찾는 색이었다. 영어로 브라운 스톤(brownstone)은 '부유한 계급'이라는 뜻이다. 집을 건축할 때, 적갈색의 사암은 부자만이 쓸 수 있었기 때문에 이러한 의미가 있다.

갈색은 향에 있어서도 진한 느낌이 있다. 커피, 코코아, 스테이크, 갓 구워낸 빵 등 여자들은 밝은 색의 소스와 고기를 좋아하고, 남자는 강하고 진하게 보이는 갈색 고기와 갈색 소스를 좋아한다. 갈색이 진할수록 맛도 진할 것으로 연상하는 것이 일반적인 색채반응이다.

보라

보라는 빨강의 강인함과 파랑의 불안함을 동시에 내포하는 양면성을 가지며 신비롭고 절묘한 색으로 널리 알려져 있다. 과대망상의 색으로 불리기도 하는데 과거에는 만들기도 어렵고 비용 역시 많이 들어 사회의 최고위층에서만 이 색상의 옷을 입을 수 있었다. 그렇기 때문에 보라는 고대의 지배자의 색, 권력의 색이며, 힘의 색이기도 하다. 기독교를 숭상한 로마시대 때 왕과 왕비, 왕위 계승자는 보라색 의상을 입었고 고위 관직자는 옷의 레이스로 보라색을 사용했다.

섬세함과 감각적인 컬러로 예술적인 느낌을 표현할 때 자주 사용되어진다. 신비스러운 느낌을 나타내며 어두운 계통의 보라는 위엄감과 위협감을 준다. 한때는 정신병자가 사랑하는 색이라는 오명을 쓴 적도 있다. 색체계를 통틀어 가장 신비롭고, 우아하며 예술적인 색이라 할 수 있다. 자연 색상에서는 흔하지 않은 색이므로 인공적이며 야한 느낌도 주며, 허영과 사치의 부정적인 이미지도 있다. 또 보라는 힘의 색이기도 하다. 교회나 회의실 같은 장소에서 어울리며 마음을 산란하게 하는 컬러이기 때문에 절대 안정이 필요한 공간인 병동 혹은 휴식 공간에는 적합하지 않다.

흰색

흰색은 긍정적인 이미지로 기쁨과 환희, 청결의 이미지를 주기도 하지만, 동시에 현실을 탈피하려는 방관적이고 수동적인 성격도 지니고 있다. 늘 이상을 추구

• 흰색

• 회색

하는 색이며, 고귀하고 기품 있는 색으로 완전함을 추구한다.

위생을 대표하는 색이며 채도가 없기 때문에 깨끗하고 순수한 이미지로 피부와 처음 맞닿는 속옷에 흰색을 사용하였다. 청결하며 순결하고 순수하며 청순한 이미지를 지니고 있으며 화려하고 밝고 고상해 보이기도 하여 웨딩드레스에 흰색이 상징화되어 사용되고 있다. 신성하며 축복 받는 새 출발을 의미하기도 하고, 청결한 이미지를 필요로 하는 병원과 결혼식 등에서 많이 사용한다.

단순함, 순수함, 깨끗함을 느끼게 하고, 위생적인 느낌을 주기도 하며, 지나치게 사용되면 공허함, 지루함을 느끼게도 한다. 무채색이기 때문에 유채색의 모든 색상이 같이 잘 어울리며, 유채색을 더욱 강조시켜 준다.

심리적인 긴장감과 함께 더럽혀진 것을 새 것으로 되돌려서 깨끗하고 싶은 시작의 의미도 있다. 공간에서는 능률을 떨어뜨리기도 하여 오랫동안 있어야 하는 실내의 색으로는 적당치 않다.

회색

검정색과 흰색의 중간색으로 주위로부터 타협과 중립적인 성격을 가지고 있다. 이는 회색이 가지는 소극적이고 수동적인 이미지로 독립적으로 사용할 경우 자칫 무기력하고 개성이 없어 주장이 없는 색으로 취급되기도 한다.

회색은 화려한 이미지는 아니지만 오랜 세월의 흔적이 느껴지는 중후하고 세련된 운치를 가진 색이다. 그래서 고급스럽고 우아한 이미지를 나타낼 때 자주 이용된다. 또한 약방의 감초처럼 어떠한 유채색과 어울려도 유채색을 빛내주는 색이다. 부드러움, 안정감, 세련된, 위엄 등의 이미지를 갖기 때문에 지성의 상징으로 불리며 늘 진중하고 분별력 있는 균형적인 이미지를 대변한다.

검정

최근에 검정은 부정적인 이미지에서 다른 어느 색보다 긍정적인 이미지로 변한 색이다. 영원과 신비, 절망과 죽음, 어둡고 우울함 등 가장 공포감을 주는 색이기도 하다. 현대 패션에서는 고급스럽고 강렬한 느낌으로 기초색과 악센트 색으로 우아함, 세련됨, 섹시함을 동시에 연상할 수 있다. 검정색은 모든 빛을 흡수하기 때문에 복합적이고 깊은 느낌을 준다.

비즈니스 모임이나 의례적인 자리에서 흔히 살펴볼 수 있는 색이며, 다른 색을 더욱 선명하게 만들어 돋보이게 하는 성질이 있다. 정돈되고 집중할 수 있는 공간으로 연출하기 적당하며, 고급상품의 전시에 많이 활용된다. 함께 연출되는 색채들을 더욱 더 강하게 부각시켜주는 효과로 인해 제품들의 배경색으로 많이 연출된다. 비싼 화장품 중에 검정 포장을 사용하는 경우가 많은데, 흰색의 포장지보다 2배 정도로 무겁게 평가되는 이유이기 때문이다. 검정의 포장은 가치감, 무게감, 심플함을 느끼게 한다. 검은색은 대범함, 견고함을 표현하면서도 권력과 지배를 암시적으로 표현하는 이중적인 색이기도 하다. 흰색과 달리 검은색은 복합적이고 깊은 느낌을 주는데, 고명도의 유채색과 배색되면 그 유채색들이 더욱 선명하게 돋보이도록 해준다. 특히 흰색과의 배색은 균형과 세련미를 극도로 표현한다.

동양에서 검정색은 보다 긍정적인 의미로 사용되어 왔는데 선비의 갓이나, 먹,

• 검정

숯 등을 통해 선비의 기품과 멋의 상징, 글씨의 먹빛 등은 화려하지 않지만 선비의 지조와 변치 않는 지조를 나타내는 색이었다.

색의 연상과 상징

색의 연상

색에는 연상적 이미지와 상징적 이미지가 있다. 연상적 이미지는 사람들 개개인이 색에 대한 다른 이미지라 할 수 있다. 이것은 각기 자신의 경험으로부터 나

표 4-1 색의 연상

구분		구체적	추상적
유채색	적	피, 태양, 불, 장미, 사과, 토마토	정열, 위험, 혁명, 승리, 반항
	핑크	장미, 풍선, 사탕	행복, 여성성, 사랑, 감미로움
	오렌지	밀감, 오렌지	밝음, 화려함, 유쾌함
	갈색	흙, 나무	안정, 차분함, 자연, 소박
	노랑	레몬, 바나나, 해바라기	빛, 밝음, 경쾌, 웃음
	연두	새잎, 양상치	미소, 자연, 청춘
	녹	나뭇잎, 초원	자연, 평화, 희망, 산소
	진녹	숲, 산	심원, 포옹력
	청	바다, 하늘, 호수, 아침	이지적, 냉정, 정숙
	연하늘	하늘, 물	이상, 청정
	짙은 청	바다, 호수	심연, 청정
	청자색	바다, 강, 호수	진귀, 기품
	보라색	포도	우아, 신비
	옅은 보라	꽃, 향기, 여성	우아, 기품
	적자색	목단, 아네모네	우아, 여성적
무채색	흰색	눈, 구름, 설탕, 소금	창조, 청결, 순수
	회색	도회, 콘크리트	평범, 암울
	흑	어둠, 악마, 침묵	엄숙, 증오, 숭고

올 수 있으며 같은 색이라도 경험에 의해 저마다 다른 이미지를 떠올린다. 색은 심리적으로 느끼는 온도감, 무게감, 향기, 음률, 촉감 등을 내포하고 있으며 사람들은 시각적으로 이러한 색에 대해서 연상과 의미를 부여한다. 예를 들면 빨간색을 보고 어떤 사람은 예전에 남자친구가 준 빨간색 장미를 떠올리게 되어 로맨틱하게 느낄 수도 있고, 어떤 사람은 동일한 빨간 색이라도 예전에 자동차 사고로 인하여 피를 흘린 기억을 추억할 수도 있다. 따라서 색을 대할 때 연상하는 이미지는 개인적인 취향이나 성격, 그리고 환경에 따라 달라 질 수 있다. 이와 같이 색의 인상에 따라 과거의 관련 있는 사물이나 경험 등을 떠올리는 것을 색채 연상(color association)이라 한다.

색의 연상은 구체적 연상과 추상적 연상이 있다. 구체적 연상은 생활에 밀착한 사물을 통해 연상되어지는 것을 말하며, 추상적 연상은 구체적인 생활체험을 심리적 내용으로 바꾸어 개념을 떠올리는 경우이다.

색의 상징

상징적 이미지는 연상적 이미지와 달리 여러 사람이 공통적으로 연상하고 공감하는 색의 이미지가 있다. 이것은 자연스럽게 상징성을 갖게 되는데 예를 들면 신호등의 빨간색은 정지를 의미하며 초록색은 진행을 표시한다. 이는 사회적으로 약속된 규범이고 누구나 지켜야 하는 약속을 표시한 것이다.

색의 맛

빨갛게 잘 익은 과일은 푸른색의 덜 익은 과일보다 미각을 더 느끼게 한다. 이러한 경험은 누구나 있는 것으로 색채의 감정은 미각을 수반한다.

• 색의 맛

음식의 색채는 식욕을 증진과 감퇴하는 것 외에도 음식의 신선도를 판단하는 기준이 되기도 한다. 색 중에서 가장 식욕을 돋우어주는 색은 빨강이고, 빨강에서 주황으로 갈수록 식욕은 더 자극되어진다. 반대로 파랑, 보라, 자주는 식욕을 거의 자극하지 못하는 색이다. 무채색은 짠맛의 느낌이 나며, 난색은 단맛이, 한색은 신맛이나 떫은맛과 관련이 있다.

단맛: 빨강, 분홍, 주황

미각을 자극하는 맛의 이미지로 빨갛게 익은 사과, 오렌지, 딸기 등의 과일을 연상시킨다. 주황색은 일반적으로 식욕을 가장 자극하는 색으로 알려져 있다. 분홍색은 아주 단맛보다는 달콤한 느낌을 더 가지고 있다.

신맛: 노랑, 연녹

보기만 해도 입안에 침이 고인다고 말할 수 있는 색으로, 신맛을 대표하는 레몬의 노랑이나 녹색이 주류를 이룬다. 신맛을 가장 많이 자극하는 것은 과일의 덜 익은 색인 연녹색이다.

쓴맛: 갈색, 녹갈색, 검정

보편적으로 커피와 한약처럼 쓴맛의 대표적인 색은 짙은 갈색이나 검정으로 표시된다. 주로 어두운 계통의 색이 쓴맛을 상징하는데 색의 농축된 이미지가 강하여 단맛이나 신맛이 너무 강할 때도 쓴맛을 느낀다.

짠맛: 흰색, 청녹, 밝은 회색

짠맛하면 가장 먼저 소금을 떠올린다. 소금의 흰색이나 밝은 회색이 짠맛의 대표적인 색이다. 주로 바다에서 나는 해산물의 색채가 녹색 계통의 한색인 경우가 많다.

매운맛: 빨강, 짙은 빨강

고추와 같이 매운맛은 주로 붉은색 계통으로 색이 짙어질수록 매운맛이 더욱 강하게 느껴진다.

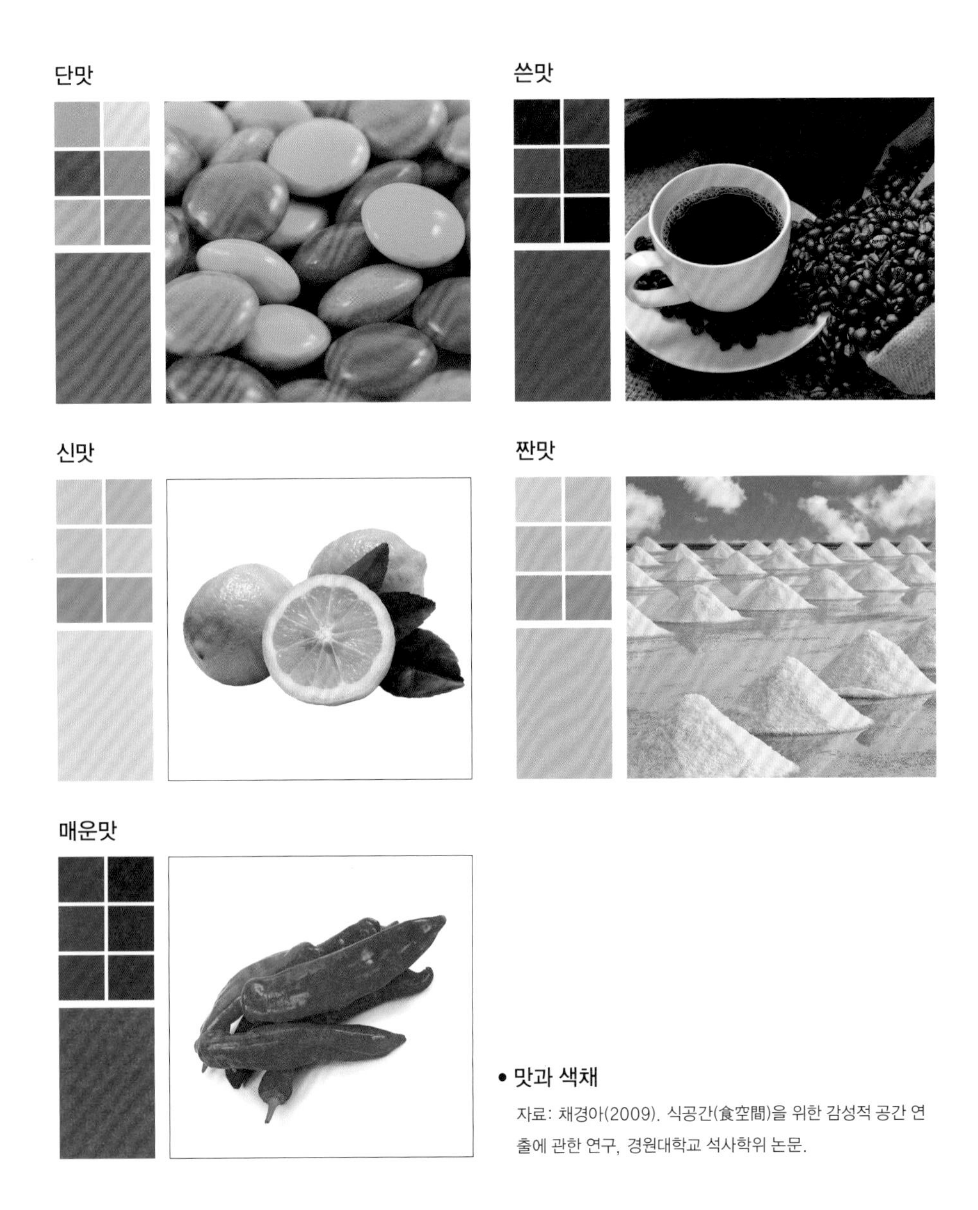

• 맛과 색채

자료: 채경아(2009). 식공간(食空間)을 위한 감성적 공간 연출에 관한 연구, 경원대학교 석사학위 논문.

식공간 색채

레스토랑 공간에서 색채는 실내 공간의 분위기를 창출하고, 공간에 통일성과 다양성을 준다. 레스토랑 공간이 어떤 분위기나 자신만의 성격을 창조하는 데 있어서 색채는 가장 핵심적인 도구로 사용되며 레스토랑의 실내 환경 디자인에 있어서는 그 중요성이 더욱 크다.

레스토랑에서 잘 선택한 색채는 주변 환경을 더욱 매력적으로 만들어주어 공간의 이미지를 높여주고 또한 소비자의 감성을 자극하여 무의식적으로 소비자의 마음과 행동을 조절할 수 있다.

식공간의 색채는 공간요소가 가지고 있는 고유한 형태나 질감보다 더 빠르게 시각적으로 우리에게 전해진다. 식공간의 색채는 그 색채가 지니고 있는 유형별 특성과 감각을 표현하면서 그로 인한 미적인 효과와 우리 인간의 심리적, 감정적인 속성을 표출해내는 수단이며, 그 나름의 이미지와 분위기를 구체화하여 만들어가는 도구라 할 수 있다.

외식공간은 기본적으로 고객의 1차적인 욕구를 충족시킬 뿐 아니라 다른 사람들과의 교제를 즐기는 시간을 보내기 위한 제3의 장소로 음식의 맛뿐 아니라 환경적 분위기에 대한 기대도 크다. 외식공간에서 색채는 미각과도 관련되며 전체 환경의 이미지를 결정해주는 중요한 요소이므로 적합한 색채계획은 레스토랑을 성공하게 하는 요인이 될 수 있다. 레스토랑에서 색채의 기능은 환경 분위기와 함께 우호적인 분위기를 조성하여 고객들로 하여금 즐겁고 편안한 기분이 들도록 하고 그들로 하여금 좋은 이미지를 갖게 하여 재방문할 수 있도록 유도해야 한다.

레스토랑의 세부적인 색채계획은 레스토랑의 조건 및 특성에 다르게 되는데 일반적으로 고객의 성, 연령, 지위, 학력, 개인적, 사회적 특성에 따라 기호도를 고려하여 고객의 욕구와 기대에 어울리는 색채를 선택하는 것이 우선시 되어야 한다. 또한 레스토랑의 메뉴 및 경영방침과 어울려야 하고 건축과 공간 형태 및 장식 스타일과도 부합된 색채를 선정해야 한다. 모든 레스토랑은 나름대로 개성을 가지고 있지만 색채는 레스토랑의 기능을 손상시키지 않는 범위 내에서 어느 정도 표준에 의해 선택하는 것이 좋다. 지나치게 색다르거나 이국적인 색채는 그 독특함으로 하여 일시적인 호기심을 끌 수 있으나 편안함이나 식욕을 느끼지 못하는 색채는 고객들로 하여금 싫증을 느끼게 할 것이다. 또한 시대적 트렌드도 반영하여야 하는데 최근 선호되는 색을 조사하여 반영하는 것도 항상 새로운 것을 추구하는 고객들의 변화하는 감각에 따른 대처방안으로 볼 수 있다.

컬러를 구성할 때는 주컬러와 부컬러, 그리고 포인트 컬러로 나눠서 적절하게 배색하는 것이 원칙이다. 눈에 보이는 공간을 100% 기준으로 했을 때 70%가 천장이나 벽으로 주컬러에 해당한다. 25%는 커튼이나 가구 등, 그리고 나머지 5%는 소품이나 그림 등의 악센트 컬러로 구성해야 한다. 실내공간에서 많은 면적을 차지하고 있는 바닥, 벽, 천장의 컬러에 따라 공간의 크기가 넓거나 작게 보이기 때문에 공간을 고려한 컬러의 선택이 요구된다. 컬러 구성을 할 때 공간 전체를 지배하는 것은 물론 주컬러이지만 공간의 분위기를 좌우하는 것은 부컬러와 포인트 컬러이다.

레스토랑 면적에 대비하여 배색에 질서를 갖는 것이 중요한데 큰 면적의 색은 사람에게 보여주기 위한 색이라기보다는 둘러싸는 색이기 때문에 의식해서 사람의 주의를 끌게 되는 색은 바람직하지 않고 그 자체가 너무 강조되는 것도 좋지 않다. 작은 면적은 강한 색을 사용하여 시각적 인상을 부각시키는 것이 중요한데 결국 면적의 크기와 채도의 관계는 반비례하는 것이 일반적이며 레스토랑에서는 다른 공간에 비해 다소 채도가 높은 색채를 사용하면 좋다.

• **레스토랑 내부**

레스토랑의 바닥은 시각과 함께 보행 시 감촉 및 청각을 통해 공간에 대한 첫 인상을 만들며 이들에게 환영하는 느낌을 전달해 줄 수 있는 매체가 된다. 바닥의 외관은 늘 좋은 외양을 유지해야 하며 바닥 표면의 마모나 결함은 레스토랑의 환경과 그 지역의 빈번한 집기의 이동, 음식 부스러기 등으로 인한 오염을 노출시키지 않기 위해서라도 단일 색보다는 패턴이나 재료 자체에 무늬가 있는 중간색 또는 중명도의 색이 좋다. 흔히 어두운 바닥 색으로 결점을 완화하는 경우가 있는데 이러한 경우 전체적으로 공간이 어둡게 느껴지므로 바람직하지 않다.

벽은 고객을 에워싸는 수직표면으로 가장 흥미 있는 공간이 될 수 있다. 액자를 건다거나, 조명을 부분적으로도 넣을 수 있고 또한 실외 조망까지 넣을 수 있다. 벽은 사람과 가구의 배경으로 특히 사람의 피부색이 돋보일 수 있도록 해야 하며 지나치게 밝거나 어두운 색은 피하고 차분하면서도 안정된 색채를 기본으로 하는 것이 바람직하다.

천장은 벽과 바닥에 비해 디자인상 표현 범위가 넓고 레스토랑의 크기와 천장고가 높아짐에 따라 고객의 시선에 잘 들어와 구조적인 처리와 마감재료에 따라 일반적으로 잘 사용되지 않는 어두운 색이나 여러 가지 색상을 사용하기도 한다.

테이블 색채는 레스토랑 내에서 손님이 가장 밀접하게 접근할 수 있는 개인적 경험을 제공하게 되는 부분으로 벽이나 바닥 같은 고정적인 요소에 비해 색채 활용도가 높으며 식사공간의 전 면적을 차지하게 됨으로써 전체 환경의 이미지를 좌우할 수 있는 주요 요소로 작용한다. 따라서 테이블 디자인과 색채는 고객이 공간을 어떻게 지각하고 얼마나 머무르게 될지에 영향을 주게 된다.

또한 테이블과 의자는 배경이 되는 벽면에 대해 어느 정도의 대비도를 주는 것이 시각적으로 아름다운데, 커피숍이나 패스트푸드점에서는 테이블과 의자를 동일 색과 재료로 단순하게 처리하기도 하며 이 경우에도 테이블 상면과 의자의 테두리, 시트 등에 색채 변화를 주는 것이 좋고 이는 공간지각에 도움이 된다.

테이블의 식탁보는 식탁 위에 놓이는 접시, 냅킨, 식기류에 대한 캔버스 역할을 하므로 무엇보다도 식욕을 돋우어주는 색으로 구성해야 한다. 특히 식탁보는 레스토랑에 강한 이미지와 인상을 남기게 되며 식탁보의 색채만 변화시켜도 레스

• 세팅된 테이블

토랑 전체 분위기를 바꿀 수 있을 만큼 효과를 볼 수 있다. 흔히 흰색을 많이 사용하는데 위생적인 이미지를 줄 수 있으나 단조로운 감이 있으므로 주변 색채를 고려하여 다양한 변화를 시도해 봐도 좋을 것이다.

외식공간의 색채는 진출과 후퇴의 효과를 이용하여 다양하게 착시현상을 가져올 수 있으며 폐쇄감이나 개방감의 효과를 조절할 수 있다. 고명도의 컬러를 사용하면 좁은 공간에 개방감을 줄 수 있다. 이것은 고명도의 중성색이 공간을 확장되어 보이게 하는 효과가 있기 때문이다. 또한 안락하고 친밀감이 느껴지는 공간을 연출하고 싶다면 벽을 중명도 중채도로 조절하는 것이 바람직하다.

식욕은 또한 빛과 색에 의해 매우 강하게 영향 받으며 주변의 색채를 통하여 더욱 즐겁거나 나빠질 수도 있다. 검정을 포함하여 더욱 어둡거나 차가운 회색, 파랑과 보라색의 강한 톤, 황록색은 전반적으로 식욕을 떨어뜨리므로 피하는 것이 좋다. 더러움 방지를 위해 색채계획을 하는 것도 중요하지만 음식물에 오염된 색채는 쓰지 않는 것이 좋으며 테이블과 식탁보, 그릇, 유리컵과 메뉴판들의 색은 식탁의 시각적인 주요 부분을 점유하며 실내 공간의 색에 따라 계획되어야 한다.

• 야외 테이블

음식의 서비스 형태는 레스토랑 색채계획에 또한 영향을 주게 되는데 선명한 색과 강한 대비는 패스트푸드 식당처럼 빠른 서비스 형태의 식공간에 어울린다. 카페테리아와 커피숍들은 조금 밝은 빛이 좋고, 보다 여유 있게 질 좋은 서비스를 제공하는 전통적인 음식점은 낮은 조명 아래 부드럽고 따뜻한 톤으로 계획하는 것이 좋다.

일반적으로 일식 레스토랑은 방 전체를 밝게 하는 경우가 많고, 양식의 경우 전체적으로 어둡게 설계하는 경우가 많다. 이는 일식은 소재의 형과 색채를 바라보며 보는 음식으로 즐기는 경우가 많으며, 양식은 스테이크, 스튜와 같이 미적인 형태와 색채보다는 공간의 분위기를 느끼며 식사를 즐기기 때문에 그다지 밝은 조명을 쓰지 않는다.

CHAPTER 5

식공간 감성마케팅

CHAPTER 5

식공간 감성마케팅

식공간과 감성

식공간에서 느껴지는 오감요소는 여러 가지가 있다. 음식이 담긴 접시 형태와 컬러, 식탁의 모양, 테이블에 그릇 부딪치는 소리, 혹은 그릇 깨지는 소리, 실내 인테리어 요소, 음식 냄새, 실내 온도, 음식 씹는 소리, 음식의 맛, 음식의 온도 등 오감을 자극하는 외부자극요소는 매우 다양하다. 색채, 음악, 향, 온도 등 오감자극의 적절한 조화는 레스토랑 고객의 감성에 보다 쉽게 호소할 수 있다. 인간은 식공간을 통해 음식을 통한 오감자극뿐 아니라 공간을 통한 자극에 대하여 맛에 대한 평가뿐만이 아닌 '이 장소가 맘에 든다' 혹은 '별로이다'의 감성적 표현을 할 수 있다. 즉, 인간의 모든 감각은 맛과 관련하여 심리적 현상을 나타내며 인간의 감성과 관련이 깊다.

식공간과 시각

오감 중에서 가장 중요한 것이 시각이다. 87%에 달할 만큼 다른 감각들이 주는 효과보다 월등히 높다. 인간의 오감 중 정보 인지 능력이 가장 뛰어난 것은 시각적 요소로 외식공간에서도 시각적인 요소는 전체 또는 부분의 컬러나 오브제, 가구, 조명 이외에도 테이블 위에 세팅된 그릇이나 테이블클로스, 커트러리 등에 의해 보이는 모든 요소들을 말한다. 인테리어나 소품, 직원들의 유니폼 등 모든 시각적인 요소는 콘셉트에 부합하는 일관성을 유지하며 표현하는 것이 고객에게 신뢰감을 줄 수 있다.

소비자들이 자극을 받아들이는 과정은 감각, 주의, 지각, 이해의 순으로 진행된다. 그렇기에 오감을 통하여 감각을 느끼게 되고 자극에 주의를 기울이게 되며, 주의를 기울인 다음에는 자극에 대하여 그동안의 개인적인 경험이나 익혀왔던 지식을 기초로 하여 이해하게 되는 것이다. 따라서 감각은 아주 중요한 자극 수용기관이며, 고객은 상품이나 서비스의 품질, 가격, 디자인, 컬러, 디스플레이 등 시각적 요소를 중시한다. 제품을 만져보거나 내용물을 볼 수 없는 고객에게 제품의 패키지는 제품의 성질이나 느낌을 전달하는 중요한 요소이다.

외식기업에서도 마찬가지로 음식의 맛을 보기 전에 외식업체의 외관이나 실내 인테리어의 수준을 보고 소비자는 '이 외식업체의 음식 맛이 어떨 것이다' 하고 판단을 하며 외식업체에 입장하게 되는 것이다. 식욕을 돋우는 음식에 어울리는 식기 선택과 테이블 세팅을 하는 일도 음식점에서 고려해야 할 사항이다. 소비자의 선호도가 이제는 더 이상 많은 양이나 싼 가격에 만족하는 시대는 아니기에 음식을 보다 가치 있는 상품으로 보이도록 하는 작업이 필요하다.

• 인테리어 소품

식욕을 돋우는 음식 사진, 맛깔스러운 메뉴명, 눈에 들어오는 메뉴판은 눈으로 먼저 즐거움을 주는 시각적 요소이다. 또한 같은 음식이라도 어떤 용기에 담아주는가에 따라 기대하는 맛이 다르다. 곰탕이나 설렁탕 등은 멜라민 국수 그릇보다는 그릇만으로도 뜨끈하게 보이는 뚝배기에 주면 더 깊은 맛이 느껴진다. 김치를 평범한 접시가 아닌 장독 뚜껑

• 맛깔나는 시각적 표현

표 5-1 기업별 상징색과 의미

회사명	던킨 도너츠	베스킨라빈스	포카리 스웨트	칠성사이다
사진				
상징적 의미	부드러움, 달콤함, 풍성함	달콤함, 부드러움	시원함, 차가움	차가움, 맑음, 깨끗함

에 담아 주면 김치의 맛이 더 사는 것처럼 보이는 것과 같다.

쇼핑을 하는 소비자가 한 제품에 시선을 고정하는 시간은 0.1초가 채 안 된다. 이렇게 짧은 순간에 컬러의 인지속도는 브랜드의 이름이나 슬로건을 보는 것보다 빠르다. 컬러는 훌륭한 커뮤니케이션 수단으로 짧은 시간에 사람들의 시선을 끌어들이고 상품과 색을 연결시켜 소비자와 제품 간의 사람들의 시선을 끌어들이고 상품과 색을 연결시켜 소비자와 제품 간의 중요한 커뮤니케이션 역할을 하게 된다. 따라서 색상은 소비자의 심리에 영향을 미치고 구매의사 결정에 결정적 단서로 작용하게 된다.

색상은 브랜드 이미지를 구축하는 요인으로도 작용하게 되는데 IT계열이나 금융기관은 파란색 계열, 외식이나 엔터테인먼트 관련 기업은 붉은색, 친환경적인 기업은 초록색 계열을 주로 활용한다. 이는 기업이 색상만으로도 쉽게 소비자에게 기업의 성격을 전달할 수 있기 때문이다.

식공간과 청각

고객과의 상호작용에 중점을 두면서 청각이나 소리, 음악을 활용하여 감성 요소를 자극하는 마케팅 전략이다. 인간의 오감을 자극하는 감성마케팅(emotional marketing)의 하나로, 시간대별, 장소, 업소, 상호별로 음악을 달리해 고객의 구매 심리를 자극하는 것을 말하며 흔히 음향마케팅이라고도 한다.

1920년 후반 호텔 로비나 사무실 등에서 조용한 분위기나 쾌적한 분위기를 조성하기 위하여 사용된 배경음악에서 근원을 찾을 수 있으며, 이후 광고의 성장과 마케팅 전략의 발전에 따라 제품 및 판매채널을 선전하기 위한 요소로 확대되기 시작하였다. 본격적인 마케팅 기법으로 부각되기 시작한 건 1980년 말로 백화점이나 패스트푸드점에서 시간대별로 음악을 다르게 하여 고객의 구매심리를 자극하였다. 예를 들면 고객이 적은 시간에는 느린 음악을 틀어 고객이 오래도록 머무르도록 하고, 고객이 많은 시간에는 회전율을 높이기 위하여 경쾌한 음악을 틀음으로써 매출에 도움을 주었다.

최근 청각마케팅이 제품 광고에도 로고송을 활용하여 고객이 제품의 이름이나 느낌을 떠올릴 수 있도록 하고 있다. 패밀리 레스토랑인 '아웃백스테이크하우스'는 광고에 로고송을 넣음으로써 음악을 통해 친근감을 전달하여 다른 메시지와 차별성을 가질 수 있었다. 롯데음료 '미녀는 석류를 좋아해'의 경우 독특한 음색과 단조로우면서도 쉽게 따라 부를 수 있는 CM송 덕분에 출시 2개월 만에 100억 원의 매출을 올려 음료수 시장에서 주목을 받았다. 또한 국민 과자라 할 수 있는 농심 '새우깡'의 "손이 자꾸 간다"는 CM송은 대한민국 국민이라면 누구에게나 익숙한 대표적인 CM송으로 지속적인 사랑을 받았다. 청각 자극은 비용 대비 효과가 크게 나타나기 때문에 CM송의 경우 소비자들에게 무의식적으로 따라 부르게 하는 효과가 있어 브랜드의 인지도를 높일 수 있다.

음악마케팅의 기법은 계절과 요일, 날씨나 시간에 따라 다양하게 개발되어 있다. 봄에는 화사하고 경쾌한 느낌으로 여름에는 시원한 느낌의 장르, 가을에는 고독한 발라드에 빠져들게 하는 음악으로 겨울에는 캐롤이나 따뜻한 분위기를 연출하는 발라드가 주로 선곡된다.

광고 시에도 제품의 속성을 고려하여 음향을 활용하고 있는데 맥심 커피 광고의 경우 편안하고 안락한 느낌을 불러일으키는 음악을 주로 쓰면서 커피를 느긋하게 즐기는 이미지를 주고 있다.

• 미녀는 석류를 좋아해

레스토랑에서 음악은 고객의 식사 분위기에 직접적 영향을 준다. 레스토랑 내부로부터 발산되는 소음을 줄이거나 흡수할 수 있으며, 또한 주방이나 레스토랑 운영과정에서 나오는 소음을 차단할 수 있다. 분위기를 고조시키는 효과도 있어 외식업체의 유형을 인식시키는 데 도움이 된다. 식품점에서 음악의 볼륨의 변화를 관찰한 결과 쇼핑객들이 시끄러운 음악 조건에서 식품점에 더 적은 시간 동안 체류하는 반면에, 시간당 매출은 조용한 음악에서보다 시끄러운 음악의 조건에서 높다는 사실이 보고되기도 하였다. 자극적인 음악은 사람을 흥분시키고 속도감을 유발시킨다. 사람들을 빨리 먹고 내보내어 좌석 회전율을 높여야 하는 패스트푸드점의 경우가 그렇다. 반대로 차분한 음악은 마음을 편안하게 하여 어떠한 공간에 오래 머물게 하는 효과를 갖는다. 고급 레스토랑에서는 편안한 멜로디의 느린 음악으로 여유롭게 식사할 수 있도록 하여 고객 만족도를 높일 수 있다. 또한 연령 차이에 따른 음악의 효과에 대한 연구로 음악의 볼륨이 30세 이하의 젊은 층에서는 75~79db(데시벨)이 유지되어야 하는 반면, 나이가 많은 중장년층은 배경 음악의 볼륨이 낮은 환경일 때 더 만족을 느꼈다. 상업적 의미로 음악은 배경음악을 효과적으로 사용함으로 고객의 만족과 구매효과를 높이는 목적이 있다.

식공간에서는 음식을 씹는 소리, 식기를 테이블에 놓을 때의 소리, 그릇끼리 부딪치는 소리, 식사할 때 사람들과의 대화소리, 식공간 외부에서 발생하는 소음 등 포함하여 다양한 소리가 공존한다. 식공간에서의 음악은 공간 내의 좋지 않은 소음을 줄이거나 흡수하는 역할과 동시에 식사시간의 분위기를 고조시키는 효과를 가지고 있어, 식공간에서 적당한 소리의 조화는 오히려 미각을 증대시키는 효과를 가져다준다. 따라서 상황에 맞는 배경 음악의 선택과 공간의 목적에 맞는 음악의 템포, 크기 등은 식사 시의 불안감을 줄이고 풍부한 감성을 느낄 수 있도록 식공간의 분위기를 조성하는 데 일조하게 된다.

이외에도 레스토랑을 처음 들어서면서 받는 정겨운 인사말과 주문을 성의 있게 혹은 주문자의 기분을 배려하면서 응대하는 것이 바로 청각에 도움을 주는 내용이다. 손님의 입장에 관심도 없는 식당이나 여러 번 불러야 주문지를 챙기는 서빙의 태도는 음식을 맛보기 이전에 입맛을 떨어뜨려 놓는다. 퉁명스런 목소리로 자기들끼리 떠드는 소리는 본인에게 한 이야기가 아니더라도 기분을 상하게 한다. 그렇기 때문에 귀로 먹는 즐거움을 주기 위해선 철저한 직원 교육이 필요하다.

식공간과 후각

길을 지나다가 우연히 빵 굽는 향기에 발걸음이 저절로 빵집을 향한 경험이 있다. 좋은 냄새는 흔히 냄새보다 '향기'라는 단어로 표현한다. 냄새만큼 사람의 기분을 좌우하는 것도 드물다. 이처럼 향기마케팅은 향기를 이용하여 매출을 올리는 마케팅 기법으로 인간의 감각기관 중 후각과 관련된 코, 뇌의 작용, 심리상태 등을 연구하여 소비자들의 구매 행태를 자극하는 마케팅의 한 분야이다. 이 마케팅은 아로마테라피를 통해 사람의 피로를 향기가 풀어주는 효과가 있다고 알려지면서 시작되어 대중화되었다.

후각은 인간의 느낌과 기억을 직접적으로 불러일으키는 대표적인 감각요소로서 보편화된 감성마케팅에 활용하는데, 향기로 후각을 자극하여 구매를 유도하기 때문에 향기마케팅이라고도 한다. 향기가 사람의 피로를 풀어주는 효과가 있다는 아로마테라피(향기치료)가 알려지면서부터 시작되었는데, 그 용도가 넓어지고 향기상품도 대중화되었다. 향기마케팅은 소비자에게 자신의 상품과 궁합이 잘 맞는 향을 발산하여 상품의 이미지를 오래 각인시키고 상품에 대한 긍정적인 반응을 보이게 하여 소비자의 구매 욕구를 자극하는 새로운 마케팅 기법이다. 1990년대 영국의 마케팅 분야에서 향기를 이용한 마케팅이 이론적으로 논의되기 시작하여 실제 제품화한 것은 일본이다. 1949년에 일본의 한 비누회사가 제품 특성을 나타내는 향료를 잉크에 섞어 인쇄하거나 극소형 향료 캡슐을 종이에 바르는 방법으로 신문에 냄새광고를 게재한 것이 세계 최초이다.

식공간에서 후각의 요소는 맛과 함께 중요한 상호 관련이 있다. 음식물 자체의 품질을 평가하는데 중요한 기능을 하기 때문이다. 후각에 의한 인체 내 냄새의 수용체에서는 냄새에 대한 물질이 반응하고 그 자극이 뇌로 전해진다. 건강한 사람만이 맛있는 냄새를 판별하고 맛에 민감한 사람이 냄새에도 민감하다. 이렇게 맛과 냄새는 필연적으로 연관되어 있다. 또한, 음식의 향은 인간의 식욕을 자극한다.

샘표 간장 CF를 한 예로 들면, 두 눈을 감고 코를 막은 후 양파와 사과를 먹어보았을 때 맛의 구별이 안 되는 상황이 연출된다. 이것은 '맛'이 우리가 생각했을 때 혀를 통해 맛을 느낀다고 생각하지만 미각이 아닌 시각과 후각을 통하여 '맛'을 느낄 수 있다는 것을 보여준다. 미각은 단순하게 '짜다' 혹은 '달다'를 느끼게 되며 '맛이 좋다' 혹은 '나쁘다'는 시각을 시작으로 다른 감각의 활동과 융합되어 경험적인 축적과 함께 이루어지는 것이다. 또한 맛있는 것은 단순히 음식뿐만이 아니라 음식 외에 먹는 공간 등 다른 여러 가지 자극들에 영향을 받아 느끼는 요인이 되는 것이다.

외식 관련해서 향기마케팅의 대표적인 예로 델리만쥬와 팝콘을 들 수 있다. 지하철에서 환승을 하거나 기다리고 있을 때 우리의 후각을 강하게 자극하는 것 중의 하나가 델리만쥬이다. 지하의 특성상 향기가 오래 지속되고 달콤한 향기는 발걸음을 향기가 나는 쪽으로 자연스럽게 이동시킨다.

어떤 사람들은 극장에 영화를 보러가는 것이 아니라 팝콘을 먹으러 간다고도 한다. 그만큼 이제 영화와 팝콘의 향은 바늘과 실이라고 해도 과언이 아닐 정도로 향기마케팅의 대표적인 예라 할 수 있다.

우리의 뇌는 각 냄새들을 기억하였다가 이후 비슷한 냄새를 맡게 되면 기억이 이를 되살려 냄새를 구별하는 능력이 있다고 한다. 이런 특징을 잘 살려 외식업체에 향기마케팅을 적용한 사례들이 있으며 특히, 외식과 관련된 브랜드에서는 생각지도 않았던 소비를 일으키는 충동구매효과가 있는 것이 특징이다.

레스토랑에서 후각을 위한 배려는 뜨거운 음식은 뜨겁게, 찬 음식은 차게 내어 주면 가능한 일이다. 미리 음식을 준비하여 미지근한 상태로 음식을 내어주는 습관을 버리고 뜨거운 음식은 바로 조리해 내 주는 양심만 지닌다면 음식의 제맛을 전달할 수 있다. 또한 주방의 냄새가 배어나오지 않도록 조치를 취하고, 화장실에 방향제를 달아 나쁜 냄새가 홀로 흐르지 않도록 준비하는 일도 후각을 배려한 행동이다. 또한 카페나 호프집 등에서는 발걸음을 들어서면서부터 쾌쾌한 냄새로 인하여 들어가기가 꺼려지는 경우가 있다. 특히 지하의 경우 그렇다. 이러한 경우 외식 점포의 나쁜 인상은 쉽게 지워지지 않기 때문에 외식업장은 향기마케팅에 각별한 주의를 기울여야 한다.

식공간과 미각

사람들은 맛있는 요리를 즐기기 원한다. 그런 이유로 사람들은 특정 음식, 특정 맛집을 찾기 위해 블로그를 찾아보거나 입소문에 주의를 기울인다. 그것은 맛에 대한 탐닉이며, 스트레스를 해소하고, 환희를 맛보게 해주기 때문이다.

식공간에서 미각적 요소는 기능적인 요소에 가깝다. 외식공간에서는 기본적으로 음식이 맛있어야 한다. 그 이후 감성을 자극하는 마케팅이 필요한 것이지, 기본적인 맛이 없다면 감성마케팅을 아무리 훌륭하게 해도 소비자가 재방문을 하기는 힘들다. 맛은 혀를 통하여 혀 표면에 있는 유두 모양의 미뢰가 자극되면 미각신경을 통해서 뇌로 전해져 감지된다. 이런 생리적 감각기관을 통한 맛은 음식자체가 가지고 있는 화학적 성질뿐 아니라, 심리적, 환경적 요인이 관여한 복합적 감각이라고 보고, '맛있다'는 때와 상황에 따라 맛을 느끼는 식심리의 성격을 강하게 갖는다. 식욕이 충족되면 쾌감이나 차분함 등을 얻고, 식욕이 충족되지 않으면 불쾌감과 짜증, 슬픔 등의 정신적인 상태로 나타나 심리적, 생리적 요소가 얽혀 있기 때문이다. 또한 기분이 울적할 때 식욕도 따라 없어지고 반대로 기쁘고 즐거울 때는 모든 음식이 맛있게 느껴지는 것은 심리상태와 미각의 상호작용을 보여주는 현상이다.

컬러는 짧은 시간에 사람들의 시선을 끌어들이고 상품과 색을 연결시켜 소비자와 제품 간에 사람들의 시선을 끌어들이고 상품과 색을 연결시켜 소비자와 제품 간의 중요한 커뮤니케이션의 역할을 하게 된다. 컬러는 소비자의 시각 영역을 가장 효과적인 방법으로 자극함과 동시에 브랜드를 빠르게 포지셔닝하는 효과를 가지고 있다. 그렇기 때문에 다양한 컬러들로 아이덴티티를 부여하는 마케팅의 요소로 자사의 브랜드에 독창적인 아이덴티티를 가진 컬러를 부여하려는 시도가 이루어지고 있다.

자연의 색채가 주는 영향력은 단순하게 시각적인 측면보다 실제 색상별로 신체에 미치는 성분이 있어 음식의 색을 통하여 우리 몸은 색을 흡수하게 된다. 이러한 특징을 살려 음식 관련 점포를 디자인할 때 소비자에게 시각과 미각을 동시

표 5-2 컬러에 따른 미각 이미지

구분	이미지	비고
단맛		달콤한 색을 대표하는 핑크색을 통하여 제품의 달콤함과 부드러움을 나타내었다.
신맛		새콤한 맛은 레몬이나 감귤류, 덜 익은 풋사과에서 느낄 수 있듯이 채도가 높은 노랑, 주황색이다. 라임이나 레몬처럼 노랑·연두 계열은 덜 익은 신맛을 느끼게 한다.
매운맛		대표적으로 매운맛은 붉은색이다. 검은색과 함께 배색하면 더욱 강한 맛을 느끼게 한다. 주로 고추에서 느껴지는 붉은색 계열이다.
짠맛		짠맛하면 가장 먼저 소금을 떠올린다. 소금의 흰색이나 밝은 회색이 짠맛의 대표적인 색이다. 주로 바다에서 나는 해산물의 색채가 녹색 계통의 한색인 경우가 많다.
쓴맛	 	보편적으로 커피와 한약처럼 쓴맛의 대표적인 색은 짙은 갈색이나 검정으로 표시된다. 주로 어두운 계통의 색이 쓴맛을 상징하는데 색의 농축된 이미지가 강하여 단맛이나 신맛이 너무 강할 때도 쓴맛을 느낀다.
고소한 맛		빵을 굽거나 구워진 음식을 보면 느껴지는 황색 계열로 베이지 계열에서 갈색 계열까지 곡물에서 느껴지는 색이다.

에 만족시키는 컬러 디자인을 통하여 더욱 효과적인 기대를 할 수 있을 것이다.

식공간과 촉각

촉각은 신체접촉을 통해 느끼는 감각으로 사람의 개인적인 경험과 많은 연관성이 있다. 촉각은 물건 표면의 모양 및 요철 등의 재질(texture)과 온열 등을 전달한다. 식공간에서 촉각으로 느껴지는 부분으로는 계절에 따라 겨울에는 따뜻한 물이 담긴 컵을 준다거나 혹은 더운 여름에 얼음이 동동 들어간 차가운 유리컵 등이 있다.

음식 단계에서 입안에서의 식감을 통해 음식의 특성을 느끼게 되는 것이다. 음식의 보관 상태는 온도에 따라 예민하게 반응하기도 한다. 심리학자 롤즈(Rohles)에 의한 온도와 습도에 따른 열 쾌적성에 관한 심리반응 검사에 의하면, 인간은 생리적으로 25℃를 기준하여 너무 춥거나 더우면 미각기능이 수축된다. 식공간의 적정한 온도를 유지함으로 사람의 몸은 소화능력이 향상되고 심리적 안정감을 가지게 되는 것이다.

촉각마케팅은 기존 마케팅과는 달리 소비되는 분위기와 이미지가 브랜드를 통하여 고객의 감각을 자극하는 체험을 창출하는데 초점을 맞춘 마케팅이다. 고객은 단순히 제품의 특징이나 제품이 주는 이익을 나열하는 마케팅보다는 잊지 못할 체험이나 감각을 자극하고 마음을 움직이는 서비스를 기대한다. 즉 직접 보고, 느끼고, 만들어 볼 수 있도록 하는 것이다.

예를 들면 요즘 마트에 가보면 여러 가지 다양한 제품에 대한 시식코너가 있다. 시식을 통해 맛과 식감 등 고객으로 하여금 즐거운 느낌이 들도록 상품을 만드는 데 신경을 쓰게 된다. 또한 외식업체에 들어갔을 때 환영받고 있다는 느낌이나 정겨운 느낌을 살리는 데 주력을 하게 되는데, 이러한 인상을 주기 위한 전반적인 점포 환경을 조성하는 것 역시 넓게 촉각마케팅이라 할 수 있다.

이상과 같은 내용은 식공간에서 오감(시각, 후각, 미각, 청각, 촉각)을 통하여 복합적 판단을 하며, 인간의 다양한 생리기호를 기반으로 한 감성의 객관적 평가와 외부자극에 대한 주관적 감성표현으로 인간의 감성을 평가할 수 있다.

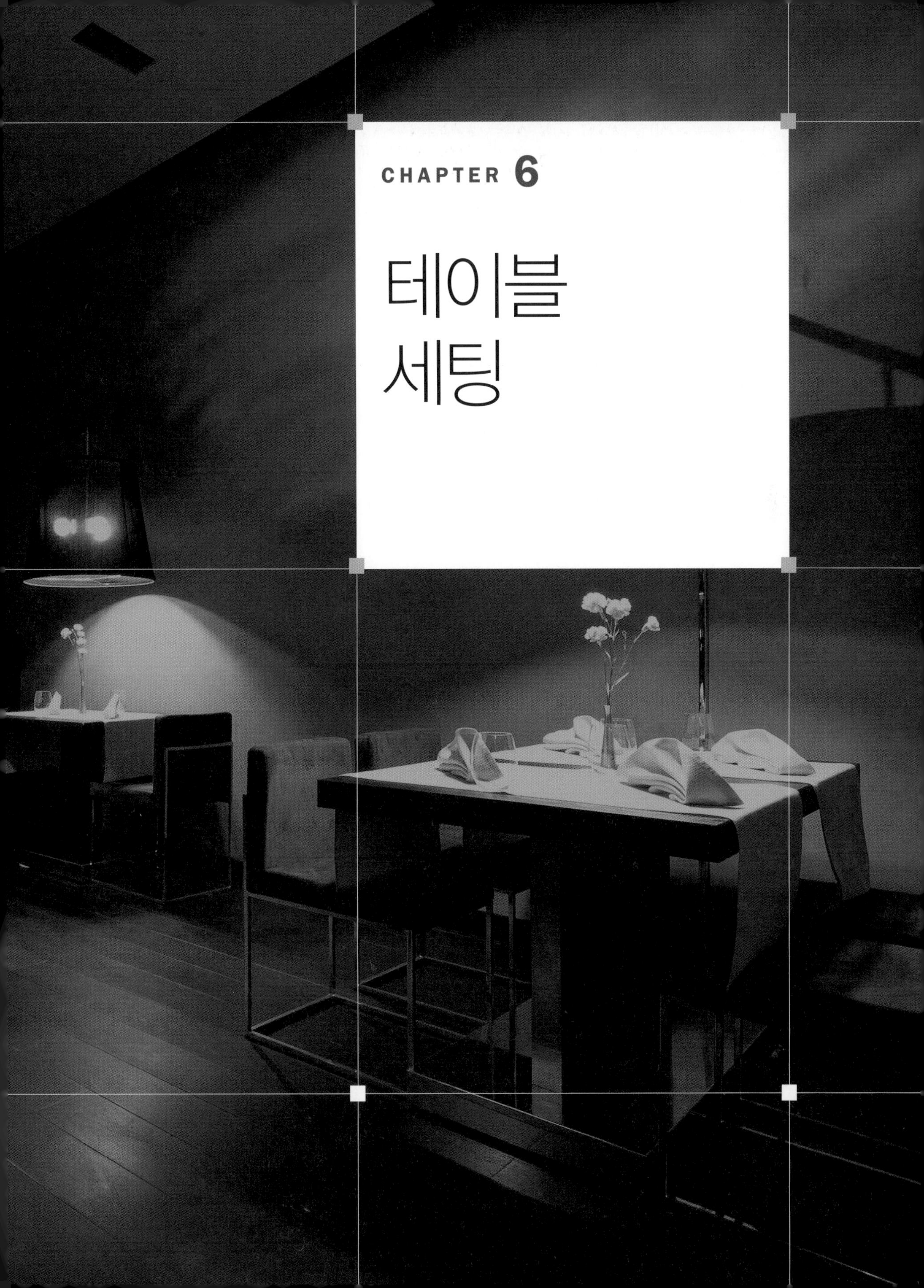

CHAPTER 6

테이블 세팅

CHAPTER 6

테이블 세팅

테이블 세팅의 개요

테이블 세팅(table setting)은 '테이블을 세트(set)한다'라는 의미이며, 테이블 세팅(dress la table)은 18세기 프랑스에서 유래되었다. 테이블 세팅은 말 그대로 일정한 규칙에 따라 식기(tableware), 커트러리(cutlery), 린넨(linen), 글라스류(glassware), 센터피스(center piece), 어태치먼트(attachment), 소품(figure) 요소들을 장식 또는 배열한다는 의미이다. 또한 테이블 세팅뿐만 아니라 식공간에서 들리는 음악, 그리고 조명까지도 포함하는 통합적 시스템이다. 따라서 테이블 데코레이션은 음식을 먹기 위해 필요한 모든 기물을 바르게 갖추는 것뿐만 아니라 식탁 위에 장식적인 요소 등을 가미하여 시각적으로 미학적 요소를 가미함으로써 먹는 사람들로 하여금 편안한 분위기를 연출하는 활동이다.

테이블 데코레이션은 흔히 테이블 세팅, 스타일링, 상차림과 같은 의미로 쓰이기도 하는데, 결국은 모두가 공간에서 먹는다는 행위를 목적으로 이루어지는 상황, 분위기 등을 고려하여 식사하는 공간을 아름답게 꾸며서 식사하는 사람들이 편하게 식사를 할 수 있도록 꾸미는 일을 의미한다.

식공간 연출은 식(食)이라는 행위가 이루어지는 공간에서 사람들의 오감을 만족시키기 위하여 장식적인 요소를 더하여 아름답고 쾌적한 공간으로 꾸미고 연출하는 것을 뜻한다. 즉, 식공간 연출은 음식을 비롯하여 식사를 하는 주변 환경을 전반적으로 연출함으로써 식재료와 조리, 테이블웨어와 식사공간, 식사 스타일, 서비스 방법, 상대방을 배려하여 환대하는 서비스의 총체를 말하는 것이다. 그러므로 궁극적으로 식사를 하는 데 있어서 무엇보다 편안하고 아름답게 식공간 분위기를 만들어 내는 것이라 할 수 있으며, 사람이 중심이 되고 사람을 배려하는 마음으로 공간과 사람을 연결하는 작업이 이루어져야 한다.

테이블 세팅의 역할

테이블 세팅의 목적은 무엇보다도 사람들이 모여서 편안하고 즐겁게 대화를 나누며 상호교류를 통한 장소로 만들어 나갈 수 있도록 하는 것이다. 이러한 목적을 달성하기 위해서는 물리적 영양보급과 정신적 영양보급, 커뮤니케이션의 장소, 휴식의 장소가 있어야 하며 자세한 내용은 다음과 같다.

물리적 영양보급

테이블을 스타일링한다는 것은 일차원적으로 배고픔을 해결한다는 의미를 가지고 있다. 즉, 음식을 먹기 위한 도구의 역할을 한다.

정신적 영양보급

연출된 테이블 스타일링에서는 식욕을 느끼게 하고, 음식들을 통해서는 정신적 만족감을 느끼게 한다. 식탁에서의 여러 가지 소품이나 재료들의 적절한 조합은 정신적인 안정감을 주는 역할을 한다.

커뮤니케이션의 장소

식공간은 무엇보다도 현대인들에게 커뮤니케이션의 장소로 활용된다. 모임의 성격에 따라 구성원들의 자연스러운 대화가 이루어지는 역할을 한다.

휴식의 장소

테이블 스타일링을 통해 편안한 분위기가 연출되기도 한다. 테이블 세팅은 식사를 하면서 자연스럽게 일상의 피로를 씻어주고 스트레스를 풀 수 있는 여유와 휴식을 제공한다.

테이블 세팅의 연출 조건

기능성

식공간 연출의 목적은 식사를 하는 이들의 목적에 알맞은 형태의 식탁 연출이 시각적, 감성적으로 욕구를 충족시켜 줄 수 있어야 한다. 즉, T.P.O(time, place, object)에 적합한 식탁 구성을 해야 한다.

독창성

테이블을 연출하는 데 있어서 필요한 식기류, 린넨류, 글라스, 커트러리, 소품의 여러 구성이 표현하려는 목적에 적합하고 조화로운 창조적 디자인이 연출되어 독창성을 지녀야 한다.

심미성

다양한 색상과 소재, 스타일링을 이용하여 개성적이고 아름다운 식공간을 계획해야 한다. 디자인의 목적은 예술적 가치와 디자이너의 심미적 표현이 같은 맥락에서 이루어지게 하는 것이다. 즉, 식공간 디자인은 최소한의 예술성을 표현하는 데 필요한 전제 조건으로 적용되어야 하며 이러한 의식은 시대성, 국제성, 민족성, 사회성, 개인의 감각으로부터 가능해진다.

테이블 세팅의 구성 요소(T.P.O)

시간(time)

테이블 세팅은 하루 중 어느 시간대에 이루어지는 모임인지에 따라 다르게 연출되어질 수 있다. 즉 오전, 오후 혹은 밤인지에 따라 세팅의 소재는 달라져야 한다. 점심(12시경)이나 저녁식사 시간(6~7시경)이라면 식사가 이루어져야 할 것이고, 오후 3~4시경이라면 굳이 식사가 필요한 시간이 아니므로 간단하고 가볍게 핑거푸드로 한다든지가 결정되어야 한다. 또한 시간대별로 식사 소요시간도 다르다는 점을 감안해야 하므로 테이블 세팅에서 시간을 정하는 것은 매우 중요하다.

장소(place)

식사하는 장소에 따른 분위기 연출은 식당, 리빙룸, 야외 등 장소에 따라 식탁의 크기, 높이, 장식품의 소재 등이 달라질 수 있으며 이에 따른 서비스의 방식도 달라질 수 있다. 많은 사람들이 참석하는 모임의 경우에는 서비스 인력을 감안하여 셀프서비스 형식의 뷔페도 가능하다.

목적(object)

테이블 세팅은 어떤 기획의도를 가지고 있는지를 정확히 파악하는 것이 중요하다. '누구를 대상으로 하며 모임의 주체가 누구이고 어떤 목적을 위하여 테이블 세팅을 하는지' 등 기획의도를 정확히 파악하고 이에 따라 음식은 무엇으로 할지, 테이블 연출은 어떻게 할지를 결정해야 한다. 이에 따라 식사 메뉴와 장소는 달라질 수 있다. 예를 들어 생일이나 기념일처럼 축하를 위한 자리라면 기분을 고조시킬 수 있는 분위기와 색상으로 연출할 필요성이 있다.

테이블 6W1H 원칙

누가(who)

식사하는 대상을 말한다. 식공간은 결국 사람을 위한 공간이기 때문에 누구를 위한 테이블인지를 파악하는 것이 가장 중요하다. 식사하는 사람의 연령층, 건강상태, 성별, 지역, 교육수준 등에 따라 음식의 기호는 물론 테이블의 분위기는 다르게 연출되어야 한다.

누구와(with whom)

누구와 식사를 할 것인지를 고려해야 한다. 식공간 역할 중 중요한 한 가지는 인간관계의 장을 제공한다는 것이다. 연령, 지위, 성별에 따라 예의에 맞는 좌석의 위치가 결정된다. 예를 들면, 친구끼리는 마주보도록, 연인끼리는 나란히 앉을 수 있도록 배려하고, 손님을 초대했을 경우는 상석과 하석을 생각하여 좌석 배치를 하는 것이 좋다.

어디서(where)

식공간 연출에서 장소의 결정은 무엇보다 중요하다. 야외에서 할 것인지, 실내에서 할 것인지, 공간의 크기와 높이는 어느 정도인지, 공간의 형태는 어떠한지 등을 파악하여 가장 효율적인 공간구성에 따른 레이아웃을 하는 것이 필요하다.

무엇을(what)

무엇을 먹을 것인가를 고려한다. 주요리가 무엇이냐를 결정하는 것은 매우 중요하다. 여기서는 첫 번째 요소인 '누구와'에서 파악된 대상자들의 기호도와 건강상태, 연령층을 반드시 체크하고, 그에 맞는 요리를 제공하도록 한다.

언제(when)

어느 시간대에 식사가 이루어지는지에 대한 것을 고려한다. 어떤 시간에 식사가 이루어지는지에 따라 음식이 다르고 식사시간도 다르다는 점을 감안해야 한다. 시간에 따라 연출되는 분위기도 달라지므로 중요한 고려 대상이라 할 수 있다.

왜(why)

현대는 식사를 하는 목적이 단순하게 영양을 공급하는 것만이 아니나라, 개인의 심리적인 만족감, 가족, 친구 간의 친목도모, 생일, 기념일 축하, 비즈니스 등 이전보다 다양해졌다. 따라서 그 목적에 부합하는 식사가 이루어지도록 연출해야 한다.

어떻게(how)

식사의 목적이나 참여하는 사람에 따라 좌식, 입식 등 식사의 형태와 서비스 방식이 결정되어야 한다. 차분한 분위기에서 담소를 나눌 경우는 앉아서 먹을 수 있도록 하고, 많은 사람이 즐기는 경우라면 뷔페식의 테이블 세팅이 필요하다.

테이블 코디네이터는 앞의 6W1H 요소들을 파악하여 규모, 메뉴, 비용 등을 계획하고, 실용적이며 합리적인 연출을 해내는 능력이 필요하다.

한식 상차림 특성

조선시대 기본 상차림으로는 반상이라 하여 찬의 내용은 같은 식품과 조리법이 겹치지 않도록 하여 보통은 3, 5, 7첩으로, 대가나 궁중에서는 9첩 또는 12첩을 사용하였다. 첩이란 뚜껑이 있는 반찬그릇을 말한다. 국과 김치, 장을 제외한 반찬그릇의 수에 따라 첩 수를 세어 계절과 아침, 점심, 저녁에 따라 그 음식의 종류를 달리하여 상을 차려야 격식 있게 차린 것으로 보았다. 일상식은 밥과 반찬으로 구성되는 주·부식 분리형 일상식 양식이 삼국시대 이후로 하루 세끼의 정규식사의 기본형으로 정착되어 왔다. 밥상은 밥이 주이고, 반찬은 부이며, 반상차림은 식품의 배합과 간의 농담, 음식의 냉온, 색의 배합 등 여러 면에서 합리적으로 조합을 이루고 있다. 또한 한 상 위에는 같은 식품과 조리법이 중복되지 않도록 하였다.

음식을 담는 반상기는 반기, 갱첩, 김치보시기, 조치보, 쟁첩, 종지, 숭늉대접, 수저 등이 있다. 반상의 크기는 모두 개인용 각 상차림을 기준으로 한 것이고, 개수는 반기와 갱첩이 각 1벌, 종지 1~3개, 김치보시기 1~3개, 찌개그릇 1~2개, 쟁첩 3~15개가 있다. 이 숫자는 몇 첩 반상인가에 따라 다르게 하였다. 반기, 갱첩, 수저는 가족 모두가 각기 개인용을 가지고 있었다.

《원행을묘정리의궤》를 통해 보면 조선의 신분에 의한 식생활 역시 엄격한 계급질서가 있었음을 볼 수 있다. 원, 인, 명은 사람의 수를 세는 단위로 지위고하를 구별하여, 왕과 왕족은 가장 상층부에 위치하였고, '원'은 정3품 통정대부 이상의 관직을 지칭하는 당사부터 검사관까지를, '인'에는 각 관아의 문서를 관장하던 아전인 서리에서부터 궁인까지, 고직, 석수, 목수, 와벽장, 이장 등과 같은 장인들은 '명'이라 지칭했다. '인' 이하의 사람에게는 여러 명이 하나의 동해에다 음식을 담아 밥상도 없이 앉아 밥과 국만으로 세끼를 먹었다.

한국의 반상차림은 독상차림으로 대접하는 것이 기본 풍습으로 규정되어 있었기 때문에 가족 간에도 형제, 자매, 모녀, 조모손 사이에는 겸상 혹은 셋겸상으로 조석 식사를 하는 경우는 있었으나, 가정의 어른, 빈객, 대소가, 사돈댁, 친지가 등에서는 옛날 하속에게도 외상차림을 원칙으로 하였다. 반상은 대개 장방형의 사각반에 차리며, 한 상에 올라가는 그릇의 재질은 모두 같게 하였다. 여름에는 백자나 청백자 반상기를 사용하였으며 겨울철에는 유기나 은기를 사용하였다.

음식의 위치는 식사를 할 사람의 앞 왼쪽에 밥을, 국은 오른쪽에 놓고 장종지는 밥에서 가장 가까운 곳에 젓국이나 초고추장, 간장, 초장 순으로 놓았다. 김치류는 상의 제일 뒤에 놓고, 김치 중앙에 젓국지(배추통김치)를 놓고, 오른쪽에 동치미를 왼쪽에는 깍두기를 놓았다. 장류와 김치류 사이에 왼쪽으로는 식물성 반찬이 올라가며 오른쪽에는 동물성 반찬을 놓는다. 수저는 숟가락이 앞쪽으로 젓가락은 뒤쪽으로 놓고 수저 길이는 1/3 정도가 상 밖으로 나오게 하여 수저를 잡기 편하도록 하였다. 밥 왼쪽으로는 토구(비아통)를 놓는데, 이것은 생선가시나 뼈 등을 가려내는 용도의 그릇으로 굽이 있고 뚜껑에는 꼭지가 있는 것이다. 조치는 국그릇 뒤쪽으로 놓으며 쌍조치는 양쪽으로 놓는다. 음식은 상 위에 정갈하게 차려 먹

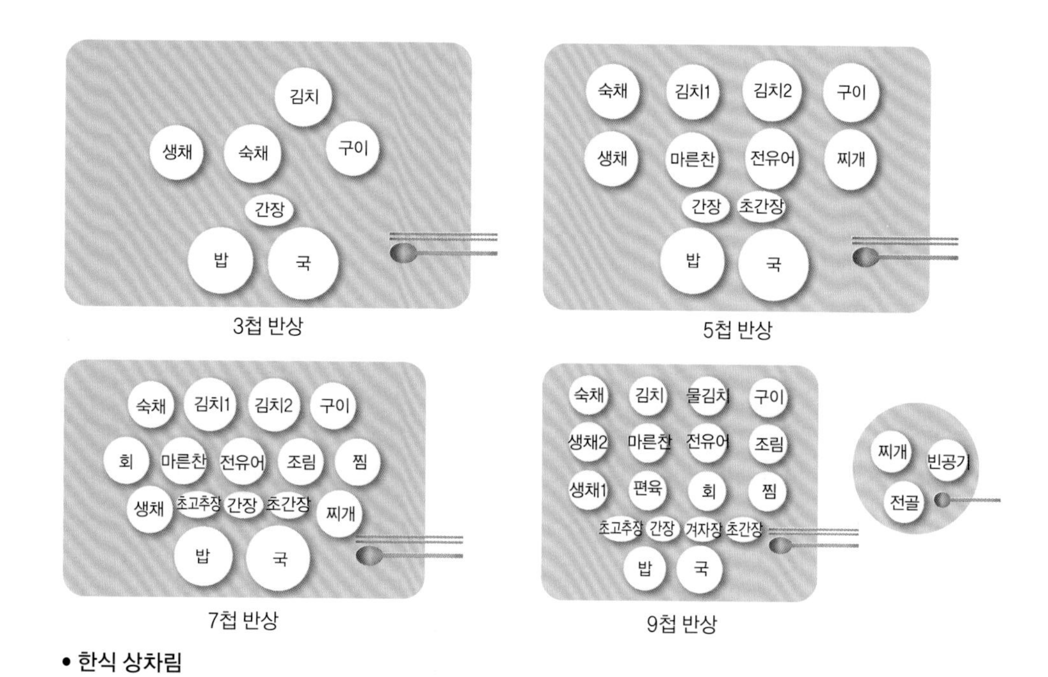

• **한식 상차림**

도록 하였다. 따뜻한 음식과 찬 음식, 나물과 찌개, 색깔의 배합, 숟가락과 젓가락의 모양이 밥상 위에서 조화의 미를 자아냈다.

반상기의 복(福), 수(壽) 등의 글자가 새겨진 뚜껑에는 글자가 손님 앞으로 바로 가도록 놓고 휘건은 수저 밑에 놓는다. 수저집도 있었는데 아이의 수저집에는 과거급제를 바라는 장원급제(壯元及第), 장원축수(壯元祝壽), 일갑일명(一甲一名)이라는 글을 수놓고, 어른의 수저집에는 부부간의 한결같은 마음가짐을 비는 백년동심(百年同心)을 수놓았다. 식지 않는 음식으로부터 하나하나 뚜껑이 벗겨지면서 음식의 색과 향을 맡아가며 식욕을 돋우고 숟가락과 젓가락을 사용하여 음식을 먹었다.

한식이 공간전개형으로 모두 차리는 것이 일반적이지만 현대에 와서는 코스로 음식을 준비하기도 한다. 전채요리에 해당하는 요리로 시작해서 해물, 육류요리를 내고 밥과 반찬이 될 수 있는 요리와 마지막에 후식을 내는 순서로 진행된다.

현대의 바람직한 식단으로는 건강하고 안전하게 먹을 수 있는 먹거리와 균형 잡힌 영양 상차림을 말한다.

서양 상차림 특성

서양의 식문화는 이탈리아의 조리기법과 식사도구, 매너 등이 16세기 메디치가와 프랑스 부르봉 왕족 간의 결혼으로 인하여 프랑스로 건너오면서 프랑스식으로 발전하였다. 이후 베르사이유 궁중 요리로 다듬어져 루이 15세 때에는 세련미가 예술로서 최고조였으며 왕족과 귀족에 베푸는 연회는 식재료, 조리법, 연회의 연출기법 등이 호화로웠다. 프랑스 혁명 이후로는 요리사들이 레스토랑을 개업하면서 미식의 대중화가 이루어졌다. 18세기 이르러서는 러시아식 서비스를 도입하여 시계열의 배선형식을 갖추게 되었다. 서양의 경우 먹는다는 동물적 행위를 인간답게 구성한 작법과 논리적 근거를 바탕으로 식사 형식이 나름대로 형성되어 온 것이다. 오늘날의 서양 테이블 세팅은 식탁 위에서 앞자리에 디너 플레이트, 커트러리, 글라스 등을 배치하는 세팅과 식탁예절에 의해 일정한 형식을 갖추게 되었다.

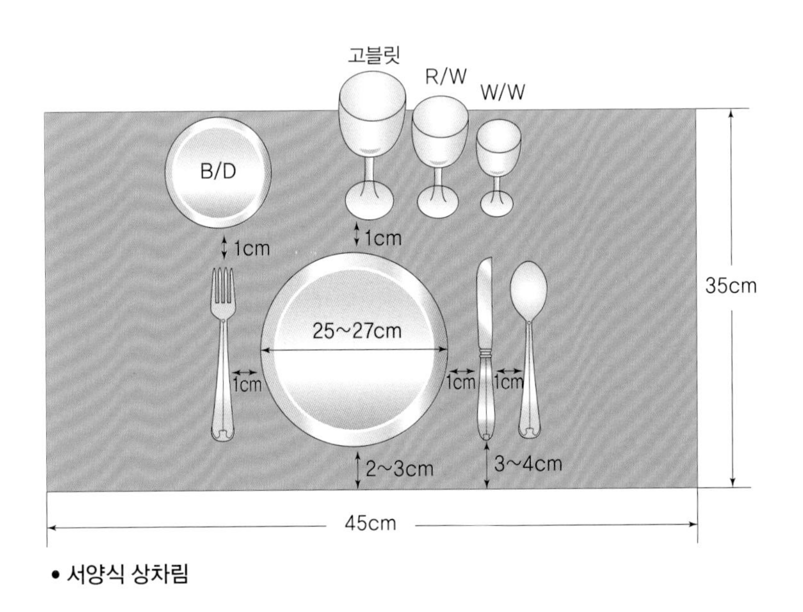

• 서양식 상차림

서양 상차림 분류

포멀 테이블

포멀 테이블(formal table)은 국가 간의 행사나 웨딩 등과 같이 엄격한 예의가 갖추어지는 상황의 테이블이며, 포멀 테이블 초대장을 받으면 반드시 정장을 입고 참석해야 한다.

인포멀 테이블

인포멀 테이블(informal table)은 바쁜 현대인에게 형식에서 벗어나 자유롭고 편안한 스타일의 테이블이다. 시간이나 공간에 구애를 받지 않으며 비교적 간단하게 음식도 준비하고 서빙도 스스로 하거나 구성원의 도움을 받아 서빙하기도 한다.

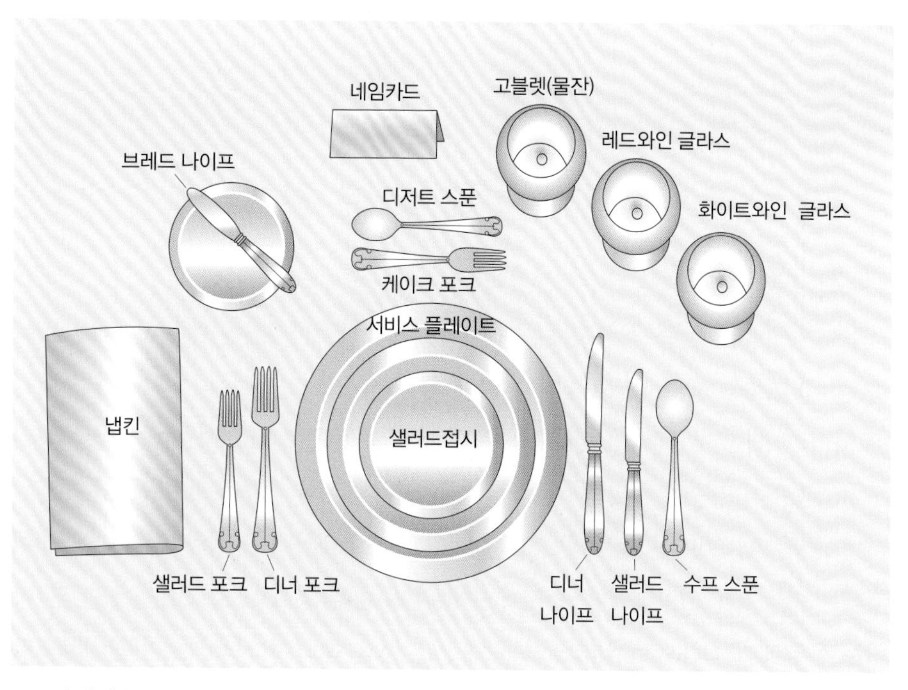

• 포멀 테이블

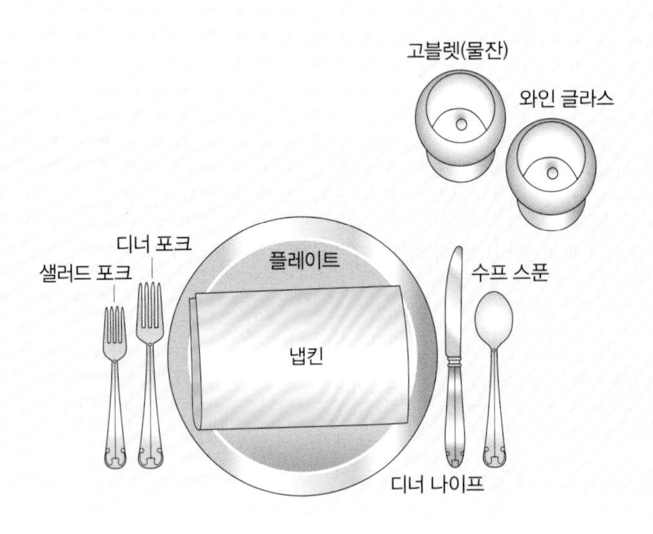

• 인포멀 테이블

테이블 스타일링의 기본 요소

식기

식기(tableware)는 식사를 할 때 사용되는 각종 식기들을 총칭하는 말로 그릇, 차이나웨어(China ware), 디너웨어(dinner ware)라고도 한다. 디너웨어는 메뉴에 따라 가장 먼저 선택되는 것으로 좋은 음식과 마찬가지로 성공적인 식사의 기초가 된다. 식기는 한식과 양식, 중식, 일식 등 각 국의 식문화에 따라 종류가 많은데 대략 BC 1,000년 정도의 신석기 시대에는 토기가 사용되었고, 5~6세기 이후에는 청동기가 사용되었다는 것이 발굴된 유물을 통하여 밝혀졌다. 도기와 자기는 동양에서 서양으로 실크로드와 해상로 등을 통하여 전해졌으며 장식품으로 전시되기도 하고 일상생활에서 신분의 상징으로 사용되기도 하였다. 현재는 각자의 개성에 따라 다양한 형태와 컬러의 도자기를 선택하여 식생활의 질을 높이고 있다.

한식기

사계절이 뚜렷한 우리나라는 식기를 사용함에 있어 계절감을 중시 여겼다. 겨울에는 음식의 보온을 유지하기 위하여 유기를 사용하였으며, 여름에는 깨끗하고 시원해 보이는 사기를 식기로 사용하였다. 자연미와 한국의 전통미를 나타내는 질그릇은 조상들의 멋을 느끼게 해준다. 특히 짙은 갈색이나 투박한 느낌이 사계절 내내 식탁을 꾸미기에 적합하며, 가을철이나 겨울철에 가장 잘 어울린다.

양식기

서양에서는 빵과 고기 등 큰 덩어리로 된 음식을 주로 먹었기 때문에 나이프, 포크, 접시 등이 발달했는데, 고대 이집트나 로마 시대에는 여러 가지 음식을 큰 그릇에 담아 손으로 집어먹고 손을 그릇에 있는 물로 씻은 후 헝겊으로 닦았다. 이 시대의 조리도구는 주로 나무로 만든 것을 사용하였으며 귀족들은 청동이나 금, 은으로 만든 접시를 사용하였다.

18세기 독일의 드레스덴에서 자기 제품이 처음 생산되기 시작하였는데 유럽은 동양에 비해 도자기산업이 늦게 발달하였지만 지속적인 연구와 노력으로 양질의 도자기를 생산하여 오늘날 명품 그릇을 만들어 내고 있다.

중국 식기

중국에서는 지금의 우리나라 제기와 같은 형태의 것을 식기로 사용하였던 것으로 보인다. 중국의 식기를 재료별로 보면 변(대제기), 두(나무그릇), 정(쇠솥), 단(도시락, 소쿠리), 표(표주박), 형(질그릇), 안(목기) 등이 있다. 조리기구로는 부(가마), 증(시루), 격(오지병) 등이 있으며, 용기로는 저(젓가락), 비(숟가락), 작(잔, 구기), 협(숟가락의 일종) 등이 있다.

• 한식기

• 청자 한식기

• 양식기 세트

• 빌레로이 앤 보흐 제품

• 로젠탈 식기

• 벚꽃 문양이 들어간 일본 식기

• 벚꽃 문양이 들어간 찻잔 세트

일본 식기

중국의 도자기술이 전파되어 일본 세도 지방에서 중국풍의 도자기가 만들어지기 시작하였다. 그 후 임진왜란 때 우리나라의 도공들을 인질로 끌고 가 도자기를 제작하면서부터 도자기 기술은 급격히 발전하게 된다. 일본의 식기류는 도자기, 칠기, 죽세공, 목기 등이 있다. 기본적으로 한 손으로 잡을 수 있는 것을 기준으로 크기가 결정되며, 가볍고 느낌이 좋은 것을 선호한다. 계절감을 중시하여 그릇의 형태나 색, 그림 등이 다양하다.

린넨

린넨(linen)이란 '마'를 일컫는 것으로 테이블클로스, 냅킨, 테이블 러너, 테이블 매트 등 식사 시에 필요한 모든 천 종류를 가리켜 '테이블 린넨'이라고 한다. 15세기경 테이블클로스로 발전된 클로스와 함께 '내프'라고 불리는 천이 사용되었는데, 냅킨은 손으로 식사하는 습관에서 생겨난 것으로 음식을 먹은 후 더러워진 손을 식탁 위에 깔린 천으로 닦는 데서 비롯되었다.

테이블클로스 컬러의 종류가 다양하고 무늬나 디자인에 따른 이미지 연출이 가능하므로 T.P.O를 고려한 선택을 하여 상차림의 분위기를 살려주도록 한다.

린넨의 종류

① 언더클로스: 테이블클로스를 보완하여 식기가 미끄러지거나 식사를 테이블에 놓았을 때 소음을 방지하는 역할을 하며 차분한 분위기를 만들어 준다. 정식 상차림이 아닌 경우 생략해도 가능한 아이템이며, 길이는 테이블클로스보다 짧은 것을 선택하여야 하고 약간 두께가 있는 융이나 면이 좋다.

② 테이블클로스: 테이블클로스는 식기나 식탁용품들이 돋보이도록 하며 식사의 상차림 분위기를 살릴 수 있다. 종류에 따라 다양하므로 T.P.O를 고려하여 선택하는데, 격식이 있는 식탁의 자리에서는 보통 테이블클로스의 컬러로 흰색이 가장 무난하며 마, 실크, 면, 다마스크나 이집트면 등 고급스

표 6-1 캐주얼 스타일 미치 포멀한 스타일의 테이블클로스 사이즈

구분		내용
캐주얼 스타일의 테이블클로스 사이즈	식탁 사이즈(size)	130cm × 80cm
	테이블클로스 지름	180cm × 130cm
	테이블 양쪽으로 내려진 길이 25cm 전후	
포멀한 스타일의 테이블클로스 사이즈	식탁 사이즈(size)	130cm × 80cm
	테이블클로스 지름	220cm × 170cm
	테이블 양쪽으로 내려진 길이 45cm 전후	

러운 클로스를 사용하는 것이 좋다. 액체가 엎질러졌을 때 액체가 흘러 손님에게 닿으면 좋지 않으므로 액체가 흘러도 바로 흡수할 수 있는 방수 가공을 하지 않은 클로스를 덮는 것이 바람직하고, 항상 청결하게 보관하는 것이 중요하다.

캐주얼 스타일의 경우에는 색과 무늬, 재질 등을 더 다양하게 연출할 수 있으며 캐주얼한 분위기의 클로스 크기는 식탁의 크기보다 가로, 세로 50cm 정도가 큰 것이 좋다. 양쪽으로 25cm 정도 내려와서 의자에 앉으면 무릎 위에 닿는 정도이다.

포멀한 분위기의 클로스는 좀 더 격식 있는 자리이므로 식탁의 크기보다 90cm 더 큰 것을 준비한다. 의자에 앉으면 테이블클로스는 무릎으로 미는

• 테이블클로스

• 매트

• 냅킨

듯한 느낌이 든다.

풀 클로스의 포멀한 분위기는 식탁 다리를 가리는 클로스를 말한다. 바닥에서 2~3cm 떨어지면 더러움도 덜 타고 나팔꽃 모양으로 퍼지므로 예쁘게 연출할 수 있다.

③ 플레이스 매트: 플레이스 매트(place mate)는 개인별로 사용하는 것으로 옆 좌석과의 분리감을 줄 수 있고 독창성을 표현하는 디자인도 많다. 테이블에서 공간 분할, 패드, 아름다움을 표현하고 강조하는 역할을 하므로 분위기와 세팅하는 사람의 개성에 따라 다양하게 응용할 수 있다. 테이블클로스 위에 배치하는 경우는 테이블클로스의 색이나 식기와 색과도 조화를 생각하며 매트를 놓는 것이 좋다.

④ 냅킨: 냅킨은 옷이 더러워지는 것을 방지하고 입이나 손을 닦기 위해 곁들이는 천이지만, 넓게 펴 놓을 수도 있고 여러 가지 방법으로 모양을 내서 접어놓을 수 있다. 정식에서는 직접 입가의 더러운 것을 닦는 용도로 사용하기 때문에 청결해야 하므로 장식용 접기는 피한다. 그릇의 색상이나 패턴과 어울리는 냅킨을 준비하여 다양한 모양으로 예쁘게 접어 식탁에 표정을 주면 식탁이 한결 부드러워질 뿐 아니라 초대하는 이의 정성을 느낄 수 있다.

냅킨은 접는 방법에 따라 높이 조절이 가능하므로 데코레이션 효과를 기대할 수도 있다. 테이블클로스, 식기와의 조화를 고려하여 선택하도록 하고 정찬용은 50cm × 50cm, 60cm × 60cm, 캐주얼한 일상생활용은 40cm × 40cm, 45cm × 45cm, 티타임용은 20cm × 20cm, 30cm × 30cm, 칵테일용은 15cm × 15cm, 20cm × 20cm인 것을 주로 사용한다. 예쁘게 접어서 주요리 접시 가운데 놓거나 홀더를 이용하여 냅킨을 묶을 수 있다.

⑤ 러너: 러너는 식탁 중앙을 가로지르는 천으로 퍼블릭 스페이스(public space) 공간인 테이블 가운데 길게 뻗어 있는 천을 말한다. 폭, 길이와 비율은 자유롭게 선택할 수 있으나 대부분 30cm 폭으로 테이블클로스보다 테이블 밑으로 길게 늘어지는 것이 아름답게 보인다. 테이블클로스가 무늬가 있는 것이라면 러너는 무늬가 없는 것으로 하는 등 테이블클로스와의 조화를 고려하여 테이블 코디를 하는 것이 좋다.

⑥ 도일리: 도일리(doily)는 그릇과 그릇 사이에 부딪치는 마찰소리를 방지하기 위한 것으로 주로 접시 위나 겹쳐진 자기, 칠기 사이에 두게 된다. 크기는 10cm 정도로 원형 혹은 정사각형 직물이나 레이스, 자수 모양으로 만든 종이 등을 주로 사용한다.

글라스류

유리는 메소포타미아에 그 기원을 찾을 수 있으며 글라스류(glassware)가 본격적으로 식탁에서 사용된 것은 로마시대이다. 당시 번영을 누리던 제국의 풍성하고 사치스러운 식생활이 글라스를 포함한 식기류의 개발을 자극해 10세기에 접어들면서 베네치아를 중심으로 유리 산업이 번성하였다.

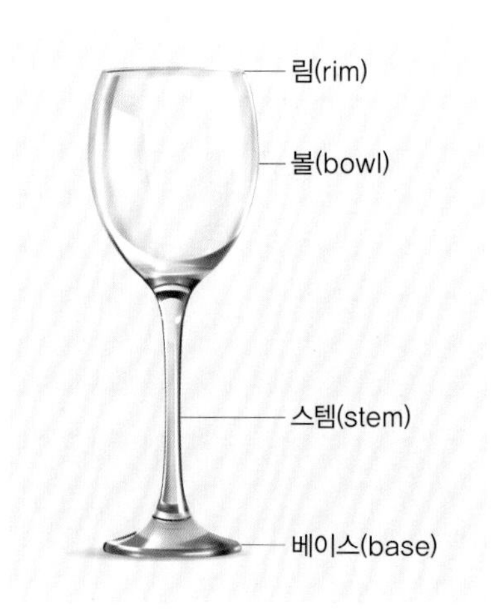

테이블 글라스는 유리 제품의 음료용 식기를 말하며 주로 양주용과 일반 음료용

으로 나뉘는데, 가장 많이 사용되는 것은 음료수용 컵으로 크기와 모양이 다양하다. 테이블 세팅에서 글라스웨어는 매우 중요한 요소임에도 가볍게 생각하는 경우가 있는데, 음료에 따라 알맞은 글라스를 사용해야 한다. 일반적으로 사용되는 와인 글라스는 튤립 형태에 손잡이가 길게 되어 있는데 이는 사람의 체온이 직접 와인에 전달되지 않게 하기 위함이다. 볼에서 림 부분으로 올라갈수록 좁아져서 와인의 향기가 나가지 않게 되어 있다.

와인의 컬러를 즐기기 위해서는 잔이 무색의 투명한 용기여야 하며 두께가 얇을수록 좋다.

① 고블릿(goblet): 물을 담거나 칵테일 중 롱 드링크에 사용되며 그 밖에 맥주, 비알코올성 음료에 이용된다.
② 레드와인 글라스(red wine glass): 적포도주를 담는 용도이며 커다란 글라스를 사용한다.

• 다양한 종류의 글라스류

③ 화이트와인 글라스(white wine glass): 백포도주용으로 적은 양이 들어가는 작은 글라스를 사용한다.

④ 샴페인 글라스(champagne glass): 스파클링 와인용이며 거품을 오랫동안 유지시키고 거품이 올라오는 것을 보기 위해 형태가 길게 되어 있다.

커트러리

커트러리(cutlery)는 한식에서는 수저에 해당하며, 서양식 테이블에서는 나이프(knife), 스푼(spoon), 포크(fork) 등 우리가 식탁 위에서 음식을 먹기 위해 사용하는 도구의 총칭이며, 커트러리 혹은 플랫웨어(flatware), 실버웨어(silverware)라고 부르기도 한다. 커트러리 중에서 은으로 된 제품을 제일 고급으로 취급하며 순은제품과 도금제품도 있다.

인류 역사상 최초의 식사도구는 스푼이며, 조개껍데기가 그 원형이라는 사실에는 이견이 없다. 동그랗게 오므린 손의 모양에서 시작된 스푼은 조개나 굴, 홍합의 껍데기 등을 이용하다가 원형, 타원형, 달걀형의 접시에 손잡이가 달린 형태로 변화한다. 접시에 손가락을 적시지 않고 음식을 떠먹기 위해 손잡이가 추가 되었다. 17세기 중엽까지는 음식을 손으로 집어서 먹었기 때문에, 그리스, 로마시대의 식사에 관한 문헌에는 포크를 사용했다는 기록을 찾기는 어렵다. 중세에는 드물게 과일용 포크를 사용하였고, 음식은 모두 손으로 집어 먹었으며 고기를 썰기 위하여 공동으로 사용하는 나이프는 식탁에서 사용하였다. 식탁용 나이프에는 테이블 나이프(대형으로 육류 요리용), 디저트 나이프(중형), 프루트 나이프(과일용), 피시 나이프(생선 요리용으로 손잡이 부분에 장식이나 무늬를 넣어 구분하고 날에 톱니가 없다), 스테이크 나이프(스테이크 용으로 뾰족하고 손잡이를 나무나 뿔 등의 소재를 이용하기도 한다), 치즈 나이프(날이 오돌토돌하게 되어 있거나 길이가 짧고 둥글다), 버터 나이프(날이 없고 버터를 뜨기 쉽게 구부러져 있다), 토마토 나이프(톱날처럼 되어 있는 날의 특징), 그레이프 프루트 나이프(날 양쪽이 톱날 모양) 등이 있다.

커트러리 가운데 가장 늦게 식탁에 오른 포크는 당시 서구사회에서 창조주가

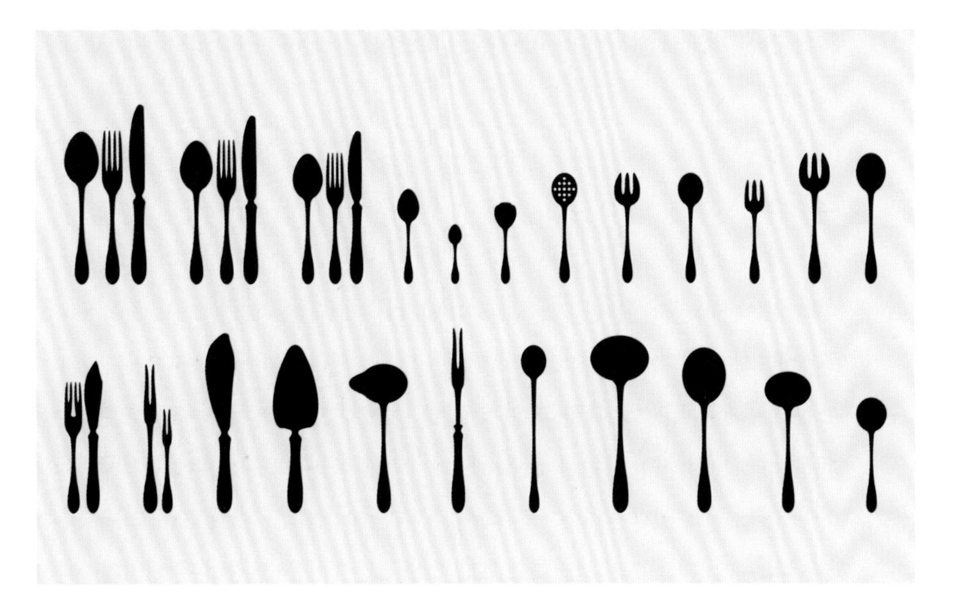

• 커트러리

빗은 손가락을 쓰지 않고 다른 도구를 사용한다는 발상이 피조물의 본분을 잊었다는 인식 때문이라는 것이 일반적인 해석이었다. 포크라는 이탈리아의 도구는 일반 사회에서는 고상한 체하고 점잔을 빼는 도구라고 하여 놀림감으로 취급되었으며, 무대에서 코미디의 소재로 취급되었다. 영국이나 프랑스에서 포크가 일반적으로 사용되기 시작한 것은 17세기 말부터였다.

포크의 종류를 살펴보면 크게는 개인이 사용하는 식탁용과 공동으로 사용하는 서비스용으로 나눌 수 있다. 식탁용 테이블 포크(대형의 고기요리용), 디저트 포크(중형), 샐러드 포크, 케이크 포크(잘라 먹기 편하도록 한쪽이 칼날같이 되어 있다), 오이스터 포크(생굴 요리용), 피시 포크(피시 나이프와 함께 손잡이에 장식적인 디자인이 되어 있다), 프루트 포크(과일용), 게 포크(게, 새우 등 갑각류의 살을 발라내기 쉽도록 고안된 특수한 모양) 등이 있다. 서비스용은 카빙 포크(고기요리 분배용), 피시 카빙 포크(생선요리 분배용), 샐러드 서비스 포크(샐러드 분배용) 등이 있고, 이 밖에 주방용으로서는 대형 쿡 포크가 있다. 포크는 나이프나 스푼과 세트의 개념으로 사용하므로 재료의 질이나 손잡이의 디자인 등이 같은 것으로 선택하는 것이 좋다. 최고급품은 순은제, 대용품으로서 도금제, 일반적으로는 스테인리스 재질을 사용한다.

센터피스

테이블 중앙의 공동으로 사용하는 공간에 장식하는 물건이나 꽃을 총칭하여 '센터피스(centerpiece)'라 부르며, 중앙(center)와 조각(piece)이라는 두 낱말이 합하여 만들어진 단어이다.

러시아에서는 식습관에 따라 중앙 공간을 채우기 위하여 당시에 귀중한 소금, 후추, 설탕 등이나 귀한 과일류를 nefu(배라는 의미)라는 그릇에 놓았는데 이것이 센터피스의 역할을 하였다. 이후 동양에서 꽃이 들어오면서 꽃으로 중앙을 장식하여 오늘날에는 일반적으로 센터피스라고 하면 꽃 장식을 생각하게 되었다. 여러 가지 아름다운 장식품을 응용하여 개성 있는 모양과 향긋한 꽃향기로 식욕을 돕고 이야깃거리를 만들어 주기도 한다. 과일이나 계절을 표현하는 꽃, 도기 인형, 작은 새 등을 이용하기도 한다. 센터피스를 놓을 때는 보기에 부담스럽지 않은 높이로 해야 하며, 앉아 있는 사람들의 눈높이와 센터피스의 높이가 같게 되면 센터피스로 상대방의 시선을 가리게 되므로 눈높이를 피해 낮게 하던지 높게 연출하는 것이 좋다. 분위기를 화려하게 하기 위해 예외적으로 높게 꽂는 경우도 있지만 보통은 테이블 크기의 1/9 정도를 넘지 않도록 하는 것이 좋다.

소품

소품(figure)은 식사 화제를 줄 수 있는 소품이나 계절감을 표현하여 식탁에서의 대화를 자연스럽게 유도하여 손님과 호스트 사이에서 대화의 소재를 만드는 장식물이다.

① 네임카드 또는 네임카드 스탠드: 지정된 자리에 손님이 앉도록 자리를 정해 두어야 할 경우에 사용하며 손님은 자리가 본인 마음에 들지 않는다고 해서 자리를 함부로 이동하는 것은 초대한 이에게 실례가 된다.

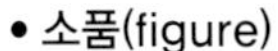

• 소품(figure)

• 네임카드

• 냅킨과 냅킨 링

② 냅킨 링 또는 냅킨 홀더: 가족 이름의 머리글자를 표시한 냅킨 링에 냅킨을 넣어 사용하였으며 주로 은으로 만들었다. 오늘날은 장식적인 효과로 색상이나 형태 등이 다양하게 사용되어지고 있다.

③ 솔트 셀러와 솔트 쉐이커: 격식 있는 식사와 약식에서 다르게 사용된다. 소금이 솔트 셀러 안에 들어 있을 때에는 소금 스푼으로 음식에 뿌리고 들어 있지 않을 때에는 손가락으로 집어서 음식에 뿌린다.

④ 페퍼밀: 페퍼밀(pepper mill)은 후추를 갈아주는 용기로 격식 있는 식사나 약식에 모두 적당하다. 은이나 크리스털 페퍼밀은 호화로운 식사에 적당하고 나무나 아크릴, 에나멜, 도기, 자기 같은 재질은 약식의 식사에 적당하다. 솔트, 페퍼 쉐이커는 같이 세팅되지만, 페퍼밀은 단독으로 세팅한다.

⑤ 레스트: 레스트(rest)는 테이블 위에 포크, 나이프 등 커트러리를 세팅할 때 사용되는 도구로 캐주얼한 테이블 세팅에 주로 많이 사용된다. 주문한 요리가 끝날 때까지 같은 커트러리를 사용할 수 있는 장점으로 런치 세팅에 주로 사용된다.

• 캔들

⑥ 캔들과 캔들 스탠드: '식사가 곧 시작한다'는 의미로 주로 서양상차림에 많이 사용하고 있다. 사용 시 유의점은 식사 중에 초가 녹

아 없어지지 않도록 2시간 이상 사용할 수 있는 것을 선택하도록 하고, 향기가 있는 초(candle)는 음식의 향에 방해가 될 수 있으므로 사용하지 않도록 한다. 초를 실내에 켜놓을 경우 잡내와 소음을 줄여줄 수 있다.

⑦ 클로스 웨이트: 클로스 웨이트(cloth weight)는 테이블클로스의 사방에 무게 있는 장식품을 사용함으로써 테이블클로스가 움직이는 것을 방지한다. 특히 바람에 흩날리는 것을 방지하기 위해 야외의 세팅에서는 반드시 필요하다.

테이블 세팅의 순서

테이블 세팅이라고 하면 일반적으로 장식적인 요소들을 먼저 떠올릴 수도 있지만 테이블 스타일링의 가장 핵심적인 부분은 테이블을 구성하고 있는 기본적인 요소들을 적절한 위치에 배치하여 식사하기 편하도록 하는 데 있다.

언더클로스 깔기

언더클로스는 테이블클로스 밑에 까는 천으로 식기나 커트러리 등을 테이블과 닿을 때 나는 소리를 줄여주는 역할을 한다.

테이블클로스 씌우기

테이블클로스 길이에 제한은 없지만 포멀한 테이블의 경우 클로스의 길이가 바닥까지 오게 하고, 세미 포멀한 경우는 테이블 끝에서 45cm 정도가 내려온다. 캐주얼한 경우는 테이블 끝에서 25cm 정도가 내려지게 된다.

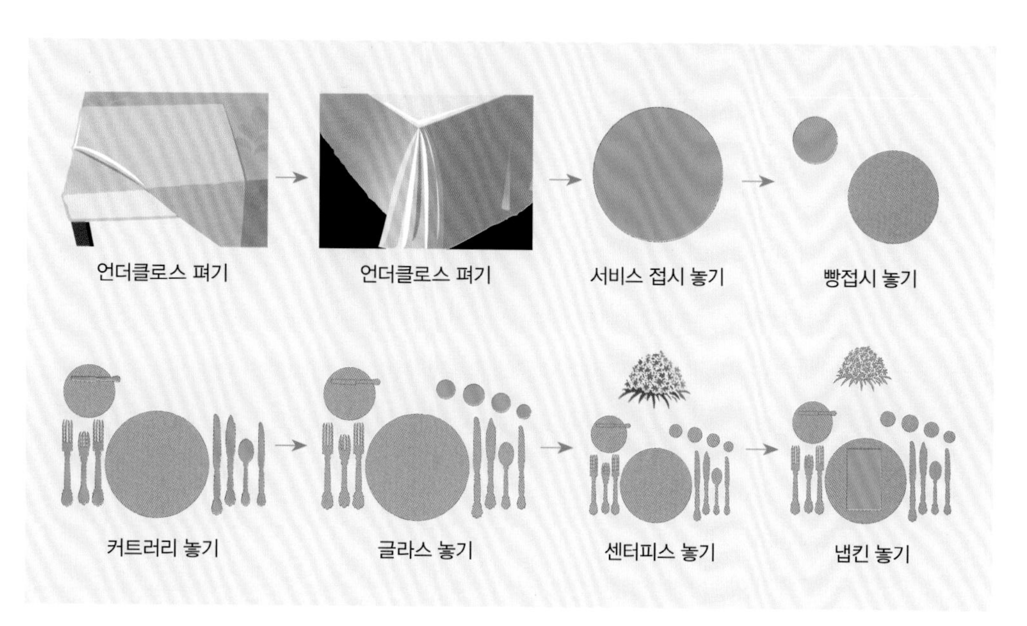

• 테이블 세팅의 순서

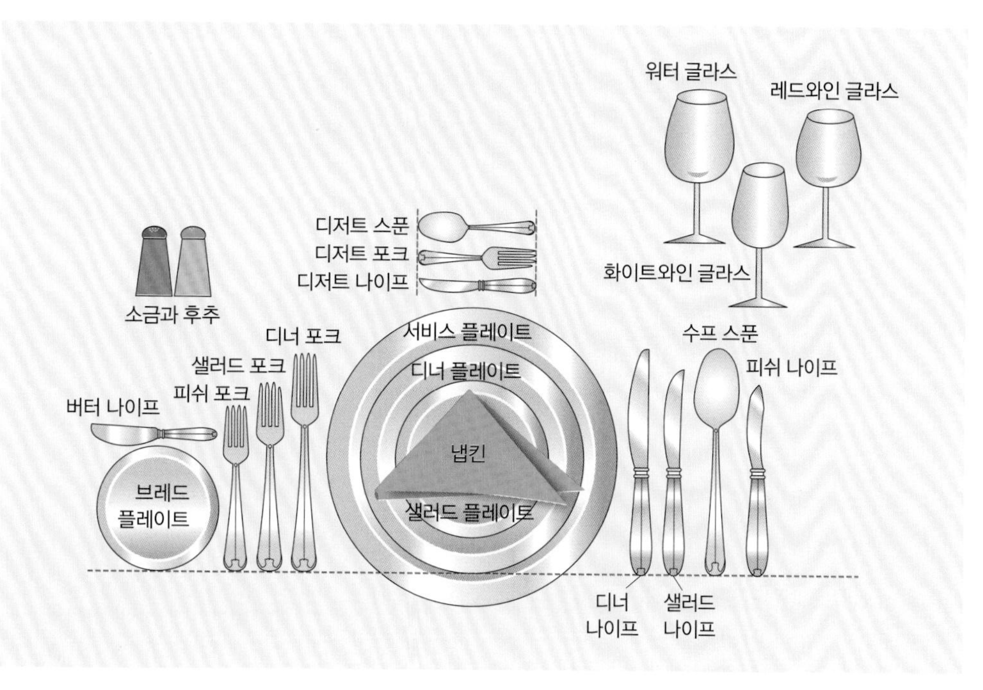

• 테이블 세팅

테이블 플라워 세팅

플라워의 최대 사이즈는 테이블 길이의 1/3, 폭의 1/3, 높이는 눈높이가 적당하다. 뷔페의 경우 플라워는 사람이 서 있을 때의 눈높이까지 장식해야 효과적이다.

테이블웨어 세팅

테이블 끝에서 2~3cm 안쪽에 디너 플레이트를 세팅한다. 빵 접시는 디너 플레이트를 중심으로 왼쪽 상단에 세팅한다.

커트러리 세팅

디너 플레이트 우측 안쪽에서부터 테이블 나이프, 생선용 나이프, 수프 스푼, 오더블 나이프 순으로 세팅한다. 좌측에는 테이블 포크, 생선용 포크, 오더블용 포크 순으로 세팅한다. 캐주얼한 테이블에는 포크와 나이프를 오른쪽에 함께 세팅하기도 한다. 디저트용 커트러리는 대개 식기류의 중앙상단에 세팅하는데, 디저트 스푼은 손잡이가 오른쪽으로 향하도록 하고, 나이프는 손잡이가 왼쪽으로 향하도록 한다. 빵 접시 위에는 버터 나이프를 함께 세팅한다.

• 글라스의 위치

글라스웨어 세팅

자리접시의 우측 상단에 고블릿, 레드와인, 화이트와인, 샴페인 글라스 순으로 세팅한다. 글라스는 일렬 또는 삼각형이 되게 세팅한다.

냅킨 세팅

냅킨은 대개 자리 접시 위 또는 왼쪽에 세팅하지만, 전체적으로 봤을 때 균형을 이룰 수 있는 위치에 세팅하는 것이 제일 좋다.

소품 세팅(캔들, 소금, 후추통, 네임카드 등)

네임카드는 글라스 앞에 놓는 것이 균형 잡힌 형태이며 네임카드가 있는 경우 초대받은 자에게는 특별히 초대받은 느낌이 들어 초대자의 정성을 더 느낄 수가 있다. 이외에 캔들, 소금, 후추통을 세팅한다.

테이블 플라워 연출

식탁에 장식하는 센터피스로 화기나 오아시스에 꽂는 것만이 식탁화가 아니라 식기나 클로스에 직접 꽃이나 녹색의 잎사귀를 장식하는 것, 또는 테이블에 꽃잎을 뿌리는 것 등도 테이블 플라워 연출에 속한다. 오늘날 테이블 코디네이션에서 센터피스로 많이 이용되고 있는 꽃이 테이블에 일반화된 것은 산업혁명 이후부터이다. 테이블 코디네이션에서 플라워 디자인의 역할과 기능은 계절감을 느끼게 해주어 생동감을 주며, 테이블의 의미와 성격을 전달해 주고, 긍정적인 분위기를 유도한다.

• 테이블 플라워 장식

• 생동감을 주는 꽃장식

• 부활절 의미 전달

플라워 연출의 역할

계절감

플라워 디자인의 재료를 해당 계절의 꽃이나 식물로 활용하면 자연스럽게 테이블에서 계절을 느낄 수 있다. 봄에는 개나리, 진달래 등 가을에는 낙엽이나 코스모스 등 플라워의 연출에 따라 계절감을 느낄 수 있다.

생동감

테이블의 기본요소들이 대부분 평면적인 것에 비해 플라워 디자인은 입체적이다. 따라서 플라워의 연출은 테이블에서 생동감과 볼륨감을 줄 수 있다. 또한 어떤 컬러를 선택하느냐에 따라 우아한 분위기가 연출될 수도 있고, 보색대비로 경쾌하고 활기찬 느낌을 줄 수도 있다.

테이블의 의미, 성격 전달

꽃이나 식물에는 여러 가지 상징적인 이미를 가지고 있어 플라워 연출을 통해서 테이블의 의미나 성격을 전달할 수 있다. 발렌타인데이라면 붉은 장미로 하트 모양을 나타내어 사랑을 표시할 수도 있고, 부활절이라면 달걀껍질 안에 노란색 꽃으로 부활을 표현할 수도 있다. 이와 같이 다양한 꽃들을 통해 감사, 축하, 사랑, 용서 등을 다양하게 표현할 수 있다.

긍정적인 분위기 유도

플라워 연출은 사람들에게 심리적인 편안함과 안정감을 주며 자연의 아름다움을 느끼게 해준다. 꽃의 다양한 색과 형태, 그리고 향기를 통하여 사람들에게 긍정적인 분위기를 유도해 주며, 특히 소재로 많이 사용하는 초록색 잎은 사람들에게 편안한 분위기를 유도해 준다.

• 긍정적 분위기 유도

명확한 색채구성

테이블 플라워 연출은 테이블의 기본요소와 조화를 쉽게 이룰 수 있으므로 일상의 어떤 재료들보다도 경제적이고 손쉽게 테이블 전체의 색채구성을 명확하게 해준다.

식탁 꽃꽂이의 유의사항

① 꽃을 지나치게 많이 사용하는 것은 좋지 않다.
② 실내향기가 강한 꽃은 좋지 않다.
③ 금방 시들기 쉬운 꽃은 꽂지 않도록 한다.
④ 식사할 때 서로 방해가 될 정도의 높이로 꽃을 꽂거나 꽃잎이 잘 떨어지는 소재의 꽃은 오히려 테이블이 지저분해져 식사에 방해가 되므로 피하도록 한다.
⑤ 식탁의 꽃 장식은 사방형으로 하는 것이 어느 쪽에서 보아도 좋다.

• 라인 플라워: 글라디올러스

• 라인 플라워: 용담초

꽃의 형태와 역할

라인 플라워(line flower)

① 특징: 스파이크 타입으로, 한 가지에 길고 가늘게 꽃이 붙어 있다. 줄기에 운동감이 있어 확장 효과가 크다.

② 역할: 아우트라인을 꾸며 어레인지먼트의 바깥 선을 강조한다. 보는 사람의 시선을 중심으로 이끌고 간다.

③ 대표적인 꽃: 글라디올러스, 용담초, 개나리, 금어초, 보리, 스톡

매스 플라워(mass flower)

① 특징: 라운드 타입으로 둥글고 볼륨이 있는 꽃이다. 작은 꽃이나 다수의 꽃잎이 모여 한 덩어리의 꽃을 이루고 있다. 꽃잎이 몇 장 떨어져도 전체적인 형태는 변하지 않는다. 주로 줄기 하나에 꽃 한 송이가 붙어 있다.

② 역할: 어레인지먼트의 중심을 이룬다. 전체적인 골격을 만들며, 보는 이의

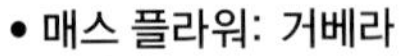

• 매스 플라워: 거베라

• 매스 플라워: 장미

시선을 중심으로 이끌고 간다. 어렌지먼트의 흐름을 만든다.

③ 대표적인 꽃: 카네이션, 마리골드, 장미, 수국, 국화, 아네모네, 거베라, 마가레트

필러 플라워(filler flower)

① 특징: 하나의 줄기에 또 많은 작은 줄기가 달려 거기에 작은 꽃이 많이 붙어 있는 것으로 풍성한 느낌을 준다.

② 역할: 라인 플라워나 매스 플라워의 조화를 돕고 어레인지먼트의 빈 공간을 없애주고, 꽃과 꽃을 연결하는 역할을 한다. 전체적인 이미지를 부드럽게 한다. 어레인지먼트의 단점을 보완하며 전체에 볼륨을 내는 효과가 있다.

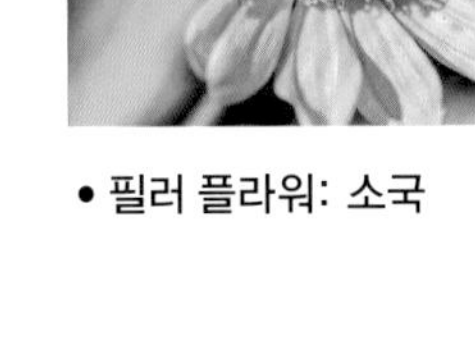

• 필러 플라워: 소국

③ 대표적인 꽃: 안개꽃, 미모사, 소국

• 폼 플라워: 백합

• 폼 플라워: 카라

폼 플라워(form flower)

① 특징: 꽃의 형태가 확실한 개성적인 꽃이 많다. 어느 쪽에서 봐도 그 모양이 달라 개성적이고 아름답다. 다른 형태의 꽃들보다 돋보이게 어레인지 한다.

② 역할: 어렌지먼트의 중심 부분을 이룬다. 역동적인 느낌을 준다.

③ 대표적인 꽃: 난, 호접난, 카트레아, 아이리스, 카라, 백합

CHAPTER 7

이미지별 스타일

CHAPTER 7

이미지별 스타일

이미지별 테이블 코디네이션

클래식 스타일

라틴어의 '최고'라는 뜻으로 전통을 중시하고 역사를 느낄 수 있는 품격이 있는 스타일로 이집트, 로마, 그리스의 건축 양식을 바탕으로 한 격식을 차린 포멀(formal)한 느낌의 스타일이다. 남성적이며 영국의 양식미와 격조 높은 이미지로, 성숙하고 화려하며 깊이감이 있는 어두운 색이 주조색으로 중후한 느낌을 준다. 비교적 넓지 않는 공간에는 공간 전체에, 보다 넓은 공간에는 소파나 테이블클로스 등 부분적으로 클래식한 분위기의 패브릭, 패턴을 사용하면 효과적이다.

식기는 크리스탈류의 글라스, 유백색의 디너 웨어, 명품의 본차이나, 금색 라인이나 깊이감이 있는 색조의 테두리가 있는 식기를 선택하면 좋고 커트러리류도 은이나 은도금이 된 것이나 손잡이 부분이 고급스러운 장식이 있는 고급스러운 것이 어울린다. 화려하고 고급스러운 촛대 등은 클래식한 스타일을 돋보이게 하는 소품이 된다.

최근의 클래식 스타일은 현대적인 이미지를 내포한 모던 클래식을 의미하는

• 클래식 스타일

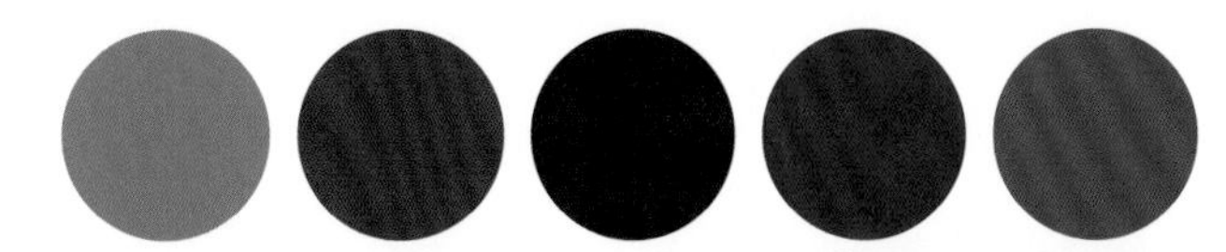

• 엘레강스 스타일

데 기품 있고 웅장하며 화려하고 고급스러운 이미지를 풍긴다. 일반적으로 클래식 스타일은 전통을 고수하고 풍요롭고 여유로운 생활을 원하며 사회적으로 안정적인 계층의 사람들이 선호하는 경향이 있다. 호텔 내의 레스토랑은 정식만찬 등에 어울리는 스타일이다.

엘레강스 스타일

화려한 색채보다는 차분하고 우아한 이미지의 색채를 사용한다. 주로 웨딩드레스를 상징하는 백색, 아이보리색, 은은한 파스텔톤 색채를 이용한 배색을 한다.

엘레강스 이미지는 우아하고 고상한 여성적인 표현의 형용사적 의미를 담고 있으며 지나치게 화려하지 않으면서도 고급스럽고 세련된 명품의 이미지를 말한다. 여성스럽고 우아한 웨딩드레스의 느낌으로 화려한 색채보다는 차분한 분위기의 색채를 주로 이용한다.

부드러운 회색 톤의 보라색 계열의 유사색조, 그레이시한 색채의 미묘한 그라데이션을 기초로 아름다운 곡선과 섬세한 자수, 레이스 등 실크와 같이 광택 소재의 질감을 사용하여 공간을 연출한다. 30대 이상의 우아한 여성을 대상으로 하는 레스토랑 이미지에 적합한 스타일이다.

로맨틱 스타일

화이트, 아이보리, 핑크, 스카이블루, 민트 그린 등이 대표적인 컬러이고, 귀엽고 달콤하며 소녀적인 이미지를 담을 수 있는 계열의 색상으로 화사하고 부드러운 배색을 할 수 있다.

사랑스러운 분위기에서 마음이 두근거릴만한 여성다운 정결함이 있는 스타일로 마음을 느긋하게 풀어줄 수 있는 꾸밈이 가능하다. 로맨틱한 느낌을 살리는 소재로는 부드러운 곡선, 하늘거리는 레이스, 깨끗한 백색, 귀여운 꽃무늬 등이 있으며 자칫 잘못하여 산만한 느낌이 되지 않도록 주의한다.

순백의 레이스나 망사 등 투명 또는 반투명의 원단을 사용하면 로맨틱한 분위기가 살아나고 작은 꽃무늬나 부드럽고 귀여운 패턴 등이 잘 어울린다. 프릴이 달

• **로맨틱 스타일**

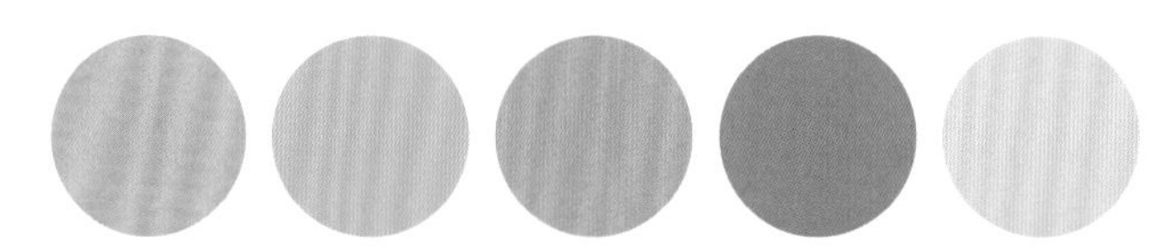

린 원단을 사용하는 것도 좋다.

바닥이나 벽은 밝고 따뜻하고 깨끗한 벽지와 밝은 색상의 원목소재나 타일을 이용해 소프트하게 정돈된 느낌을 주고, 파스텔조의 엷은 색에 자잘한 꽃무늬가 있는 카펫, 나풀거리는 창문장식 등으로 포인트를 주기도 한다.

내추럴 스타일

베이지, 갈색, 녹색, 적색 등을 주로 사용하고 순색 등 자극적이지 않으며 콘트라스트가 강하지 않은 배색을 하는 것이 바람직하다. 자연의 온화하고 소박한 이미지를 잘 표현할 수 있도록 비교적 대비가 적은 차분한 느낌의 배색이 좋다.

자연의, 자연으로부터라는 뜻으로 자연주의를 말한다. 포근함과 친근함을 주며 부담스럽지 않은 자연미로 말 그대로 자연주의, 휴머니즘을 토대로 하고 있다. 단순하고 소박함과 따스함이 있는 자연적 디자인이 기본이며 인위적이지 않고 자연소재의 편안함과 텍스처가 코디네이트의 포인트가 된다. 풀과 나뭇잎, 꽃 등 식물의 무늬를 효과적으로 사용해 자연스럽고 편안한 분위기를 연출할 수 있고, 나무와 등나무, 삼베, 흙, 벽돌 등 자연소재의 따뜻함이 있는 계절감과 텍스처가 주된 요소가 된다. 최근에는 자연적인 요소를 그대로 사용하기보다는 모던한 요소와 함께 세련된 자연미를 보여주는 것이 일반적인 트렌드이다.

면이나 실크, 광목, 삼베, 마, 캔버스 소재 등의 천연소재를 사용하고 자연미를 살리는 데 적합한 것이 좋다. 꽃이나 잎 등 친근한 느낌을 주는 자연물, 잔잔하고 소박한 패턴이 부드러우면서 편안한 느낌을 줄 수 있어 좋고 중간색의 체크, 스트라이프 등도 악센트로 이용될 수 있다.

식기는 풀, 나무 등 자연을 모티프로 하거나 밝은 톤의 식기를 선택하는 것이 좋고, 대나무로 만든 것, 노끈으로 만든 바구니, 핸드메이드 소품, 철제와 나무가 매치된 소품 등을 이용하면 내추럴한 분위기를 살릴 수 있다.

바닥이나 벽은 나무의 질감이 살아 있는 바닥재를 사용하고, 벽은 자연소재의 패브릭, 나뭇결의 느낌을 살린 무광실크 벽지나 종이벽지, 혹은 회벽을 이용하여 내추럴한 분위기를 연출한다. 커튼은 내추럴 풍 패브릭이나 패턴으로 구성된

• 내추럴 스타일

로만 셰이드나 나무 봉 커튼을 이용한다.

조명은 램프는 백열전구를 쓰는 것이 자연스러운 분위기를 연출하며 조명 기구의 디자인은 노끈, 종이, 대나무 등의 자연소재로 된 것을 선택하는 것도 좋은 아이디어다.

자연과의 조화에 역점을 둔 내추럴 스타일인 만큼 작고 아기자기한 화초나 허브 등으로 전원적인 분위기를 연출하여 센터피스로 이용하면 좋다. 내추럴한 공간 안에서는 평온한 느낌이 들기 때문에 도심 한가운데서 커피숍이나 한식, 양식 레스토랑의 이미지에 적합하다.

캐주얼 스타일

산뜻한 톤의 빨강, 주황, 파랑 등을 강조하며, 리듬감을 느낄 수 있도록 대비되는 색상의 배색도 과감히 사용한다. 원색을 사용하여 발랄하고 다이나믹하고 활동감 있는 색채를 주로 사용한다.

자유롭고 편한 이미지로 신선함, 경쾌함, 생동감, 활동감, 발랄함, 즐거움, 친밀감 등을 표현하는 것이 디자인의 포인트가 된다. 단순함을 기본으로 기능적이며 감각적인 느낌을 디자인의 중심요소로 사용한다.

체크, 가로의 스트라이프, 물방울 무늬의 패턴이 많이 사용되고 구상적인 꽃무늬, 기하학 무늬, 추상적 무늬 등도 자주 이용된다. 밝은 색상의 식기나 아기자기한 패턴으로 귀여운 분위기를 강조한 식기 등이 많이 사용되며 실용적인 느낌의 것들이 많이 이용한다. 소품으로는 작은 액자, 쿠션, 스탠드 등 원색, 내추럴 색상의 아기자기한 것들을 많이 사용한다. 자연소재의 특징을 살린 생동감이 느껴지는 재질의 마감재를 사용하고 밝은 색의 벽지, 자연스러운 느낌의 회벽, 내추럴톤이나 파스텔톤의 바닥재가 어울리고 딱딱한 질감의 카펫을 사용하기도 한다. 면이나 마로 짠 귀여운 느낌의 러그도 포인트로 사용할 수 있다. 밝고 화사한 파스텔조의 색상으로 마감되거나 내추럴 컬러의 원목가구를 사용하거나 원색의 철제가구 등을 매치시키기도 한다. 패스트푸드점이나 자유로운 생활을 즐기는 10~20대와 같은 젊은이를 대상으로 하는 레스토랑의 이미지에 적합하다.

• 캐주얼 스타일

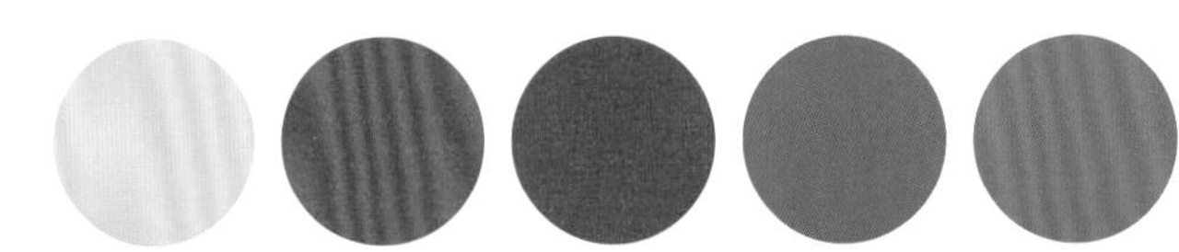

• 심플 스타일

심플 스타일

심플 스타일은 차갑고 산뜻하며 간소한 느낌으로 군더더기 없이 깔끔한 생수 같은 청량감의 느낌을 주는 스타일이다. 신선하고 청결한 느낌이며 투명한 느낌이 들기도 하다. 주조 컬러는 흰색과 차가운 색 계통의 밝은 색으로 깨끗한 느낌을 준다. 형태나 패턴에 있어서도 복잡한 무늬보다는 민무늬나 단순한 줄무늬가 쓰이며 가벼운 느낌의 소재가 어울린다.

모던 스타일

모노톤의 화이트나 크림색, 또는 무채색 등을 일반적으로 사용하고, 도회적이고 전문적인 느낌을 주는 색상이 주조를 이룬다. 때로는 무채색의 무거운 색상을 주조색으로 사용하면서 붉은색 계열의 색상을 포인트 색으로 사용하기도 한다.

'현대적, 기능적, 합리적'인 의미로 단순한 디자인 속에서도 개성을 느낄 수 있는 이미지이다. 장식적인 요소를 배제하고 기능성과 실용성을 강조해서 산뜻하고 세련된 느낌을 추구한다. 인공적인 소재나 지나치게 단순화된 디자인으로 차가우면서도 엄격한 느낌을 줄 수 있기 때문에 내추럴한 요소와 믹스하여 표현해 주는 것도 좋은 방법이다.

굵고 거친 질감을 피하고 매트한 느낌의 면소재가 적당하다. 패턴은 최대한 배제하는 것이 원칙으로 간혹 스트라이프, 단순한 기하학적 패턴 등을 악센트로 사용하기도 한다. 장식이 없는 심플한 디자인이나 단색 또는 간단한 패턴이 사용된 모던 스타일의 유리, 가죽, 플라스틱 등의 소품이 잘 어울린다.

바닥은 마루, 대리석, 코르크, 모노륨 등이 사용되며 벽은 무지 벽지나 스트라이프 벽지, 혹은 페인트 마감 등으로 깨끗하고 심플한 공간을 연출한다. 심플하고 기능적인 모노톤의 가구가 일반적으로 사용되며, 가구 자체를 돋보이게 하기보다는 공간과 일체화된 붙박이식 가구가 적당하다. 커튼은 공간을 정돈하고 채광조절이 쉬운 버티컬 블라인드가 적격이며, 블라인드와 비슷한 디자인의 로만 셰이드나 혹은 커튼을 생략하고 갤러리 창만으로 처리하는 것도 좋은 방법이고 간접조명이 모던스타일을 연출하기에 적합하며 심플한 디자인의 조명기기를 선택하고 유리나

• 모던 스타일

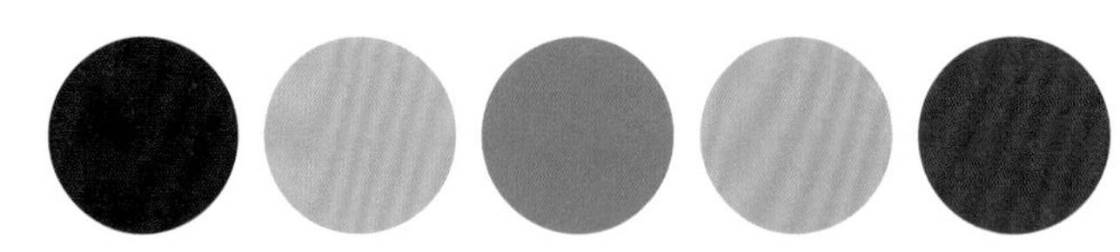

스틸, 원목 등의 소재와 매치해 약간의 변화를 줄 수 있다. 길게 늘어진 넝쿨 식물 등을 사용하는 것은 적당하지 않으며 유리나 메탈 등의 화기에 심플한 느낌의 꽃이나 식물을 이용한 센터피스가 적당하다. 도시적인 세련미를 추구하는 커피숍이나 와인바의 디자인에 어울리는 스타일이다.

에스닉 스타일

화려하고 강렬한 색상이 주조를 이루며 보색대비, 반대색상 배색 등 대담하고 자극적인 느낌의 컬러를 많이 사용한다. 하지만 인위적이지 않고 자연스러운 느낌을 잃지 않도록 해야 한다.

민속적이고 토속적인 스타일로 나라마다 고유한 생활을 예술적으로 표현하면 에스닉풍이라고 할 수 있다. 특히 동남아시아, 중동지역, 아프리카, 서아시아 등과 같은 비기독교권 지역의 전통적인 느낌을 디자인화한 것을 에스닉 스타일, 음식은 에스닉 푸드라고 부르고 근래 들어 각광을 받고 있다.

원색의 색상에 독특한 문양이 특징이며 자연염색 기법의 원색 패브릭은 강렬하지만 자연스러운 느낌이고 해, 달, 나무, 꽃 등을 기하학적으로 표현한 문양은 에스닉의 대표적인 패턴이라고 할 수 있다. 특히 손으로 찍어서 그린 듯한 투박한 패턴들은 강렬한 색채와 어우러져 이국적인 분위기를 낼 수 있다.

식기는 이국적인 목각, 도자기 등의 식기를 선택하는 것이 좋고 색유리로 된 식기, 타일 등의 소품, 핸드메이드 토기 등도 좋다. 역사와 문화를 보여줄 수 있는 소품을 사용하면 에스닉 스타일을 강조할 수 있다.

바닥과 벽은 깔끔한 마감보다는 약간은 거칠고 투박한 느낌의 투박한 소재의 마감재가 적당하며 원목 느낌의 거친 마루바닥재로 조화를 이루도록 한다. 토분의 느낌이 나는 타일, 티베트산 카펫, 인도풍의 러그 등 실제 이국적인 분위기를 낼 수 있는 소품을 매치시키고 강렬한 오렌지 빛으로 페인팅한 벽은 에스닉 스타일을 잘 나타낼 수 있다.

토속적인 느낌을 주기 위해서 소박하고 다소 투박한 느낌의 자연소재의 가구를 사용하거나 컬러가 강렬하면서도 민속적인 느낌의 소가구 등도 잘 어울린다.

• 에스닉 스타일

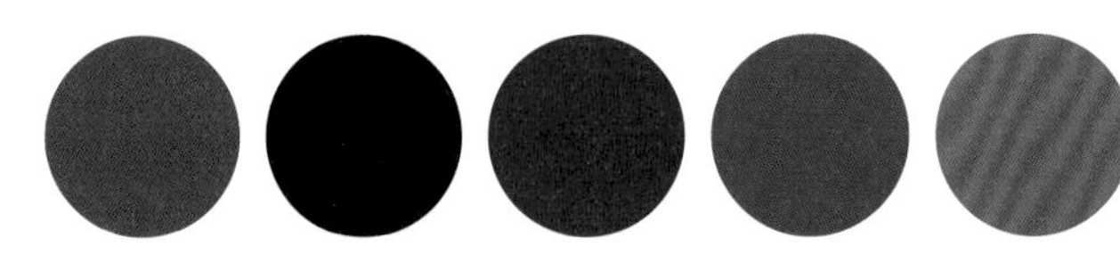

• 컨트리 스타일

노끈이나 자연소재의 패브릭으로 엮어진 가구, 토속적인 패턴의 소파, 인디언 풍의 가죽의자 등을 선택하고 전형적인 커튼이 아닌 에스닉풍의 패브릭을 이용해보는 것도 좋다. 나뭇가지 자체를 커튼 봉으로 이용하거나 컬러풀한 패브릭의 조화가 잘 이루어진 커튼도 적당하다. 센터피스는 선인장 등을 이용하여 이국적인 느낌을 살리거나 컬러풀한 야생화 등도 잘 어울린다. 넓은 잎이나 열대 과일을 이용하여 분위기를 살릴 수 있다. 태국, 인도, 멕시코 등 외국 전통음식을 판매하는 레스토랑의 이미지에 적합하다.

컨트리 스타일

컨트리(country) 스타일은 전체적인 분위기는 아이보리(ivory), 베이지(begie), 브라운(brown), 연한 브라운 계열이 주도하고 연령에 따라 젊은 층은 밝은 계통으로 장년층은 짙은 계통으로 연출할 수 있다.

전원, 시골의 의미로 소박함이 콘셉트이다. 젊은이들을 위한 발랄하고 사랑스러운 분위기를 만드는 컨트리 무드, 점잖으면서 소박한 느낌의 컨트리 무드 등 다양한 계층을 소화해 낼 수 있는 스타일이다. 자연스러운 느낌을 연출해주는 것이 가장 중요한 특징이라고 할 수 있다. 아메리칸 서부 컨트리와 유로피안 프로방스 컨트리로 구분하여 볼 수 있다. 자연스러운 질감과 무늬를 살려서 꾸며주면 센스 있는 분위기를 연출할 수 있고 소박한 느낌의 목면, 데님, 니트, 트위드 등을 선택하면 적당하고 내추럴 컬러에 무늬 있는 직물, 산뜻한 느낌의 면 레이스 등도 적합하며, 특히 포근하고 산뜻한 느낌을 연출하기 위해서는 여러 가지 조각 천을 조화롭게 이어서 만든 퀼트가 적격이다.

젠 스타일

컬러풀한 색상은 배제하고 흑, 백의 모노톤이 주조를 이루며 그린, 베이지 등 자연적인 색깔을 간혹 어울려 사용하기도 한다.

참선을 의미하는 젠은 정지한 상태, 조용한 상태, 편안하고 고요하다는 느낌의 총체적 이미지로 인위적인 장식을 배제하는 간결함, 여백, 자연 친화적인 느낌

• 젠 스타일

이다. 젠 스타일은 선의 아름다움과 절제미, 그리고 심플한 스타일을 추구하는 것이 특징으로 동양적이면서도 현대적인 담백한 스타일을 함께 보여주기 위해 장식을 배제, 최대의 간결함을 표현하는 미니멀리즘과 같지만 미니멀리즘의 차가운 이미지를 없애고 동양적인 느낌을 담고 있다. 단순한 미적인 스타일의 표방이 아닌 기능과 지혜가 내재되어 있는 실용적 개념이다.

마나 실크, 혹은 금속사에 이르기까지 단아하고 정제된 느낌의 패브릭을 사용하고 패턴이 없는 것이 대부분이지만 간혹 대나무나 돌 등의 동양적인 이미지의 절제된 표현의 패턴을 사용하기도 한다. 또한 광택이 나는 사이버적인 느낌의 패브릭도 신비한 동양적 느낌으로 연출할 수 있다. 짙은 색의 나무 소재 그릇이나 사각의 나무 쟁반 등이 대표적이며 심플하면서도 동양적인 느낌이 나는 것을 선택한다. 돌, 철재, 나무 등 가공되지 않은 자연의 이미지를 표현한 소품을 이용하기도 한다. 회색이나 흰색과 같은 무채색을 주조로 조용하고 정갈한 분위기를 연출하는 것이 관건이다. 진한 갈색 톤의 가라앉은 듯한 바닥을 표현할 수 있는 마감재를 사용하고 흰색이나 회색의 벽마감으로 극도의 단순성을 강조한다. 스틸이나 유리 선반 벽 장식은 최대한 심플하게 한다. 좌식 생활에 맞는 가구가 적당하며, 무릎 아래로 내려진 낮은 테이블을 사용하기도 한다.

조명기구가 눈에 띄지 않는 것이 바람직하며 가는 스틸 프레임에 한지를 이용한 스탠드와 같이 동양적이면서도 심플한 디자인의 조명을 사용하면 적당하다. 일식을 정통으로 하는 레스토랑에 적합한 이미지이다.

오리엔탈 스타일

동양을 상징하는 강렬한 색채를 사용하여 신비스러움을 연출하거나 자연을 상징하는 그린, 브라운계통의 색채가 주로 이용된다.

오리엔탈 스타일은 서방에서 동방세계에 대한 동경을 표현한 이국적인 정서를 나타낸 스타일이다. 색채계획은 과감한 패턴과 강렬한 색채를 사용하여 신비스러움을 연출하거나 그린이나 레드 등의 강렬한 자연색, 검정, 노란색의 원색계열, 흙과 나무를 상징하는 브라운계열과 그린계열의 배색으로 연출할 수 있다.

• 오리엔탈 스타일

• 미니멀 스타일

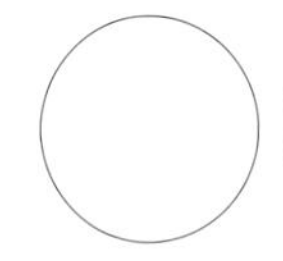

미니멀 스타일

그린, 베이지, 브라운, 그레이 등 전체적으로 차분하면서 안정적인 분위기를 나타내는 색채 배색으로 표현할 수 있다.

미니멀리즘이란 최소량, '아주 작은'이라는 뜻을 가진 영어의 'minimal'이란 단어에서 유래된 것으로 본질을 추구하는 절제된 디자인과 세련된 단순성과 반복이라는 기본 원칙을 가진다. 최근 복잡해져가는 라이프스타일을 탈피하고자 하는 욕구가 늘어나면서 상대적으로 단순하고 본질적인 것에 대한 그리움과 회귀본능이 강해졌기 때문에 고도로 농축된 정신세계를 장식이나 색채를 배제한 최소한의 표현 속에 가두어 버림으로써 극도의 절제미를 표현한 것이다.

색채계획은 그린, 베이지, 브라운, 그레이 등 전체적으로 차분하면서 안정적인 분위기를 나타내는 색채 배색으로 표현될 수 있다. 재질은 연한 색상의 원목 테이블이나 바둑판 모양의 타일 등을 이용할 수 있다. 무늬가 있는 패턴은 배제되고 깔끔한 단색의 소재가 중심을 이루고 있으며 금속과 유리를 혼합한 스타일과 면과 같은 느낌의 편안한 패브릭을 주로 사용한다.

댄디 스타일

색채는 무채색 중심으로 안정된 느낌의 색이나 다크 블루, 검정, 어두운 회색 계열의 배색이 주류를 이룬다.

침착하고 유연한, 견실한, 격조 있는 중년 남성의 중후하면서 담백한 분위기를 선호하고, 상식과 논리성, 기능을 중시하면서도 차분하고 안정된 도시적 세련미를 갖춘 성인의 감각과 자유분방해 보이면서도 정리정돈된 매너 있는 이미지의 스타일을 말한다. 격식을 중시하면서도 귀족적이며 중후한 느낌을 살릴 때 연출하는 스타일이다.

사이버 스타일

색채는 금속소재의 실버, 화이트, 그레이시한 색채나 블랙과 화이트의 선명한 대비 속에 가미된 메탈 색채의 배색이 주로 사용된다.

• 댄디 스타일

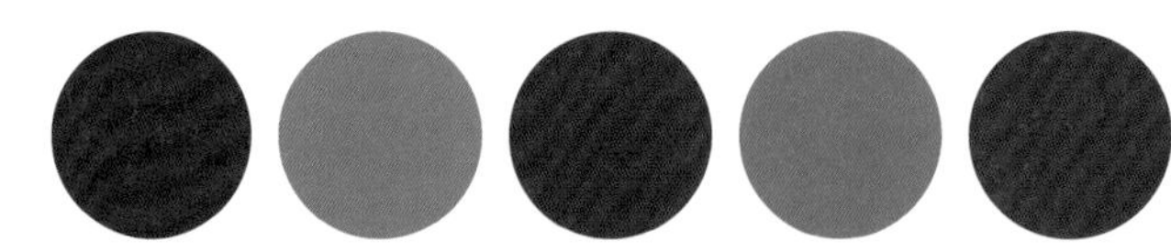

• 사이버 스타일

사이버 이미지는 첨단과학 기술이 물질주의를 만들어낸 새로운 스타일로 최근 정보화 시대를 맞아 첨단화된 생활과 익숙해지면서 유행된 스타일이다. 하이테크의 전자제품과 가구디자인의 발달은 테크니시즘을 만들어 내기도 하고 전문가들은 미래감각을 창조하는 미래파와 해체주의로 설명하고 있다. 이질성이 강한 소재를 매칭하거나 다양한 색채 광원과 조명기기를 이용한 독특한 분위기를 연출한다.

색채는 금속소재의 실버, 화이트, 그레이시한 색채와 금속으로 마감된 외장재, 유리로 만들어진 자재 등 다양하게 가공된 소재를 활용하여 블랙과 화이트의 선명한 대비 속에 가미된 메탈 소재는 공간의 시원한 분위기와 함께 사이버 감각을 선사하여 미래공간을 연출할 수 있다.

소재는 메탈이나 대리석 소재의 유리느낌, 타일이나 큐빅, 구슬, 유리와 아크릴 소재 등을 사용하여 테이블이나 공간 연출이 가능하다.

하드 캐주얼 스타일

야외의 느낌이 나는 그린과 브라운 톤과 에스닉한 이미지 컬러인 빨강, 녹색, 파란색 등의 배색이 어울려져 표현할 수 있다.

캐주얼보다 강조한 자유로운 발상으로 자연적으로 핸드메이드된 짜임으로 온기 있는 소재를 조화시켜 깊고 풍부하게 열매 맺는 듯한 스타일이다. 색조는 멜론, 올리브, 그린 등의 강하고 진한 톤의 온색계열을 중심으로 가을 분위기를 연출한다. 손으로 만든 듯한 거친 느낌과 함께 온정과 애착을 느끼게 하는 것이 포인트이다. 운치가 있는 무늬와 소재로 튼튼해 보이는 아웃도어(out door) 느낌과 에스닉한 분위기를 조합하면 연출할 수 있다.

자연적으로 풍부하게 열매 맺는 듯한 이미지로 색채는 강하고 깊은 톤의 다양한 색의 조합이나 메론, 올리브그린 등의 강하고 진한 톤의 온색계열 중심으로 가을 분위기의 다색상 배색을 연출한다. 즉 손으로 만진 듯한 거친 느낌이지만 반대로 열정과 애착을 느끼게 해주는 것이 하드 캐주얼의 포인트이다. 동식물이 프린트된 패턴을 이용하여 자연소재이면서 수공예품을 포함하는 온화한 질감, 스파

• 하드 캐주얼 스타일

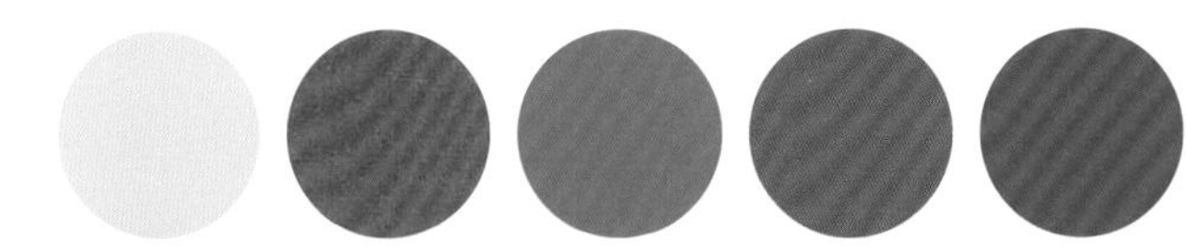

• 스칸디나비안 스타일

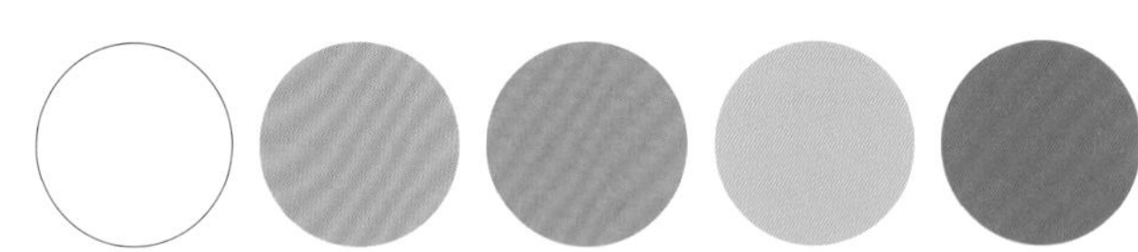

이시한 맛을 느낄 수 있는 스타일이다.

스칸디나비안 스타일

스칸디나비안 스타일(scandinavian style)은 1930년대 알바 알토, 스웨덴의 군나르 아스푸른드 등 북유럽 디자이너들에 의해 완성된 스타일로서 일반적으로 덴마크, 스웨덴, 노르웨이, 핀란드 등 북유럽의 디자인 경향을 총칭해서 일컫는다.

건축의 기능을 합리적으로 추구하면서 마감재의 재료나 디테일 등에 북유럽의 자연과 인간성을 부여한 것이 기본 콘셉트이며, 따라서 인공 소재보다는 나무 소재, 인위적인 색상보다는 자연색을 선호한다.

현대에 들어 스칸디나비안 스타일은 가구, 그릇, 소품 데코레이션 양식 등 다양한 분야에 걸쳐 사랑받고 있는 스타일로 발전되었으며 이음새가 없는 우아함, 휴머니티가 느껴지는 재질, 단순하고 모던한 형태가 가장 큰 특징이라 할 수 있다.

나무 껍질의 자연스러운 느낌을 살린 목조 건물, 굵고 솔직한 디테일 등이 전체 아이보리 톤, 흰색과 베이지, 원목의 밝은 색과 어우러져 전체적으로 따뜻하고 편안한 분위기의 인테리어를 만들어낸다.

CHAPTER 8

식공간 디자인

CHAPTER 8

식공간 디자인

식공간 디자인 과정

레스토랑의 식공간 인테리어를 계획할 때는 시공업체 견적이 요즘은 3D로 나오므로 몇 군데에 의뢰하여 비교할 수 있는 견적서를 받고 신중하게 검토하여 인테리어 업체를 선정하는 것이 경비 절감도 되면서 바람직하다. 무조건 싼 것을 선택했다가는 오히려 부실 공사로 인해 추가 공사비가 더 많이 들어갈 수도 있다. 따라서 인테리어 업체를 선정하기 전에는 그 업체가 이전에 시공한 매장을 벤치마킹해보고, 시공된 매장의 사장과도 이야기를 나눠 본 후 업체를 선정하는 신중함이 필요하다. 일반적으로 인테리어 비용은 실평수 × 평당액수이며 평당액수는 고급으로 하는지, 저렴하게 하는지에 따라 차이가 많이 난다.

공사 전 공간분석

레스토랑을 기획할 때 우선 사업주가 하고자 하는 사업아이템이 입지에 맞는 장소인지가 먼저 파악되어야 한다. 입지가 사업아이템과 맞다면 인테리어 공사를 계획하게 되는데 대부분은 평수에 의해 인테리어 공사비를 예측할 수 있지만, 임대할 건물에 따라 임대인이 반대하거나, 관련 법규나 규정에 어긋나서 원하는 디자인을 할 수 없는 경우도 있다. 전기나 배수구가 안 되어 있다면 새로 공사해야 해서 생각보다 많은 비용이 발생할 수 있으므로 눈에 보이지 않는 설비도 철저히 체크해야 한다.

공간구성의 기본 원칙으로 일반적인 직사각형 평면은 디자인에 앞서 우선 점포를 3부분으로 나눈다. 접객서비스공간, 주방설비공간, 동선으로 이어지는 통로로 나눈다. 이렇게 세 가지 존(zone)을 먼저 나누고 메뉴에 따른 주방설계를 시작한다. 전체 면적에 따른 주방의 비율은 주방을 많이 쓰는 메뉴라면 30~40% 정도까지 쓰고 커피숍이나 바처럼 주방의 면적이 적게 필요할 때는 15~20% 정도까지만 한다. 이렇게 주방이 설정된 후 객석설계가 이루어지는 것이 순서이다. 손님을 많이 받기 위해 주방을 적게 설계하면 오히려 주문한 음식이 늦게 나와 손님이 불

표 8-1 외식업공간의 인테리어 계획

구분		내용
인테리어 디자인의 레이아웃	주면적	기능을 고려한 실내공간의 레이아웃
	공유면적	복도, 출입구, 화장실, 계단실, 보일러실의 레이아웃
	입면계획	입면의 구조 및 형태 레이아웃
	실외공간	실외공간 활용도 분석(주차, 야외객석, 장식물 등)
건축물 형태 결정	건축가 선정	외부 디자인에 대한 건축가와 협의
	시공계획	시공업자 선정 및 건축물 시공계획
	건축설비	배관, 보일러, 덕트, 소방시설 등의 설비계획
파사드 계획	설치물	건축물 이미지를 위한 환경디자인 계획
	출입구	고객을 쉽게 유도할 수 있는 특징적인 출입구 계획
	사인보드	로고 및 심벌을 결정한 후 사인보드 설치
	디스플레이	고객의 시선을 유도할 수 있는 쇼윈도와 안내판 설치
인테리어 디자인계획	객석	기능, 동선, 미적 조화 형태를 고려한 본 설계
	부대시설	주방, 복도, 계단층, 화장실 등의 설계
	가구	가구설계 및 집기류 선정
	기타	주방기기 및 냉난방 기기 계획

자료: 김현지 외(2009). 상업공간디자인. p.172.

만을 표시할 수 있고, 반대로 주방을 너무 크게 설계하면 그만큼 테이블을 덜 놓게 되어 손님을 덜 받게 되므로 메뉴에 따른 적절한 주방 설계는 매우 중요하다.

디자인 설계는 단순히 고객을 흡인하는 데 목적이 있는 것이 아니라, 업종에 맞는 콘셉트와 마케팅까지 갖춘 새로운 공간을 의미한다. 고객에게 먹고 싶은 충동을 주는 것과 동시에 편히 쉴 수 있는 공간을 제공하는 데 초점이 맞추어져야 한다. 따라서 주변 환경의 현실을 고려하여 경쟁력을 갖춘 디자인의 설계가 이루어져야 한다.

음식점의 창업과정에서 인테리어는 창업 시작단계부터 상호 밀접한 연관성을 갖고 진행해야 하며 그 절차 역시 매우 중요하다. 올바른 외식업의 인테리어는 준비기획과 실행공사의 두 단계를 거치는데, 각 단계와 순서에 의해 진행된다.

준비단계를 지나 시장분석과 벤치마킹을 하고 외식 점포의 콘셉트를 설정한 후 인테리어의 기획안을 만든 이후에는 설계단계로 들어가야 한다. 인테리어 디자인을 하는 데 있어서 점포의 콘셉트를 시각화된 제시를 통하여 외식창업자가 느낄 수 있도록 보여주는 것이 중요하다.

조닝 단계

조닝(zoning) 단계는 외식업소에 필요한 공간을 관련 법규나 규정을 고려하며 공간 배치하는 것을 말한다. 이를 위해 먼저 음식점에 필요한 공간을 파악하는 것이 필요하다. 외식업체라면 주방공간, 객실공간, 직원휴게실, 카운터, 화장실 등의 부대공간이 갖추어져야 한다. 좀 더 규모가 있는 큰 외식업체라면 대기공간과 락커, 남녀 각각의 화장실, 옥외 조경 공간, 그리고 주차시설까지도 필요하다. 외식업체의 규모에 따라 효율적으로 통합하거나 공간을 분화시켜서 업체의 규모에 맞는 고객 서비스 수준을 높이는 것이 합리적이라 하겠다.

플래닝 단계

플래닝 단계(planning)에서는 구체적으로 출입구의 위치와 크기, 객실과 어프로치, 주방과 보조주방, 화장실과 같은 공간들의 모양과 치수 등을 결정한다. 치수가 결정되면 기본적으로 음식점의 공간구획이 만들어지는데, 실제 인테리어 디자인에서는 플래닝과 가구배치가 보통은 동시에 이루어진다. 공간의 구획과 객석과 가구배치가 결국 통합적이고 연관성이 있기 때문이다.

감성이 풍부한 공간으로 인테리어하기 위해서는 전체 공간이 조화되게 하면서도 고객의 프라이버시가 유지될 수 있는 균형이 필요하다. 객석 공간이 전체적으로 파악되어 공간감이 느껴지면서도 다른 객석들과 유기적으로 연결되도록 계획하는 것이 좋다. 파티션으로 객석을 분리시키거나 가구의 배치를 통하여 공간을 나누기도 하고, 다른 마감재를 통하여 분리된 공간으로 나누기도 한다.

가구 배치단계

접객서비스 공간에 필요한 의자와 테이블, 가구, 칸막이의 종류와 크기, 놓이게 되는 위치를 결정하는 단계이다. 시각적으로도 중요하지만 고객의 욕구와 기능성을 생각하여 가구를 배치하여야 한다. 단순하게 테이블 좌석수를 늘리면 고객들이 이동하는 데 불편하거나 서비스하는 데 지장이 있을 수 있으므로 고객이나 서비스하는 사람이 편리하도록 배치하는 것이 필요하다. 외식점포의 고객 특성과 업태를 고려하여 좌석을 배치하도록 한다.

마감재 디자인단계

최종단계로 바닥, 벽, 천장 등의 인테리어 마감 컬러와 재료를 확정하게 된다.

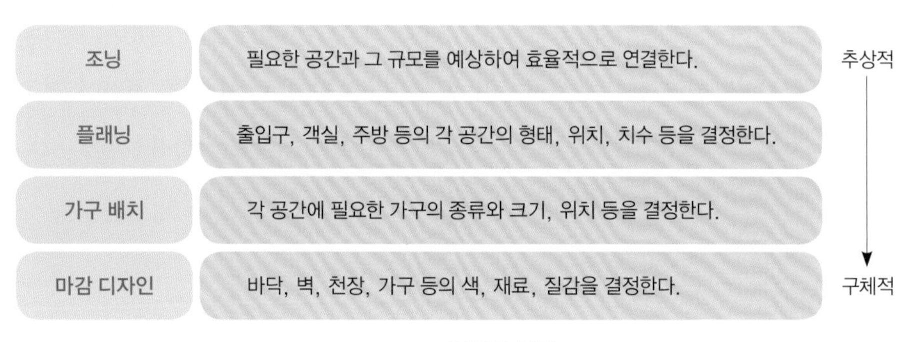

디자인 과정

재료의 강도와 내구성, 안정성을 세심하게 생각할 뿐 아니라 전체적인 조화를 생각하여야 한다. 컬러는 어떤 컬러를 칠하는지에 따라 전체 업소의 분위기가 달라질 수 있으므로 신중하게 선택해야 한다. 또한 마무리는 조명에 따라 분위기가 달라질 수 있으므로 이를 고려하여 마감을 선택해야 한다.

식공간 디자인의 목표

효율성

식공간 디자인의 중요한 목적은 먼저 효율성 추구에 있다. 식공간은 분위기가 좋으면 물론 좋겠지만 먼저 생각할 것은 음식을 통해 매출이 일어나야 한다는 것이다. 따라서 레스토랑의 목적에 따라 기능을 수행할 수 있도록 계획되어야 한다. 아무리 독창적이고 아름다운 식공간이라도 사용하기 불편하다면 공간의 가치는 떨어지므로 식공간은 인체공학적 치수를 기초로 하여 레이아웃이나 주방설비 가구배치 등이 효율적으로 이루어져야 할 것이다.

경제성

디자인의 목표 중 하나는 경제성이다. 최소의 비용으로 최대의 효과를 낼 수 있어야 한다. 경제성에는 인적자원과 물적자원이 있는데, 경제적인 식공간 디자인을 위해서 인적자원의 경우, 공간사용과 유지관리에 있어서 에너지와 시간을 최소화할 수 있도록 계획해야 하며, 물적자원으로는 기존의 시설을 재활용하거나 리모델링을 최소화하여 비용을 절감할 수 있다.

심미성

식공간 디자인은 기능성을 고려하되 아름다움이 요구된다. 아름답다는 기준은 시대적, 문화적 배경에 따라 각기 변할 수 있으며, 또한 각 개개인의 미의식 관점에 의해서도 차이가 있다. 하지만 아름다운 것을 보며 즐거워하는 것은 일반적인 사람들의 마음이므로, 이러한 욕구 충족을 고려한 디자인이 되어야 한다.

식공간 디자인의 요소

식공간 기본요소: 벽, 천장, 바닥 등

벽

벽(wall)은 실내공간의 수직적 요소로서 공간구성요소 중 가장 많은 면적을 차지하기 때문에 우리의 시선에 가장 먼저 지각되며, 외부환경으로부터 사람을 보호해주고, 개인의 프라이버시를 지켜준다. 벽은 공간의 형태와 크기를 결정하는 기

• 다양한 벽면

본적인 요소로 실내 또는 실외에 접하므로 내벽과 외벽으로 구분된다. 벽이 있으므로 외부 환경으로부터 격리, 보호하는 역할을 하며 또한 문이나 창문을 포함하여 우리의 시각적인 감성을 자극할 수 있다. 현대의 벽은 벽 본래의 기능 이외에도 장식화하여 미적인 요소를 가미할 수 있다. 벽은 색, 패턴, 질감, 조명 등에 의해 그 분위기가 조절될 수 있고 가구와 조명 등 실내에 놓이는 설치물에 대한 배경이 된다. 사람의 손때가 많이 타는 곳이므로 내구성이 강한 재료를 선택하는 것이 필요하다.

또한 벽은 높이에 따라 폐쇄적 혹은 개방적인 느낌이 드는데, 눈높이보다 높으면 그 공간은 폐쇄적인 느낌이 들고, 눈높이보다 낮으면 시각적으로 개방적인 공간이 된다. 일반적으로 1,700~1800mm 이상의 높이는 시각적으로 프라이버시가 보장되는 높이이고, 개방적 벽체는 눈높이보다는 낮은 벽체로 900~1200mm 정도의 높이이며, 상징적 벽체는 60mm 이하의 낮은 벽체로 편안하고 안락한 분위기를 요구하는 공간에 주로 사용된다.

천장

천장은 실내의 수직적 높이를 말하며 공간의 규모를 조절하고, 공간의 용도와 사용 목적, 콘셉트에 따라 결정되며 다양한 형태나 패턴 처리로서 공간을 변화시킬 수 있다.

낮은 천장은 포근하고 아늑한 느낌을 줄 수 있으며, 높은 천장은 시원함과 확대감을 줄 수 있다. 천장은 여러 실내 설비가 배치되는데, 전기조명, 통신, 공기정화, 방재 디바이스 등 이러한 설비들을 체계화하여야 산만하지 않게 된다. 벽재료 중 석재 이외에는 모든 재료를 천장재료로 사용할 수 있다. 벽과 천장의 마감재를 통일한다면 공간이 넓어 보이는 효과를 줄 수 있다. 천장은 실내 환경에 있어서 가장 동적인 디자인의 대상이 될 수 있는 부분이며 천장의 형태는 재료의 질감과 함께 실내 공간의 음향에 영향을 미친다.

바닥

바닥은 천장과 함께 공간을 구성하는 가장 기본적인 요소로, 바닥의 자재와 재질의 변화에 따라 다양하게 촉감을 자극한다. 레스토랑 바닥의 재질은 매장 분위기 연출뿐만 아니라 기능적인 측면이 고려되어야 하는데 흠집이 나기 쉽고, 한 번 공사하면 교체하기도 어려울 뿐만 아니라 비용 또한 많이 들기 때문에 내구성이 강하며 유지관리가 쉬운 것을 선택해야 한다. 바닥공사에 쓰이는 재료와 특징은 표 8-2와 같다.

바닥은 시선이 머무는 범위 내에 있어 실내 전체의 디자인에 미치는 영향이 크고, 시각적 요소와도 밀접한 관계를 가지므로 안전성이 좋고, 단열성, 내마모성, 내수성을 갖추는 것 외에도 촉감이 좋고 유지관리와 교체가 쉬워야 한다. 바닥의

표 8-2 바닥 재질의 종류 및 특징

바닥 재질	특징
카펫	실내의 분위기를 고급스럽게 연출해주는 디자인 요소 중의 하나로 촉감이 부드럽고 따뜻하며 탄력성이 좋고, 흡음성과 보온성 또한 단열효과가 크기 때문에 바닥마감재로 많이 쓰이는 재료 중의 하나이다.
목재	목재는 습도조절뿐만 아니라 공기를 정화시켜주고, 단열과 보온성도 좋아서 많이 사용되고 있다. 또한 촉감과 소리가 좋고 무늬와 색이 아름다우면서도 차분하기 때문에 실내를 구성하는 다른 유형의 장식물과도 잘 어울리는 재료이다.
석재	석재는 종류에 따라 패턴과 색이 다양하게 있고 불이나 부식에도 강한 특성이 있다. 석재가 거칠게 처리된 것은 소박한 자연미를 느낄 수 있으며 매끈하게 처리된 것은 화려한 느낌을 준다.

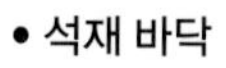

• 석재 바닥

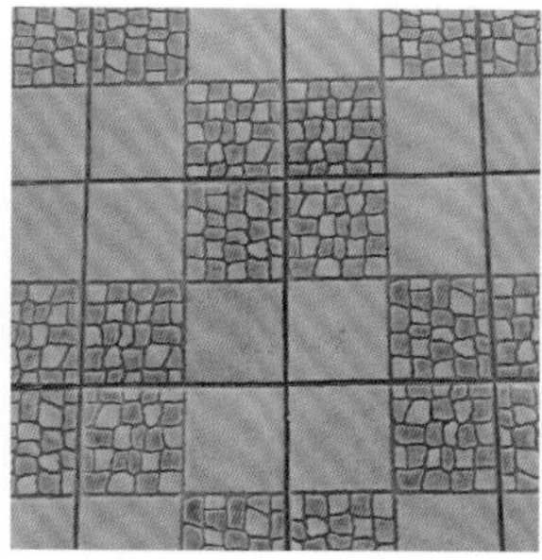

• 타일 바닥

• 나무 바닥

표 8-3 자재 종류와 적정 사용공간

자재	적정 사용공간						
	로비	계단	화장실	판매공간	사무실	휴게실	저장창고
콘크리트	X	O	X	X	X	X	O
타일	O	O	O	O	X	O	X
돌	O	O	X	O	X	X	X
탄성재	O	O	O	O	O	O	O
벽돌	O	O	O	O	O	O	X
목재	O	O	X	O	O	X	X
카펫	O	O	X	O	O	O	X

자료: 이승주 외(2004). 프랜차이즈 인테리어·디자인·디스플레이 사례연구. p.115.

마감재가 주는 느낌을 통하여 다양한 분위기를 연출할 수 있으므로, 이러한 마감재의 특징을 잘 파악하여 업종에 적합한 바닥 마감재를 선택하여야 한다.

공간의 분위기 요소

조명

조명(lights)은 실내공간의 원활한 기능을 발휘하기 위한 절대적으로 필요한 요소이며 동시에 중요한 장식적 요소이다. 공간 내의 조명은 물체의 형태를 결정, 지각하게 하고 실내에서 쾌적한 활동을 하도록 각 장소에 따라 일정량의 조도가 요구되는 기능적 조명이어야 한다.

레스토랑에서 조명계획은 점포의 분위기를 만드는 중요한 요소 중의 하나이며 레스토랑은 단지 음식을 제공하는 장소만이 아니라 음식을 통해서 만족된 시간을 보내는 공간이다. 레스토랑에서 조명만 변화시켜도 완전히 다른 분위기로 연출할 수 있어서 인테리어나 매장 실내 장식에 예산이 없는 경우, 조명계획을 잘 세운다면 그 약점을 충분히 보완해 줄 수 있다.

펜던트 조명의 경우 주점 등에서 많이 사용되어지는데 펜던트 조명은 가능한

• 벽 조명

• 천장 조명

• 레스토랑 조명

• 레스토랑 간접조명

테이블에 가깝게 내려와 직접조명으로 대화에 집중할 수 있도록 만들어준다. 자연스럽게 집중하게 되는 대화는 즐거워지게 되고, 술자리가 즐거우면 술 마시는 시간이 길어지고 업주 입장에서 보면 매출이 상승하는 것은 당연한 결과이다. 이렇듯 조명이 음식점의 영업에서 차지하는 비중은 매우 크다. 조명기법에 따라 동일한 인테리어의 레스토랑이라도 사람이 느끼는 감성은 전혀 달라질 수 있다. 조명이 실내분위기를 최종적으로 완성한다고 말할 수 있을 정도로 중요하기 때문에 레스토랑 디자인의 초기부터 전략적으로 세심하게 접근해야만 한다. 외부의 조명은 고객을 내부로 끌어들이도록 유도하고, 내부의 조명은 고객이 상품을 구입하고

표 8-4 **음식점의 공간별 기준 조도**

공간별	기준 조도	시간대별	기준 조도
객석	150~300lx	아침이나 점심, 저녁식사 (분위기에 따라)	323~538lx 53.8~323lx
객실	70~150lx		
계산대	500~700lx		
도입부	70~150lx		
주방	150~300lx		
카운터석	150~300lx		
화장실	150~300lx		
홀 통로	70~150lx		
계단	323lx		

자료: 진익준(2008). 창업성공의 인테리어.

표 8-5 **직접조명과 간접조명**

구분	내용
직접조명	빛의 90~100%가 아래로 향하는 방식이다. 광원이 직접 피사체에 닿는 조명 방식으로 전시장에서 주로 사용되어진다. 직접조명 방식은 극적인 빛과 그림자를 만들면 공간에 긴장감 있는 분위기를 만들어 내는 효과를 줄 수 있다. 경제적이고 효율이 좋다는 장점은 있지만 조도 분포가 균일하지 않은 단점이 있다.
간접조명	빛의 90~100%가 위로 향하는 방식으로 일차적으로 천장면이나 상부 벽면에 비추어주어 실내의 다른 물체나 벽에 반사 또는 투과되어 확산되어진 빛을 이용하는 것이다. 고객에게 감성적으로 다가갈 수 있는 연출이 가능하다. 간접광을 사용하면 사람들에게 부드럽고 아련한 느낌을 주기 때문에 편안하고 안정된 공간을 연출할 수 있다.

자 할 때 또는 서비스를 제공받는 데 있어 편안하도록 설계되어야 한다.

업종에 따라 차이는 있지만 식사를 메인으로 하는 업소에서는 조도가 밝은 것(600~120lx)이 좋으며, 주류를 메인으로 하는 업소는 약간 어두운 조명이 조화를 이루기 때문에 조도를 조절하는 것이 좋다.

색채

색은 인체의 뇌를 작용하여 연상 감정으로 연결되어 인간의 감정적인 심리와 생리 상태에 깊은 영향력을 가지고 있어 이를 충분히 이해하고 잘 적용하면 인체의 건강과 심리적 유익을 얻을 수 있다. 색은 공간뿐 아니라 음식 영역에서도 다양하게 표현된다. 각각의 식재료가 가지고 있는 색채에서부터 조리 후 접시에 음식을 담고 담은 음식이 테이블에 세팅되면서 접시와 음식, 테이블의 색의 조화를 통해 식욕을 돋우며, 심리적인 효과를 극대화시키는 역할을 하고 있다.

색채는 레스토랑의 분위기와 이미지를 창조하여 고객의 관심을 끌 수 있어야 한다. 식음료 공간은 미각과 직결되어지므로 색상의 선택은 매우 중요하다. 레스토랑 실내 벽의 색은 따뜻한 계통의 색이 좋다. 난색계는 따뜻하고 감정을 흥분시키는 특징을 가진다. 중성계 계통은 감정을 부드럽게 해주며 평정감을 주기 때문에 고급 레스토랑에서 천천히 식사를 즐기는 공간에 효과적이라 할 수 있다. 한색계통의 경우 차가운 감정을 느끼게 하여 냉정한 기분을 일으키지만, 후퇴성 컬러로 좁은 상점을 넓어 보이게 하는 효과가 있다. 식탁의 색은 음식물에 영향을 주지 않는 색을 사용하는 것이 좋은데, 노랑, 연두, 남색, 보라 계열은 피하는 것이 좋다.

색채는 마감재의 형태나 질감, 패턴 등과 결합하여 감성에 영향을 미치며, 마감재의 색 조합과 배색을 통하여 목표고객이 선호할 만한 외식 점포의 이미지를 고객에게 만들어 줄 수 있다. 적절한 색채 계획을 함으로써 심리적 안정감과 공간의 연출 효과를 높여 사용자가 안락한 생활을 할 수 있도록 해야 한다.

가장 이상적인 판매 공간의 색구도로 다섯 가지 이상의 색을 사용하지는 않는다. 주조색과 배경은 외식공간에서 마루, 벽, 천장 등이 해당되며 이는 전체의 70~75% 정도를 차지한다. 보조색인 2차색은 비품 및 창문처리에 해당하는 부분으로 전체의 20~25% 정도이다. 강조색은 레스토랑에서 포인트가 될 수 있는 색으로 도안 및 장비, 액세서리 등으로 전체의 5~10% 정도를 말한다.

가구

가구(furniture)는 인간이 편리하게 활동할 수 있고, 유용한 공간으로 만들어 주는 것으로 실내공간을 꾸미는 데 있어서 가장 중요한 핵심적인 요소이다. 가구는 그 모양과 놓이는 방법에 따라 실내의 분위기를 바꿀 수 있으므로 가구배치 시 가구와 설치될 공간의 성격 일치, 그림, 장식물 등의 조화를 고려하여 사용 시 불편하지 않도록 해야 하며, 사용 공간에 따른 목적에 따라 기능적인 면과 미적인 면이 동시에 요구된다.

레스토랑의 가구에는 테이블, 의자, 계산대, 선반, 수납장 등이 있다. 계산대는 일반적으로 식당의 출입구 가까운 부근에 위치하며 계산과 안내를 한다. 식탁과 의자는 기능, 크기, 용도, 공간의 성격, 가구배치, 다자인 등에 따라 그 구조, 형태 크기, 재질 등이 매우 다양하다. 일반적으로 유지상태, 컬러, 크기 배열 등이 시각적인 평가 대상이 되며, 동선을 고려하여 여유 있는 실내공간을 배치한다. 일반적

• 레스토랑 가구

으로 크기, 적합성, 내구성, 그리고 관리의 용이성 등에 대해 제한된 상황에서 가구를 결정할 때, 이런 각각의 요소들과 다른 것들 사이의 균형이 필요하다.

• 문양

문양

표면을 아름답게 하기 위해서 이차원적으로 적용된 장식으로 물체에 직접 무늬를 그리기도 하고 벽지나 마감재료에 무늬를 넣어 이용하기도 한다. 또한 직물이나 카펫 같이 제조과정을 거치는 동안에 무늬가 생기기도 하며 의도적으로 무늬를 넣어 직조하기도 한다. 반복된 문양(pattern)을 모티프(motif)라고 하며, 모티프는 자연에서 볼 수 있는 꽃이나 나무 등을 소재로 이용하는 자연적인 모티프, 자연소재를 단순화시켜 만든 양식화된 모티프, 추상적인 모티프 기하학적인 모티프 등으로 구분한다.

질감

질감(texture)이란 물체의 표면이나 재질에서 느껴지는 감각으로, 촉각적 질감과 시각적 질감 또는 구조적 질감과 외적 질감으로 분류한다. 손으로 만졌을 때 거칠다 혹은 매끄럽다고 느껴지는 촉감에 의한 질감을 촉각적 질감이라 하며, 무늬나 명암을 이용한 효과에 의하여 실제와는 다르게 매끄럽게 보인다거나 거칠게 보이는 질감을 시각적 질감이라 한다.

질감은 형성방법에 의해 구조적 질감과 외적 질감으로 나뉘는데 구조적 질감이란 재료 자체가 지닌 질감이나 제작과정에서 생기는 질감으로 구조적인 요구에 의하여 만들어진다. 구조적 질감의 예로는 나뭇결, 섬유촉감, 벽돌의 질감 등을 들 수 있다. 외적 질감이란 제조 후에 표면처리에 의하여 질감을 변화시키는 것이다. 직물이나 벽지에 무늬를 프린트하거나 요철이나 구김처리, 유리 만들기 등과 같이 일단 완성된 제품의 표면을 처리하여 질감을 바꾸는 것을 외적 질감이라 한다. 단

• 질감

일 색상의 실내에 있어서는 질감대비를 통해 다양한 변화와 드라마틱한 분위기를 연출할 수 있다. 단단하고 차가운 감각의 유리를 사용하거나, 자연의 소재를 이용하여 질감을 줄 수 있다.

소품류, 액세서리

액세서리는 실내 공간을 구성하는 여러 요소를 조합하기 때문에 기능적 측면보다는 시각적인 효과를 강조하는 장식적 요소가 강하다. 그러므로 공간에서 부수적인 악센트를 강조하고 실내에 활력을 부여하며 짜임새 있는 공간을 연출할 수 있도록 하는 것이 좋다. 즉, 공간 사용자의 취미나 취향에 맞게 개성적 표현과 미적인 효과가 극대화되도록 하는 것이 필요하다.

액세서리는 레스토랑의 실내 분위기를 생기 있게 연출할 수 있는 실내 디자인의 최종 작업으로 액세서리의 적절한 선택은 전체 실내공간의 질서와 통일감을 부여하면서 때로는 악센트로서의 기능을 갖기도 한다.

• 나무를 이용한 연출

• 와인과 와인글라스를 이용한 연출

• 액자를 이용한 연출

• 화분을 이용한 연출

식공간의 공간구성

식공간의 외부공간

식공간의 외부공간인 익스테리어(exterior)는 내부 인테리어(interior) 부분을 제외한 외부공간을 의미하며 건물, 외벽, 창문, 쇼윈도 등으로 구성되어진다. 이는 소비자와의 관계에서 처음으로 커뮤니케이션이 형성되는 곳이며, 불특정 다수의 통행인에게 공감을 형성하도록 하고 분위기를 만드는 강력한 매개체로서 레스토랑의 정책이 반영되어야 한다.

건물의 간판을 비롯한 건물외형은 레스토랑의 분위기를 빠르게 전달하며, 기업의 분위기에 대한 정보를 제공하는 중요한 역할을 하게 되므로 소비자는 간판만을 보고 방문을 결정할 수도 있다. 고객은 점포의 건물외관에서 풍기는 느낌이나 시각적인 면으로 이용 여부를 판단하는 경향이 있다. 간판은 잠재적인 고객들이 점포와 접촉하게 되는 시발점이라는 것을 명심하여 신경을 많이 써야 하는 부

• 식공간의 외부공간

분이므로 소홀히 취급하지 않도록 한다.

점포의 외관은 외장, 간판, 쇼윈도, 가게 앞 등 다양한 요소가 포함되며 전면 부분은 그중 가장 중요하다. 그렇기 때문에 점포의 분위기를 매력적으로 느끼도록 하여 들어가고 싶은 충동이 일어나도록 디자인해야 한다. 이를 위해 점포에서 취급하는 메뉴와 가격대를 홍보하는 배너나 음식모형을 전시하면 메뉴의 특성을 정확히 전달할 수 있다. 실내외 디자인은 브랜드, 메뉴, 사인물 등과 상호연계성 분위기 연출 자체가 고객을 흡인하는 마케팅 전략으로 작용하고 있다.

출입구는 고객이 자연스럽게 들어가고 나올 수 있도록 하는 것이 좋다. 지나치게 고급스러운 재질로 화려하게 해놓아도 부담스럽고, 촌스럽게 해놓아도 곤란하다. 물론 취급하는 품목과 전체 분위기에 맞게 시설을 하여 고객이 출입하는 데 있어서 심리적 또는 물리적 부담이 가지 않아야 한다. 출입구는 손님을 맞이하는 얼굴이다. 따라서 소형점포라도 최대한 넓게 만드는 것이 기본이다. 손님의 회전이 빠른 점포의 경우는 출입문을 쉽게 여닫을 수 있도록 가벼운 소재를 택하는 것이 좋다. 설계 시 고려되어야 할 부분은 출입구의 수, 위치와 방향, 출입구의 크기, 출

• 레스토랑 입구 음식모형

• 동선을 유도하는 사인

• 레스토랑 입구

입방식(전후 미닫이, 좌우 미닫이, 회전문, 문 등), 비상구 등이다.

식공간 디자인의 중요한 목표 중 하나는 동선을 최적화하는 것으로 주차공간에서 출입구까지의 거리가 고객의 입장에서는 레스토랑에 대한 첫인상이므로 레스토랑으로 유도하는 사인을 배치하거나 주차안내요원을 배치시켜 고객이 목적지를 정확히 파악할 수 있도록 해야 한다.

식공간의 내부공간

외식업장의 좌석배치는 하루 중 최대 손님이 많이 찾는 시간대의 예상고객을 감안하여 사업 검토단계에서 좌석배치가 이루어져야 하며, 고객은 음식의 종류, 객단가에 따라 레스토랑의 내부 환경에 대한 기대치가 다르므로, 좌석수와 실내 환경을 면밀히 검토하여 조성해야 한다. 레스토랑을 찾는 고객들은 일반적으로 창가나 벽이 있는 주변부에 착석하려는 경향이 있으므로 영업장을 공간 계획할 때는 고객의 착석 선호도를 고려해야 한다. 또한 객단가가 높은 업장에서는 시각적·심리적으로 프라이버시를 확보할 수 있도록 인접 좌석과의 공간배열을 고려해야 하며, 객단가가 낮은 음식점의 경우에는 고객 수용인원을 늘릴 수 있고, 종업원의 서비스 동선도 줄일 수 있는 방법을 고려해야 한다.

식사공간은 입구가 끝나는 곳에서 시작되어 주방 앞으로까지 이어지며 음료 서비스공간과 밀접하게 연동된다. 이는 좌석공간, 서버 스테이션, 환기와 공조, 음향과 조명 시스템으로 구성된다. 바닥을 올리거나 낮춘다든가 천정 높이를 달리하는 건축적인 방법이 식사공간의 분위기를 결정적으로 좌우하기도 한다. 샐러드 바, 뷔페 테이블, 디스플레이 주방과 커피나 에스프레소 같은 무알코올 음료 스테이션이 공간설계에서 고려되어야 하며, 식사공간은 그 레스토랑의 매출을 만들어 내는 공간이므로 전체 공간 중에서 많은 비중을 차지하도록 설계하여야 한다.

• 레스토랑 테이블

레스토랑 분위기는 고객이 레스토랑에 도착하여 나갈 때까지의 과정에서 접하는 모든 유무형의 사건을 총체적으로 말하기도 하고, 고객에게 감동을 줄 수 있는 모든 유무형의 요소들을 칭하기도 한다. 고객이 레스토랑 안에서 머무르는 시간이 연장될수록 오감에 노출되는 것이 많다. 이러한 분위기는 건축가와 레스토랑 컨설턴트, 인테리어 디자이너가 함께 만들어내는 기능적, 물리적 요소와 의장 등의 내용을 함축하고 있다.

공통의 상품을 판매하는 커피숍이나 바(bar) 같은 공간의 경우에 상품의 내용은 동일하지만 내부 인테리어(interior)나 익스테리어(exterior), 종업원의 행동까지도 디자인해서 소비자에게 다가서도록 노력하고 있다. 이는 장소에 따라 같은 상품이라도 가격이 다르게 매겨지고, 이러한 상황을 소비자들은 인정하고 소비하기 때문이다. 자판기의 콜라, 노점상의 콜라, 카페에서 판매하는 콜라는 모두 같은 상품이지만, 소비자는 공간에 따라 다른 금액을 지불하는 것을 당연하게 생각한다. 상품도 단순하게 동일 제품에 대한 추가요소를 인정한 소비자의 이러한 행동은 감성적이라 할 수 있다.

레스토랑의 분위기를 창출하는 인테리어의 주안점은 '멋진 점포'가 아니라 '어떻게 해야 고객의 구매 욕구를 높여서 매출로 이어질 수 있을까?'에 있으므로 내부의 모든 장식과 조명, 집기, 장비 등 모든 것이 이 포인트에 맞추어져야 한다. 이상적인 인테리어는 고객에게는 쾌적한 환경에서 식사하는 것이 편해야 하며, 주방장은 조리하는 데 편하고, 종업원은 짧은 동선에서 움직일 수 있다면 가장 이상적이라 하겠다.

외식 사업자가 목표고객을 위하여 조성한 레스토랑 분위기는 심리적 효과로, 고객의 오감(시각, 청각, 후각, 미각, 촉각)에 대한 효과의 결과라 할 수 있다. 레스토랑 안에서의 배경음악(BGM)이나 벽에 붙어 있는 액자, 미술품 등의 소품 역시 레스토랑의 분위기를 좌우하는 요소이다. 특히 배경음악에 따라 고객층이 분류되기도 하고 배경음악의 빠르고 느림에 따라 매상에도 영향을 미치게 되기 때문에 목표고객에 따라 레스토랑 분위기와 맞는 배경음악을 준비하는 것이 필요하다.

테이블과 의자

카페의 테이블과 의자를 디자인한다는 것은 음식을 먹는 장면의 연출을 의미한다. 따라서 먹고 마시는 행위의 주변에 손님이 무엇을 요구하느냐에 따라 그 크기, 높이, 형태, 배열 등 전혀 다른 것이 중심이 된다. 의자와 테이블의 관계는 각각 다른 존재가 아니라 의자·테이블이라는 하나의 계통으로써 받아들여야 한다. 테이블의 기능은 의자에 앉은 사람과 요리나 음료를 원활한 위치 관계로 유지시키는 것이다. 테이블과 의자를 배치하는 데 있어서도 커플을 위한 자리인지, 친구끼리 대화할 수 있는 개방적인 공간인지에 따라 달라질 수 있다. 또한 이용 방식, 입지 조건에 따라 달라진다. 이용고객이 신세대, 비즈니스맨, 여성, 가족 혼자 오는 사람 등 손님들의 계층이 다양하기 때문에 여러 요소가 조화를 이루는 의자, 테이블 디

• 레스토랑 의자와 테이블

자인이 이루어져야 한다. 이러한 것에 따라 평면적으로 마주 보고 앉거나 바깥을 향해 앉거나 내부를 향해 구심적으로 앉거나 고저 차를 이루고 앉는 등 공간 안에서의 사람들의 위치 관계가 정해진다.

또 앉는 방식은 편안히 장시간 앉거나 좌석 상호의 프라이버시가 확보된 자리 또는 열려 있는 개방적인 자리에 앉는 것은 기능·심리 면에서의 선택도 된다. 즉 의자와 테이블은 인체를 지탱하고 음식을 먹기 쉽게 해주는 역할 이외에 공간에 작용하여 사람들의 관계를 결정짓는 역할과 공간 속에서 시간적 오브제로서의 역할 등을 겸하고 있다. 특히 의자를 배정하는 것은 시선의 높이를 정하는 것이므로 테이블의 높이, 천장의 높이, 파티션의 높이 등이 결정된다.

테이블 객석 세트의 필요 치수

한 세트의 객석 치수는 점포의 크기나 형태, 업종, 객층, 입지 등에 따라 차이가 있지만 음료 중심의 경우는 최소한의 치수로, 식사 중심의 가게는 큼직하게 생각하는 것이 일반적이다. 테이블을 들일 때는 4인용과 2인용을 적당히 섞어 놓는 것이 필요하다. 4인용만 두게 될 경우 혼자 오거나 2인이 오더라도 4인용에만 앉아야 하므로 효율성이 떨어지기 때문이다. 4인용 의자인 경우, 테이블의 가로 폭을 4

• 레스토랑 테이블

인용 의자의 최소치 900으로 하면 한 사람당 450이 되어 극장이나 지하철 좌석과 같고 나란히 앉을 경우는 거북하지만 보통 팔꿈치 위는 통로로 밀려나서 사용되므로 통로 공간과 겸해서 쓰이는 것을 내포하고 있다. 2인용 객석은 테이블을 고려해서 4인용 의자의 절반으로 생각하지 말고 조금 넉넉하게 계획한다. 4인용 의자를 2인용 테이블 2조와 맞붙인 상태로 레이아웃을 해두면 상황에 따라서 분리되고 자유로운 객석 배치가 가능해진다. 이 경우 테이블 모서리에 각을 주지 않는 편이 접점에 틈이 생기지 않으므로 좋다.

테이블과 객석 수

마주보고 앉는 경우에는 테이블에 대한 한 사람당의 필요 간격을 450~600으로 산정하면 필요 객석에 대한 테이블의 치수가 결정된다. 원형 테이블에서는 지름 400 정도가 혼자서 사용할 수 있는 공간이다. 이것을 기본치수로 해서 각기 지름 150을 플러스하면 2인석 550, 3인석 700, 4인석 850이라는 적정한 크기를 산출해 낼 수 있다. 이러한 계산으로 한다면 한 사람당 사용 가능 스페이스(원에 내접하는 다각형의 한 변의 길이)는 지름이 커짐에 따라서 작아지지만 마주하는 객석과의 사이에 여유가 확보된다. 더구나 테이블의 지름에 원주율 3.14를 곱해서 원주를 산출

• 레스토랑 내부공간

하고, 의자 폭으로 나누어 계산하면 설치 가능한 의자 좌석수가 확인된다.

계산대

계산대(counter)는 고객의 안내부터 시작하여 점포 내에서의 냉난방, 조명, 음향 등 다기능적인 공간으로 카드 단말기 등을 배치하고 서비스나 부가가치를 높이기 위한 포장이나 정보 전달 등 커뮤니케이션 공간으로 이용되는 곳이다. 카드 이용자가 많아져 서명하기 용이한 높이에 계산대가 있어야 하며 고객에게 적극적인 서비스와 커뮤니케이션을 하기 쉽고 고객이 인지하기 쉬운 위치에 설치하는 것이 필요하다. 계산대의 위치는 출입구 근처로서 전체적으로 고객의 동향을 잘 살필 수 있는 곳이 적절하고 전기와 설비계통 등을 조절할 수 있는 스위치를 설치한다.

화장실

최근에는 외식업의 화장실 인테리어도 청결하고 고급스럽게 변화하고 있다. 아무리 외식업체의 음식이 훌륭하여도 화장실이 지저분하다면 고객들은 청결하지 못한 업체라는 이미지를 가지기 때문에 화장실의 이미지는 중요한 점포경쟁력이 될 수 있다. 따라서 화장실은 레스토랑의 시각적인 이미지를 평가하는 데 절대적인 영향을 미치는 매우 중요한 요소이다. 세면대 주위가 물이 흘러넘치거나 휴지도 바닥에 지저분하게 떨어져 있다면 맛있게 먹었던 음식의 맛을 떨어뜨릴 것이기 때문에 화장실의 청결은 항상 신경 써야 한다.

적정 화장실의 규모는 예를 들어, 좌석수 150석을 갖추게 될 음식점의 화장실을 계획할 때, 남자 고객 40%, 여자 고객 60%의 내점을 예상한다면 적정한 규모는 다음과 같다.

표 8-6 적정 화장실 규모(좌석수 150석) (기준: 개당)

구분	대변기		소변기	세면기
	남자	여자		
일반음식점	25~50명	30~60명	60~100명	25~50명

• 화장실 남성용 표시

• 화장실 여성용 표시

• 화장실 내부

• 화장실 세면대

동선 계획과 통로

손님에게는 순서에 따라 요리가 빨리 나와서 음식을 먹고 대화할 수 있어야 하고, 종업원은 서비스가 원활히 이루어지도록 통로의 공간구성이 필요하다. 서비스는 주방과 객석 사이의 왕래이므로 종업원의 1일의 보행 거리는 상당히 긴 것이 된다. 따라서 서비스 동선을 단순화하고 보행 거리를 단축하기 위해 주방의 위치를 고려해야 한다. 점포의 규모에 따라 다르지만 주요 통로는 900~1200, 주요통로에서 갈라진 통로인 부통로는 600~900, 박스석으로 이르는 최종 통로로 하여 보조통로 400~600, 이런 식으로 단계적인 계획을 해야 한다. 중요한 서비스 동선은 겹치지 않도록 한다.

식공간과 인체공학

인간과 환경 안에서 이루어지는 기능과의 관계를 연구하는 학문을 인간공학이라 하는데, 이는 인간과 환경과의 사이에서 최적의 관계를 형성하기 위하여 인체측정학 자료를 사용하게 된다. 과거 비행기 조종실, 우주선 캡슐(space capsule), 군사장비들과 같은 복잡한 기술적·기계적인 상황에 관련된 것에 인체공학이나 인간공학이 쓰여 졌다. 오늘날에는 이러한 인체공학에 대한 수많은 연구는 자동차, 가구, 전자제품, 컴퓨터 등의 다양한 분야의 디자인에 적용되어 보다 인간의 생활에 보다 편리하게 사용되도록 디자인되고 있다.

외식산업분야에서도 인체공학은 주방이나 식당의 시설기준을 정하는 데 중요한 척도가 되고 있다. 그러나 개인마다 신장의 편차가 있으므로 모든 사람에게 같은 기준이 적용될 수는 없지만 주방이나 식공간 장비에 대하여 기본적인 요구조건을 이해하는 데 도움이 될 수 있다.

공간 디자인을 하는 데 있어서 인체공학의 크기를 이해하고 적절하게 사용하는 것은 매우 중요하다. 왜냐하면 실내 디자인은 쾌적한 생활공간을 창출하는 것이 목적이기 때문에 무엇보다도 인간생활에 알맞은 크기의 공간 조성이 되도록 해야 한다. 인간의 기준에서 크기가 너무 크거나 적지 않고 적당한 것을 휴먼 스케일이라 하며, 현재 우리들이 생활하고 있는 공간이나 모든 설비는 인간의 크기를 기준으로 높이와 넓이 등이 결정되어 있다. 의자, 탁자, 계단, 스위치, 개구부 등의 높이, 크기 모두 휴먼 스케일에 의해 결정되며 역으로 이러한 사물들의 크기로 인

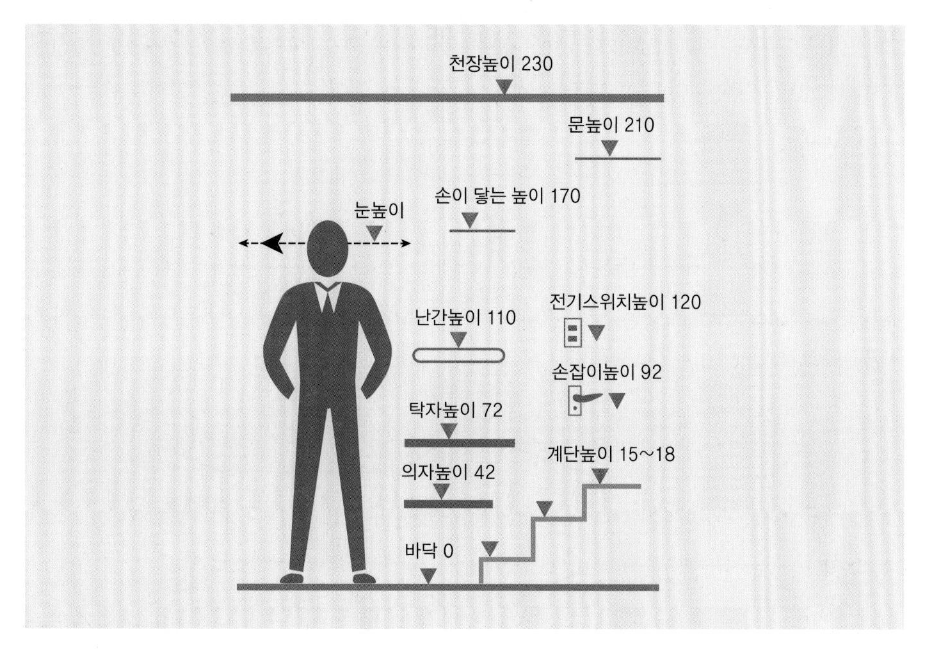

• 인체를 기준으로 한 높이

해 공간의 크기를 측정할 수도 있다. 외식공간을 디자인할 때도 같은 업종의 공간이라도 공간의 크기에 따라 그 분위기적 요소들의 선택방법이 달라지므로 어떻게 디자인할 것인가를 모색하는 단계에서 공간의 크기를 파악하는 것은 중요하다.

인간은 자신이 처해 있는 주변환경 속에서 어느 정도의 개인적 공간을 필요로 한다. 이 개인공간은 사용자가 심리적으로 느끼는 친숙의 정도와 사용자가 하고자 하는 행위의 범위에 따라서 크기와 형태가 변할 수 있는 유동적 영역으로 이해될 수 있다. 예를 들어 엘리베이터 안에서 많은 사람이 탔을 경우 좁은 공간 안에서 사람들은 서로 가능한 옆 사람에게 닿지 않게 하려고 어깨를 움츠리고 조용히 있으려는 자세를 취한다. 이렇게 좁은 공간일수록 사람들은 비어 있는 위의 공간을 응시하는 경향이 있으며 좀 더 넓은 공간의 필요를 느낀다. 즉, 개인공간에 대한 사례이지만, 디자이너는 실내공간에서 상황에 적합하게 각 개인의 공간에 대한 개념을 명확히 파악하는 것이 필요하다.

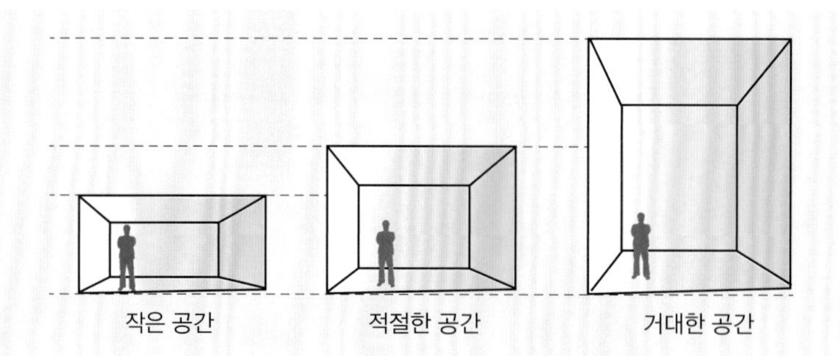

• 공간의 크기

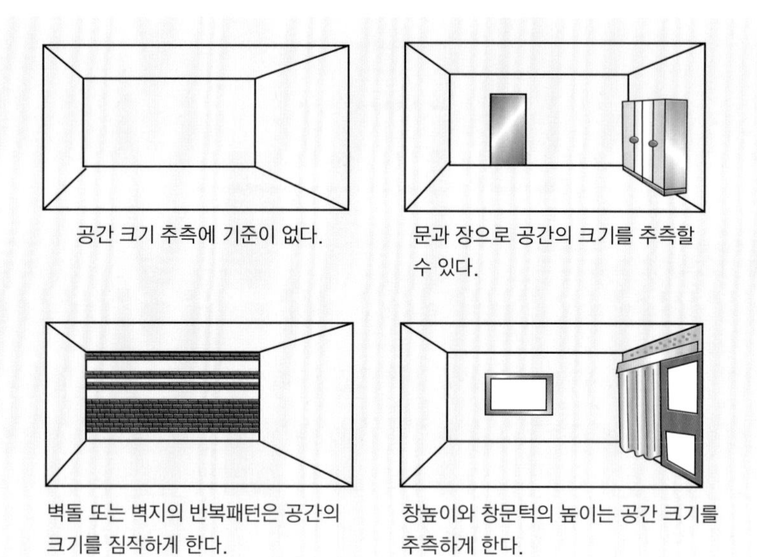

• 공간 크기의 기준

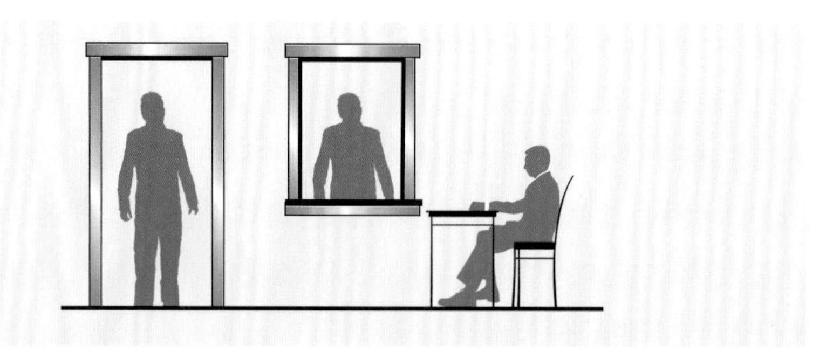

• 문, 창문, 테이블(인체 크기에 의해 결정됨)

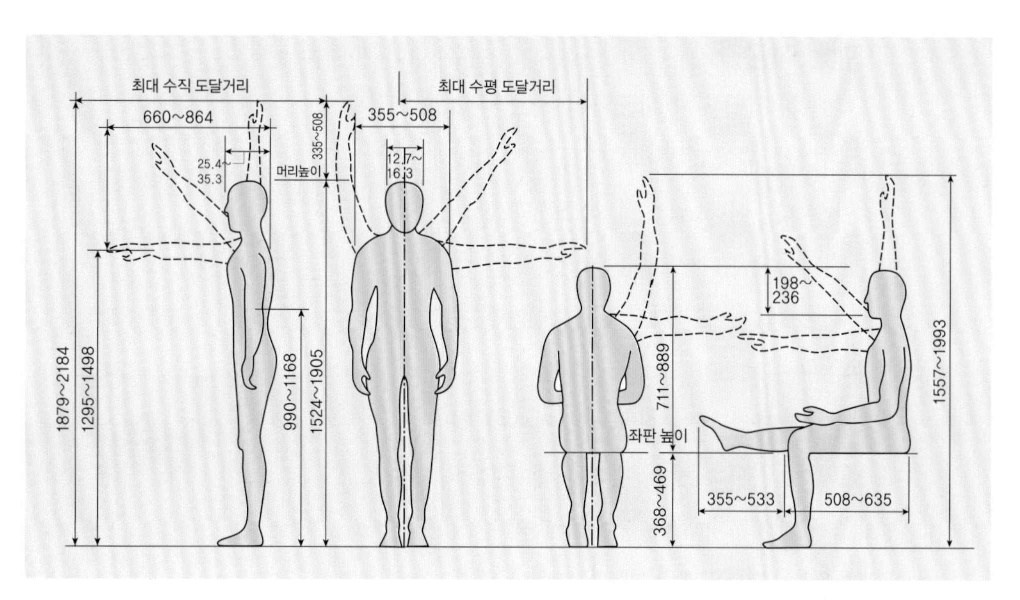

• 인체치수

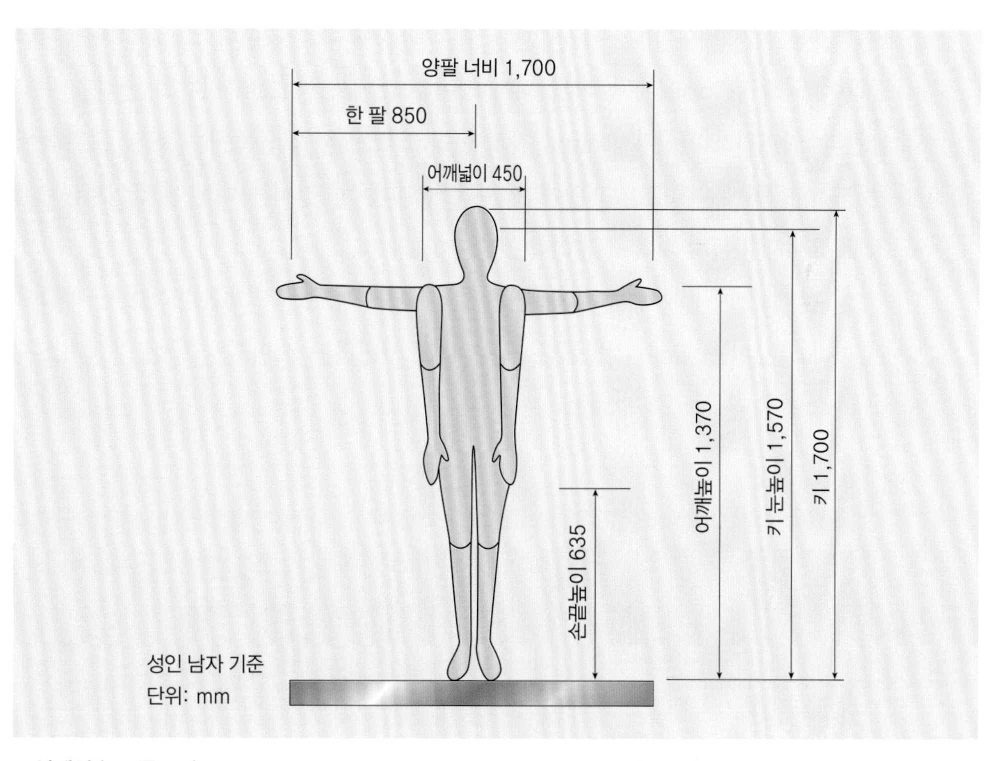

• 인체치수 표준크기

개인 식공간

테이블 세팅은 인체공학적으로 사람이 식사하기 편하고 쾌적하도록 디자인되어져야 한다. 이를 위해선 최소한의 공간이 마련되어야 한다. 인체공학적으로 한 사람의 어깨 폭 넓이인 가로 45cm(성인의 어깨넓이)와 세로길이 35cm(무리 없이 손이 뻗어지는 범위)가 개인 식공간의 기본이 된다. 이 안에 식사하는 데 필요한 테이블 구성요소를 배치하게 된다. 옆 사람과의 간격은 약 15cm 정도 확보하게 되는데 이 공간은 공유공간으로 식사 시 옆 사람과 부딪히는 것을 방지할 수 있다. 이는 인체공학적 특징에 따른 것이다. 그 중심에는 디너플레이트(dinner plate)가 놓이게 되며 테이블 끝에서 약 2cm 전후의 간격을 두고 놓는다. 커트러리 역시 3~4cm의 간격을 두고 놓게 되며 왼쪽에는 포크, 오른쪽에는 접시, 안쪽에 나이프, 그 옆에 스푼이 놓인다. 빵 접시는 디너 플레이트와 1/3 정도 겹쳐지게 되며 왼쪽에 놓인다.

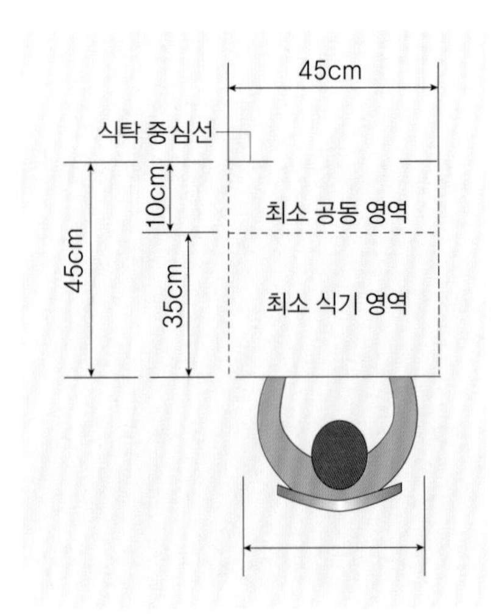

• 최소 개인 식공간 영역

식사실의 가구배치 테이블의 높이는 75cm 정도가 인체공학적으로 적당하며 의자의 넓이는 50cm 정도이다. 의자 뒤로 서빙하는 사람의 이동이 가능하도록

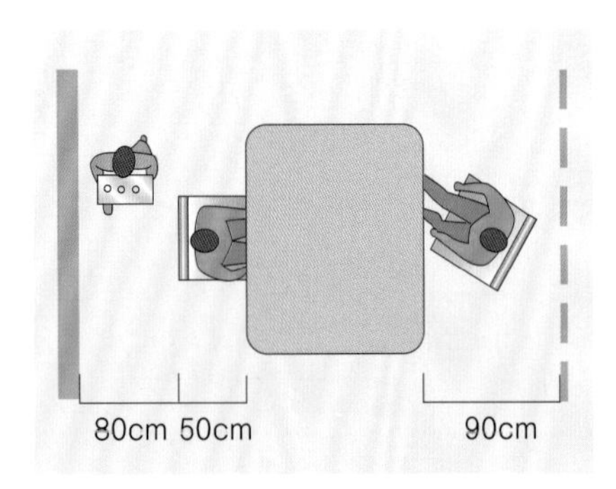

• 식사실의 가구배치

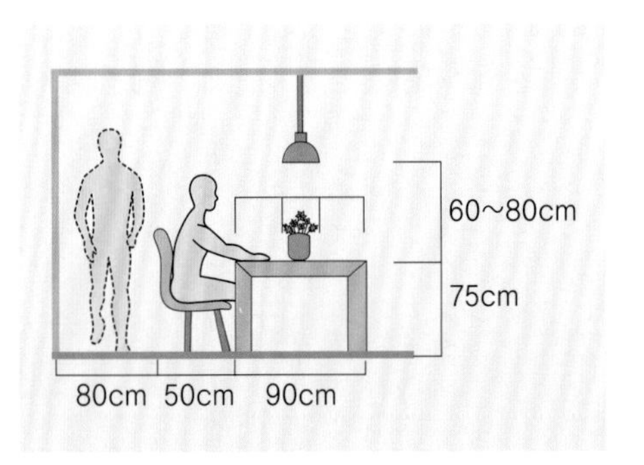

• 식사실 가구배치 단면

80cm의 간격이 있어야 한다.

공유 식공간 서비스공간

여러 사람이 함께 식사할 때 테이블에서 움직이는 활동범위와 집기 등의 동작 치수에 따른 적절한 공간계획이 필요하다. 공유 식공간은 생활관습이나 음식의 종류, 식사의 목적, 서비스의 정도 등에 따라 달라진다.

음식점에서 테이블과 의자를 배치하는 것은 음식 장면을 연출하는 것이므로 먹고 마시는 행위의 주변에 손님의 요구에 따라 그 크기와 높이, 형태, 배열 등 전혀 다른 것이 중심이 될 수 있다.

음식점의 매출은 한정된 시간인 점심과 저녁에 고객이 집중되는 특징이 있으므로 테이블과 좌석을 적절하게 배치하는 것이 필요하다. 4인용의 테이블만을 배치해 놓는다면 혼자 식사하러 오는 고객들도 4인용에서 식사를 해야 하기 때문에 좌석 회전율에 있어서 효율적이지 못하다. 따라서 다양하게 1인용, 2인용, 4인용 테이블을 적절히 배치하는 것이 필요하다. 또한 좌식 혹은 입식인지에 따라 장시간 앉거나 혹은 회전율을 높일 수 있으며, 좌석 간의 파티션이나 룸을 통하여 프라이

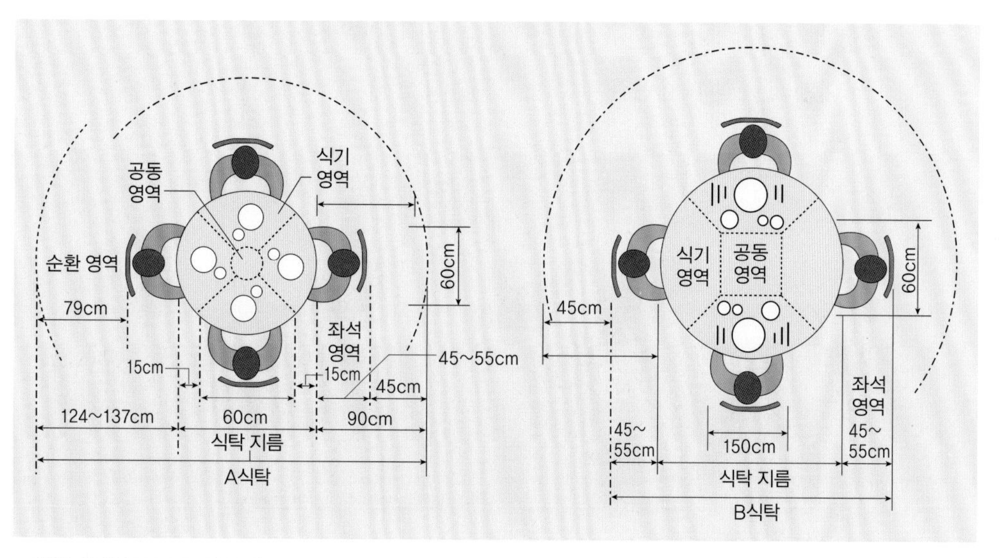

• 원형테이블의 공유 식공간

버시가 확보된 자리에 앉는다든지 혹은 열려 있는 개방적인 자리에 앉음으로써 기능면, 심리면에서의 선택도 된다.

한 사람의 테이블에 서비스를 하기 위하여 허용되는 영역은 최대한의 신체폭 × 45.7cm이다. 따라서 앉은 고객의 뒤를 통과하려면 최소한 76.2cm의 공간이 필요하다. 그러므로 1인의 서비스 영역인 45.7cm+1인 순환 영역(76.2cm)은 121.9cm가 된다.

1인이 앉은 의자 깊이는 테이블 가장자리로부터 45.7~61cm인데, 일어서거나 앉을 때 30cm 정도 의자가 뒤로 밀려날 것을 예상하면 76.2~91.4cm를 차지하게 된다.

레스토랑 규모에 따라 다르지만 주요 통로는 90~120cm, 주요통로에서 갈라진 통로인 부통로는 60~90cm, 박스 석으로 이르는 최종 통로로 하여 보조통로 40~60cm, 단계적으로 계획을 해야 하며, 중요한 서비스 동선은 겹치지 않도록 한다. 고객접대가 빠르고 원활하게 가능하도록 서비스 동선을 단순화시키고, 종업원의 보행거리를 단축할 수 있어야 한다. 주통로부터 부통로, 최종 통로, 보조 통로

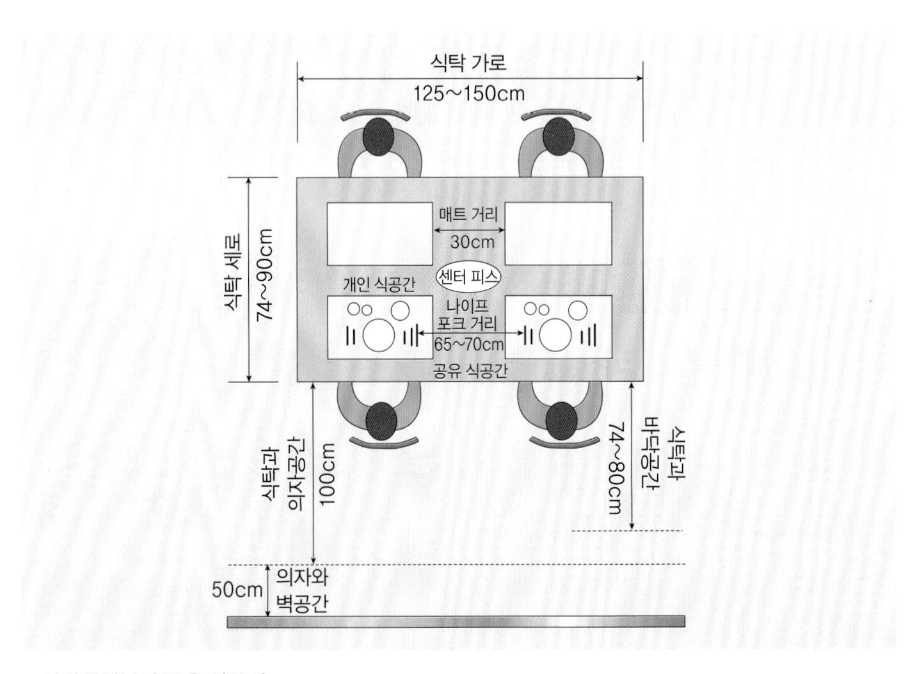

• 사각테이블의 공유 식공간

를 단계적으로 설정하고, 서비스 동선이 겹치지 않도록 한다.

음식점에서의 고객의 동선 흐름은 레스토랑에 입장하여 안내를 받은 후 식사를 하고 나가는 동선과 화장실이나 유아 놀이방 같은 부대시설을 이용하는 동선 두 가지가 있다. 식사만 마치고 나가는 경우 1회 왕복에 해당하지만, 화장실이나

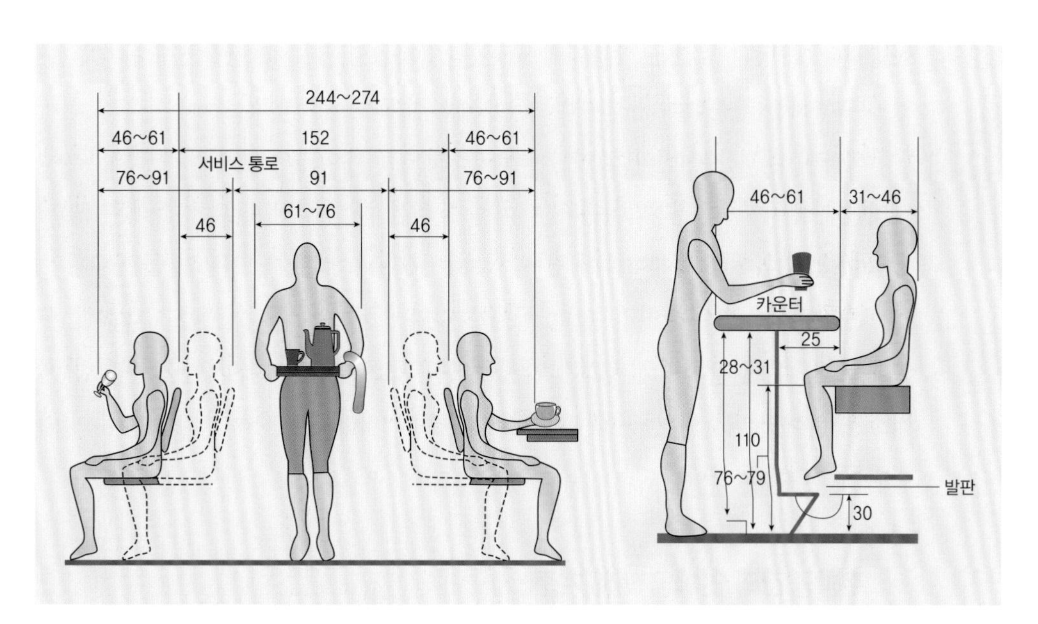

• 서비스 통로와 카운터 서비스의 필요공간

표 8-7 테이블의 기본 크기와 높이

	구분	2인용	4인용	6인용
사각형	가로	65~80	125~150	180~210
	세로	75~80	75~85	80~100
	높이	70~80	70~80	70~80
원형	지름	60~80	90~120	130~150
	높이	70~80	70~80	70~80
좌탁	높이는 33cm가 표준이다.			

• 테이블 사이즈 계산방법
- 가로(15+45)cmx사람 수+15cm
- 세로 = 35+35+15cm 이상 = 85~100cm

유아 놀이방을 이용하는 경우는 다회 왕복에 해당한다. 그렇기 때문에 출입구에 혼잡을 피하기 위해서는 출입구나 카운터 근처가 아닌 다른 곳에 화장실이나 유아 놀이방을 배치하여야 한다.

레스토랑의 객석공간에서 테이블의 용도에 따른 높이, 규격, 의자 규격, 세팅되는 기물의 종류에 따라 결정된다. 카운터 서비스는 회전율이 높은 휴게음식점에 적합하다. 주방의 공간은 작업자와 다른 작업자 1명 정도가 원활하게 움직일 수 있기 위해서는 카운터의 가장자리부터 92cm 정도가 필요하다.

의자의 배정은 시선의 높이를 정하는 것으로 테이블의 높이와 천장의 높이, 파티션의 높이 등이 결정되어진다. 테이블에 대한 한 사람당 필요한 간격은 450~600mm 정도이다. 원형테이블의 경우는 지름 400mm 정도가 1인용의 공간이다.

손님에게는 순서에 따라 빨리 식사가 나와서 편하게 식사를 하고 대화할 수 있고 종업원은 원활하게 서비스가 가능하도록 통로가 구성되어야 한다. 원활한 서비스를 위해 서비스의 동선을 단순화하고, 보행 거리를 단축하기 위하여 주방의 위치를 고려해야 한다.

주방공간의 인체공학적 기준

주방 근무는 평균 10~12시간 근무를 하기 때문에 주방 설비를 잘못 한다면 필요 이상으로 반복과 이동으로 근무의 효율성이 떨어진다. 이로 인해 고객에게도 친절한 서비스가 힘들고 피로가 누적되면 직장을 이직하는 것까지도 고려하므로 직원들이 편하게 근무할 수 있는 환경을 만들기 위해 주방작업의 흐름을 이해하고 그에 따른 주방설비를 배치해야 한다.

주방공간은 식품조리 준비공간, 조리공간, 세척공간 등으로 구분할 수 있는데, 준비공간의 경우 기능적으로 식재료의 전처리공간으로 주로 작업대, 수납장, 냉장고 등이 있고, 조리공간의 경우 조리 관련 장비와 작업대, 냉장고, 수납장 등이 유기적으로 연계되어 있어야 작업의 효율을 높일 수 있다.

작업대 앞에 평균 남자 조리사(키 약 170cm)인 경우 조리하는 작업인을 중심으로 좌우로 140cm, 앞으로 75cm까지는 큰 움직임 없이 관련된 업무를 원활히 처리할 수 있다. 작업 영역은 사용자가 바로 앞에서 행하는 공간으로 좌우로 팔을 뻗는 일이 없이 편안한 접근이 가능한 영역이다. 일반적인 주방작업대의 높이는 조리사의 평균 신장(170cm)으로 볼 때 약 85cm가 적합하다. 조리 시 편안하게 작업할 수 있도록 테이블 설치 시 높낮이를 조절이 가능하면 좋다. 작업대와 주방장비 및 머리 위에 위치한 선반과는 경제성과 안정성을 고려하여야 한다. 선반은 손이 닿는 거리에 있어야 하며 동시에 캐비닛 아래의 돌출이 가능하다. 선반의 높이가 약간 높은 것은 선반 아래 부분의 작업이 방해받지 않기 위해서이다. 싱크대는 작업대와 동일한 높이로 설치하지만 여성에 의하여 작업이 주로 이루어질 경우는 일반 작업대보다 높이를 약간 낮춰서 80cm로 설치하고 수도꼭지와의 거리도 60cm를 넘지 않도록 한다.

세척공간은 싱크대의 작업자와 다른 작업자와의 동선을 고려해야 한다. 싱크대에서 작업을 하는 중에 방해 없이 최소한 작업자 뒤로 한 명이 지나가기 위해서는 77cm 정도의 공간이 필요하다.

수납장의 높이와 작업 영역으로 공간을 효율적으로 사용할 수 있도록 하는 데에는 보통 작업자의 눈높이에서 작업대 표면까지의 높이가 이상적으로 작업할 수 있는 영역이며, 최대로 도달할 수 있는 영역은 182cm 정도이다. 그 이상의 경우는 이용하기에 불편하다. 또한 작업자가 앉을 경우도 있으므로 수납장으로부터

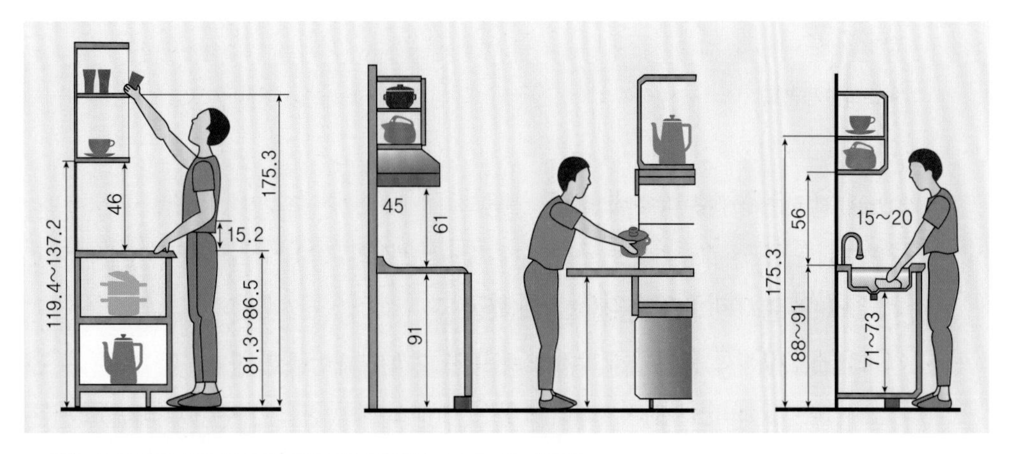

• 선반 수직 허용치와 설비의 공간이용도(준비, 조리, 싱크공간)

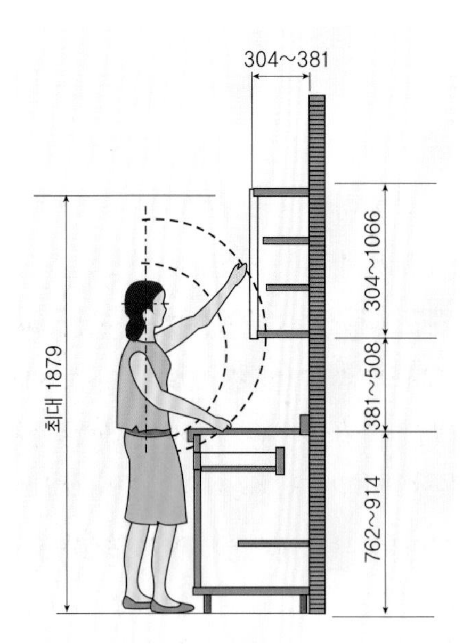

• 조리실 단면도

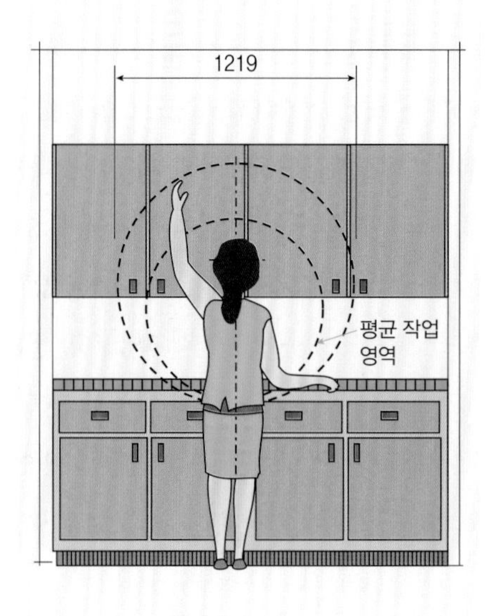

• 조리실 입면도

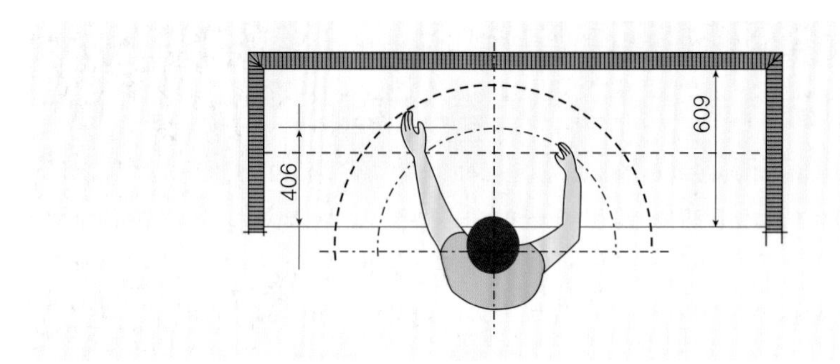

• 조리실 평면도

92cm 정도는 공간을 두어야 한다.

서비스 종사원의 업무동선 흐름과 특성

레스토랑에서 종업원의 서비스 동선은 고객을 테이블로 안내→물을 준 후 음식을 주문→서비스 제공→테이블 정리→퇴식구로 식기 이동이며 이런 동선을 적어도 4회를 왕복한다. 그러므로 홀과 객실의 중간에 서비스 스테이션(service station)을 두고 고객에게 제공될 메뉴판 및 테이블 세팅 물품, 컵과 식수 등을 서비스하면 종업원의 이동거리는 단축될 뿐 아니라 신속한 서비스를 제공할 수 있다. 또한 배식구와 퇴식구를 다르게 한다면 충동을 피할 수 있고, 식자재 반입 역시 별도의 출입구를 두는 것도 동선의 혼잡을 방지하는 방법이다.

고객의 통로와 좌석은 서비스요원과 충돌과 혼돈이 최소화할 수 있도록 계획해야 한다. 좌석배치는 식사하러 온 고객 수에 따라 몇 가지 범주로 나눌 수 있다. 좌석배치는 사교성이나 프라이버시(privacy), 그룹의 가변성, 다양한 수의 수용인원과 그들이 원하는 교류 정도에 따라 짜여 진다. 일반적인 식사공간은 패스트푸드의 경우 1인당 평균 1m^2, 정식당의 경우 1인당 약 1.5m^{2}를 기준으로 계획된다.

업종에 따라 의자와 테이블의 크기, 형태 안락성 등은 차이가 생긴다. 패스트푸드점이나 간이음식점은 짧은 시간 동안 가볍게 식사하므로 다소 불편하지만 소형의 딱딱한 의자와 테이블로 많은 수용 인원을 확보하고 이용회전율을 높여야 한다. 그러므로 구조, 재질면에서 내구성이 높고 유지와 관리가 쉬워야 한다.

고급음식점의 경우는 장시간 동안 앉아 음식의 맛을 즐기며 자유스러운 대화의 공간이 마련하여 안락하고 여유 있는 분위기가 되어야 하므로 한 좌석당 점유면적과 의자와 테이블은 편안하여야 한다. 불고기, 갈비와 같은 한식당 테이블 위에서 조리하는 음식점의 경우 보고 즐기면서 맛을 보게 되므로 미각과 함께 시각은 중요하다. 테이블에 열원기구의 장치를 고려하며 열, 연기 냄새의 배기를 위한 좌석당 환기시스템도 필요하다. 한식은 상차림이 커서 테이블의 상판 크기도 다소 커 4인용 테이블의 경우 120~135cm, 80cm 정도의 치수를 기준으로 한다.

레스토랑의 객석공간에서 테이블은 가장 중요한 시설이다. 테이블의 높이나 사용용도에 따른 규격은 의자의 규격이나 세팅되는 기물의 종류에 의해 결정되어진다. 이용고객의 신체조건도 영향을 받게 되지만 본문에서는 인체공학적 요구조건에 따른 대중화된 수치를 기준으로 하고자 한다. 대체로 공간은 의자를 포함한 신체의 깊이, 신체(어깨)의 폭, 1인 공간의 깊이, 공동 영역 등으로 구분할 수 있는데, 공간에 결정요소 중 공동 영역이란 소금, 후추, 화병, 촛대 등을 놓을 수 있는 공간이다.

CHAPTER 9

외식산업 이벤트, 파티, 전시공간 연출

CHAPTER 9

외식산업 이벤트, 파티, 전시공간 연출

이벤트 데이

발렌타인데이

발렌타인데이(St. Valentine's Day: 2월 14일)는 로마의 성발렌타인(St. Valentine)에서 시작되었다. 발렌타인은 당시 클라디우스라는 황제가 젊은 청년들을 군대로 끌어들이고자 결혼금지령을 내렸는데, 이에 반대하고 서로 사랑하는 젊은이들을 결혼시켜준 죄로 A.D. 269년 2월 14일에 순교한 사제의 이름이다. 그는 그 당시 간수의 딸에게 "love from Valentine"이라는 편지를 남겼는데, 이로 인해 발렌타인데이에 사랑의 메시지를 전하는 풍습의 기원이 되었다. 발렌타인데이가 연인들의 날로 알려져 있는 것도 이런 까닭이라고 본다.

또 다른 기원에 관한 이야기는 영국인들이 새가 짝을 짓는 날이 2월 14일이라고 믿었던 것에서 유래했다는 것과 봄이 연인을 위한 계절로 여겼던 데서 나왔다는 것이다. 발렌타인데이에 사랑의 글을 보내는 풍습은 1415년 영국에 포로로 잡혀간 프랑스의 오를레앙 공작 샤를르가 발렌타인데이에 런던탑의 감옥에서 부인에게 사랑의 시를 보낸 것에서 비롯되었다. 그러한 것이 보편화되기 시작한 것은

17세기에 이르러서이다. 18세기 중엽까지는 친구 간이나 연인 간에 연정을 표시하는 작은 선물이나 편지를 주고받는 것이 일반적이었으며, 18세기 말에는 인쇄술의 발전으로 인하여 인쇄된 카드가 널리 보급되었고, 19세기에는 연인에게 초콜릿을 보내는 풍습이 시작되었다.

성 페트릭 데이

성 페트릭 데이(St. Patrick: 3월 17일)는 아일랜드인들에게 처음으로 그리스도교를 전달한 정신적 지주인 성 패트릭(386~461년)을 기념하는 날이다. 아일랜드의 최고의 명절로서 이 날은 아일랜드에 기독교를 처음으로 전파한 선교사 성 패트릭(St. Patrick)의 사망일을 기리는 날이다. 성 패트릭 데이는 미국, 캐나다 등 아일랜드 이민자들이 있는 곳이면 세계 어디서나 지켜지는 대형 명절이고 이제는 전 세계인이 함께 즐기는 축제의 하나로 자리 잡고 있다.

성 패트릭 데이가 되면 사람들은 온통 초록색으로 치장을 하고 고적대와 함께 거리에서 퍼레이드 행사를 펼치고, 강물에 초록색 물감을 타며, 거리가 온통 초록색이 된다. 사람들은 초록색 옷을 입고 파티를 하며, 초록색 옷과 모자, 스카프, 신발 등을 걸치고 행진을 하기 때문에 온 거리가 초록색의 물결을 이룬다. 성 패트

• 발렌타인데이 초콜릿

• 성 페트릭 데이 파티

릭의 상징인 초록색은 생전에 성 패트릭이 클로버를 가지고 삼위일체를 설명한 데서 유래되었다.

보통 3월 16일부터 18일에 걸쳐 시내 곳곳에서 행사가 펼쳐진다. 이민자로 오랫동안 고국을 떠나 있더라도 자신들의 전통명절을 그대로 간직하고 다른 민족들과 나누는 풍속이 이제는 모든 사람이 함께 하는 축제가 되어 버린 것이다.

할로윈데이

서양에서 10월 31일 귀신 분장을 하고 치르는 축제로 영국 등 북유럽과 미국에서는 큰 축제일로 지켜지고 있는 할로윈데이(Halloween: 10월 31일)는 원래 기원전 500년경 아일랜드 켈트족의 풍습인 삼하인(Samhain) 축제에서 유래되었다.

켈트족들의 새해 첫날은 겨울이 시작되는 11월 1일인데 그들은 사람이 죽어도 그 영혼은 1년 동안 다른 사람의 몸속에 있다가 내세로 간다고 믿었다. 그래서 한 해의 마지막 날인 10월 31일, 죽은 자들은 앞으로 1년 동안 자신이 기거할 상대를 선택한다고 여겨, 사람들은 귀신 복장을 하고 집안을 차갑게 만들어 죽은 자의 영혼이 들어오는 것을 막았다고 하며, 이 풍습이 할로윈데이의 시작이다.

그러다 로마가 켈트족을 정복한 뒤 기독교가 들어오면서 교황 보니파체 4세가 11월 1일을 '모든 성인의 날(All Hallow Day)'로 정하면서 그 전날이 '모든 성인들의 날 전야(All Hallows' Eve)'가 되었고 이 말이 훗날 '할로윈(Halloween)'으로 바뀌어

• 할로윈데이 음식

오늘날에 이르게 된 것이다. 이후 영국 청교도들이 미국으로 이주하면서 미국에서도 할로윈 축제가 자리를 잡게 되었으며, 이제는 국민적 축제가 되었다. 미국·유럽 등지에서는 할로윈데이 밤이면 마녀·해적·만화주인공 등으로 분장한 어린이들이 "trick! or treat(과자를 안 주면 장난칠 거야)"를 외치며 집집마다 돌아다니며 초콜릿과 사탕을 얻어간다. 할로윈데이에는 '잭-오-랜턴(Jack O'Lantern)'이라 불리는 호박등이 등장한다. 속을 파낸 큰 호박에 도깨비의 얼굴을 새기고, 안에 초를 넣어 도깨비 눈처럼 번쩍이는 것처럼 보이게 만든 장식품이다. 할로윈데이의 주된 컬러(theme color)는 호박색인 주황색, 어둠을 상징하는 검정색이 있고 소재로는 박쥐, 해골, 검은 고양이, 스파이더맨, 배트맨 등이 사용된다.

크리스마스

예수 그리스도의 탄생기념일이다. 크리스마스(Christmas: 12월 25일)는 영어로 그리스도(Christ)의 미사(mass)의 의미이다. 'X-MAS'라고 쓰는 경우, X는 그리스어의 그리스도(크리스토스) XPIΣTOΣ의 첫 글자를 이용한 방법이다. 프랑스에서는 노엘(Noël), 이탈리아에서는 나탈레(Natale), 독일에서는 바이나흐텐(Weihnachten)이라고 한다. 또한 크리스마스 전날인 24일을 '크리스마스 이브'라고 하는데 초대 그리스도교에서는 하루를 전날의 일몰로부터 다음 날 일몰까지로 여겼기 때문에 이 전야인 이브가 중요시되었다.

• 크리스마스 연출

• 크리스마스 테이블

파티 연출

파티의 개념과 역사

파티는 원시시대 사냥을 통하여 소수 공동체가 음식을 같이 나누고 샤머니즘에 입각한 종교의식으로 교류와 화합의 장으로 현대에 와서는 만남과 소통의 중심으로 자리 잡게 되었다.

고대의 오늘날 파티에 해당하는 풍속은 제사였다. 수확물에 대해 신에게 감사를 드리는 제천의식을 통해 집단적으로 먹고 마시며 어울리는 공동체의 자리였다. 파티라는 명칭의 어원은 '향연(饗宴)'으로 거슬러 올라가 향연이란 '눈을 크게 뜬다.', '깜짝 놀란다.'는 의미를 내포한다. 즉 일상과는 다른 특별함으로 사람들이 모이는 목적이 있는 행위라 할 수 있다. 그렇기 때문에 파티는 사람이 살기 시작하면서부터 생겨난 삶의 축제이며 동시에 공동체의 단합과 결속, 동질감을 만들어주는 커뮤니케이션 수단으로 인간의 욕구를 충족시키며 집단의 힘을 과시하는 결속의 형태로 감성적인 접근을 한다.

2002년에 우리나라에서 치러진 축구만 보더라도 축구를 통하여 우리 민족은 하나의 공동체를 이루었으며 하나의 색을 가졌다. 이겨야 한다는 공통된 이념이 있었고 그것은 우리를 더욱 하나로 만들어 주었다. 또한 이러한 축제는 일상의 삶과는 다르다. 일상의 삶이 강제에 의한 관리라면 축제는 파괴와 자유가 있다. 평상시 생활에서는 생각조차 할 수 없을 정도의 행동, 차 위에 올라가서 태극기를 흔든다든지, 서울 시내 한 복판을 동일한 옷을 입고 집결한다든지 등 축제는 서로 간

표 9-1 일상과 축제의 차이점

구분	일상의 삶	축제의 기간
인간의 삶	갈등, 대립, 투쟁	화해와 우정, 연대감
노동	노동의 존재	노동으로부터 자유
이념	시익 우선	지유
윤리, 규범, 사회적 금기	강제력에 의한 관리	파괴

에 갈등과 대립보다는 화해와 연대감을 우리에게 주었다.

인간은 사회적 동물로서 최초 가족에서부터 시작하여 다양한 집단과 소통하게 된다. 태어나서 1년이 되면 돌잔치를 하게 되고 성년이 되면서 성년파티, 결혼식, 결혼기념일, 환갑 등 일상적인 만남을 넘어서 파티는 사회와의 특별하고 의미있는 만남을 가능하게 해준다.

파티의 국내 보급은 대한제국시기 미국으로부터 들어온 댄스파티 등 호텔에서 행해진 사교적 파티였고 근대화의 급속한 진행과 함께 결혼 피로연이나 기업의 파티, 상류계급에 의한 파티 등으로 확대되었다.

파티의 규모와 목적에 따라 용어는 다양하게 사용된다. 향연, 연회, 축제, 잔치 등 다양하지만 시대적 배경과 행위에 근거하여 명칭과 구분을 달리할 뿐 실질적인 내용과 취지는 모두 같다. 다른 점이라고 하면 서양의 파티나 우리나라의 잔치, 연회가 비슷한 의미를 가지고 있지만 우리나라의 잔치나 연회에서는 반드시 음식이 들어간다는 특징이 있다. 음식을 통하여 서로 어울리고 즐기는 문화가 우리나라 축제의 의미인 것이다.

우리나라 축제의 기원

우리 민족은 흥겹게 어울려 놀이를 즐기는 민족이다. 우리나라 축제의 발생시기를 정확히 추적하는 것은 불가능하지만, 노래와 춤을 비롯한 종합예술이 함께 한 것이 축제라 본다면 제천의례는 우리나라 축제의 시초라 할 수 있다. 고대 부족국가 중에 부여의 영고, 고구려의 동맹, 동예의 무천과 마한의 제천의례는 모두 종합 예술의 성격을 가진 축제였다.

제천의례는 흐드러진 놀이판이자 신성한 종교의 장으로 하늘에 제사를 지내고 음주가무를 즐기며 신과의 만남을 통해 그들의 소망을 빌었다. 또한 그들은 축제를 통해 액운을 없애고 복을 불러 풍요와 건강을 유지하기를 기원하였다.

원시시대의 축제는 농경사회의 발달과 근대 종교의 정착 등과 함께 발전을 거듭하여 고려시대에는 팔관회, 연등회, 나례 등과 같은 축제를 통하여 나라의 안녕과 흥복을 기원하는 축제가 되고 마을에서는 굿을 통하여 다 함께 어울려 노래와 춤을 추는 행사가 열리게 되었다. 하회 탈춤 또한 마을 굿 행사의 하나였으며 본래 마을 수호신이 하강했다는 것을 나타내기 위하여 사용되어진 탈과 춤이 시간이 흐르며 서민의 애환과 시대 풍자를 표출하는 예술의 장르로 발전되었다.

서양파티의 역사

유럽에서는 고대 그리스 시대부터 왕족·귀족들의 향연의 중심에 있었고 중심인물이었기 때문에 파티는 성대하고 극적인 요소의 연출이 필요하였다. 로마시대에는 콜로세움에서 사람과 사자가 격투하는 장면을 관람하면서 연회를 즐겼다. 사자와 사람의 싸움을 보면서 술과 음식을 즐긴 것이나 테이블에 놓인 장미꽃 대신 황금 장식을 하여 사람들을 놀라게 하는 등의 이벤트가 파티의 시작이라 할 수 있으며, 일상적인 식사가 아닌 의외의 이벤트적인 식사가 곧 향연이었던 것이다.

로마시대에는 황금과 장미꽃잎으로 장식한 화려한 식탁 연출을 하였고 연회에 참석하는 사람들은 황금을 머리와 얼굴에 뿌렸다. 그런가 하면 중세시대엔 '사포울티'라고 하는 장식 과자에 공작 모양의 아름다운 깃털을 곁들여 식탁을 치장하기도 했다. 네로황제 시대에는 정오에 시작한 연회가 다음날 아침까지 이어졌다. 줄리어스 시저의 개선식에는 1,022실에 2만 2천 개의 식탁을 준비하였고 참여자가 26만 명에 달했다고 전해진다. 그 당시의 연회스케일이 상상될 것이다.

파티의 역사는 이렇게 깜짝쇼 혹은 이벤트성 회합으로부터 출발했다. 또한 파티의 주최가 남성 중심이었으나 17세기 후반 이후부터는 여성이 주재하는 살롱이 파티의 중심이 되었다. 사교를 목적으로 한 파티의 유래는 16세기 프랑스 국왕 앙리 2세의 아내 카트린느 드 메디치로부터 시작되었다. 카트린느는 당시 공개석상에서 음식을 먹지 않던 귀부인들을 초대하여 즐겁게 식사함으로써 서양식 파티의 출발을 열었다. 메디치가의 카트린느 여왕으로 인해 이전에 식탐가에서 식도락가로 변화하게 되었다. 음식들은 소수의 특권적인 만찬을 더욱 화려하게 보이기 위해 식탁에 오르기 전에 먼저 집 앞의 광장에 전시되기도 하였다.

중세 시대에는 음식모형이나 관상용 장식품 등의 센터피스기 피티에서 시선을 사로잡는 이벤트, 향연에서 비롯되었다고 볼 수 있다. 파티 문화는 영국과 프랑

표 9-2 파티와 관련된 용어와 의미

용어	의미
파티	사교, 친목 등을 목적으로 하는 모임
잔치	경사가 있을 때 음식으로 손님을 대접
연회	축하나 위로 및 석별 등의 뜻을 위하여 여러 사람이 모여 주식(酒食)을 베풀고 가창무도(歌唱舞蹈) 등을 하는 일로 잔치, 연찬, 피로연과 같은 의미

스를 중심으로 유럽 전역에 퍼졌으며, 그들의 모임은 맛있는 음식과 특권의식을 바탕으로 갈수록 성대해졌다. 루이 15세 때의 문인과 예술가 모임인 살롱(salon)문화는 상류사회에 적극 수용되었다. 오늘날 같은 파티라는 용어는 18세기부터 등장하였고 무도회, 디너파티 등이 성행하였다.

파티의 분류

파티는 시간, 형식, 목적, 내용에 따라 분류된다. 오늘날에 와서는 생활양식 자체가 서구화되고 물질적인 풍요가 더해짐에 따라 파티지향이 점점 높아져가고 결혼, 피로연 등 테마를 가진 파티로 변화되고 있다. 개인의 정보를 수집하기 위해 파티에 가고 개인이 자기를 알리기 위한 파티를 열기도 한다. 또한 기업에 있어서는 판매촉진을 위한 인센티브 파티를 연출하기도 한다. 대화와 교류를 나누는 커뮤니케이션의 중요도가 인식되면서 새로운 시대적 조류가 전개되는 21세기에는 파티의 효용이 더욱 확대되어갈 것으로 기대된다.

시간별 분류

파티를 시간별로 분류하면 표 9-3과 같다.

표 9-3 시간별 파티의 분류

분류	시간	형식
조찬 (blackfast)	AM 8:00~10:00	아침 식사로 비교적 간단하게 진행되는 세미캐주얼 스타일의 식사이다.
브런치 (brunch)	AM 11:00~PM 1:00	아침과 점심을 겸한 시간에 차려지는 식사이다. 예전에는 부활절 아침이나 결혼식 날 아침에 공식적으로 차려지는 테이블이었지만 오늘날엔 휴일 아침 가족끼리의 늦은 아침쯤으로 받아들여지고 있다. 아침상보다 풍성하게 차려지며 전채부터 후식까지 코스로 즐기기도 한다.
점심 (lunch)	AM 11:30~PM 2:00	정식 오찬으로 비즈니스 모임 등이 열리는 사교시간이다. 테이블 세팅도 격식을 갖추어 코스별로 차리는 것이 예의이다.
티타임 (afternoon tea)	PM 2:00~4:00	여성적인 성향의 사교모임으로 규모나 내용에 있어 가장 소프트한 파티이다. 테이블도 화려하고 로맨틱하게 장식된다.
칵테일파티 (cocktail)	PM 5:00~7:00	저녁 식사 전 짧은 시간에 대화를 나누며 즐기는 파티로 음료를 마시고 가벼운 핑거푸드를 들면서 입식의 상태로 진행된다. 여러 종류의 칵테일과 소프트드링크가 준비되며 비교적 짧은 시간이 소요되는 것이 특징이다.
석찬 (dinner)	PM 7:00~10:00	인테리어부터 식기, 식탁 위의 장식품 등 총체적인 파티의 아름다움이 동원되는 격식 있는 자리이다. 클래식한 파티이므로 손님들도 정장을 하는 것이 예의이며 코스 요리로 식사가 준비된다.
애프터 디너 (after dinner)	PM 10:00~12:00	안돌레스라고도 하며 늦은 밤부터 자정 전후까지 이어진다.

목적별 분류

격식을 차린(formal) 파티로는 조찬회, 정찬회, 회식회, 만찬회, 무도회, 무도회, 음악회 등이 있고, 편안한(informal) 파티로는 티파티, 뷔페파티, 칵테일파티, 댄스파티 등이 있다. 한 개인의 라이프사이클과 간단한 파티로 생일파티, 집들이 파티 등 홈파티 형식도 많다. 각자 하나씩 준비한 요리를 들고 와 나누어먹는 캐주얼형식의 포트럭 피티니, 주부들끼리 모여 치의 간단한 요리를 즐기는 키친 파티 등이 그것이다.

포트럭 파티의 경우 파티주최자의 음식 부담이 줄어드는 대신에 파티공간을 파티와 어울리도록 아름답게 꾸미는 의무가 주어진다.

파티의 분류는 크게 비즈니스 파티와 개인이 주최하는 퍼스널 파티로 분류할 수 있다. 비즈니스 파티는 개최하는 목적과 콘텐츠에 따라 분류할 수 있으며 개인의 퍼스널 파티는 가족 파티와 개인 파티로 나눠질 수 있다.

비즈니스 파티는 특정한 목적을 달성하기 위하여 기업이나 정부 등 단체에서 전개하는 파티로 대부분 비즈니스적 필요에 의하여 이루어진다. 이러한 목적은 파티 전개에 가장 핵심이 될 수 있으며 기획과 연출도 이러한 전개에 따라 이루어지게 된다.

콘텐츠 파티 또한 파티의 주목적과 파티 구성의 핵심이 영화 혹은 패션쇼 등 주제에 맞는 구성이 이루어져야 한다. 이와 반대로 퍼스널 파티의 경우 소수의 개인이나 가족 중심으로 친목을 목적으로 전개하는 파티이다.

• 파티 음식 연출

표 9-4 파티의 분류

비즈니스 파티 (business party)		개인 파티 (personal party)	
개최 목적별	콘텐츠별	가족 파티 (family party)	전용 파티 (private party)
• 론칭파티 (launching) • 홍보파티 (PR/Publicity) • VIP파티 • 스태프(staff)파티	• 영화(movie) • 콘서트(concert) • 패션쇼(fashion show) • 댄스(dance)	• 어린이파티(kids) • 축하파티 (celebration) • 실버파티(silver) • 웨딩파티(wedding)	• 멤버파티 (members) • 동호회파티 • 제작파티 (production)

자료: 국제파티협회. 파티플래너 길라잡이, p.38, 수학사.

형태적 분류

① 풀 서빙 방식

풀 서빙 방식(full serving style)은 파티 중에서 가장 격식을 갖춘 형태의 스타일이다. 주최자는 초대객이 자리에서 편안하게 식사를 즐길 수 있도록 배려하며 초대객은 식사예의와 사교매너를 지키면서 좋은 분위기를 이끌어가도록 한다.

요리는 보통 코스요리로 서빙되며 요리와 함께 와인과 샴페인 등 음료도 준비된다. 요리 또한 맛을 유지하기 위한 온도와 모양을 갖추기 위해 적시에 각 개인의 앞자리에 서빙된다. 테이블 세팅도 가장 격식을 갖추어 커트러리, 글라스웨어 등이 상황에 알맞게 세팅된다. 테이블 데코레이션 부분도 화려하면서 품위 있는 연회를 위해 분위기 있게 장식되며 파티의상도 기본적인 매너를 갖춘 예의 있는 식사차림을 갖추도록 한다.

코스요리이기 때문에 초대객들은 정시에 참석하여야 하며, 파티가 끝날 때까지 자리를 지키면서 손님을 위해 최선을 다한 주최자에 대해 예의를 갖추는 것이 파티의 아름다운 사교 교류이다.

풀 서빙 방식은 사전 예비준비를 계획성 있게 진행해야 하며, 주최자는 초대객의 준비, 좌석의 안내와 배치, 식사서비스의 유연한 타이밍의 절차와 배경음악에 이르기까지 한 점의 실수가 없도록 좋은 분위기를 위해 노력해야만 바람직한 성과가 이루어진다.

② 약식 서빙 방식

뷔페파티(buffet style)는 요리가 개별적으로 서빙되는 것이 아니고 한정된 장소에 일괄적으로 요리가 세팅되어 있어 초대객이 셀프로 먹는 파티의 형식이다. 원래 프랑스어로 뷔페는 식기수납장을 가리키는 말이었다. 식공간의 식기 및 커트러리, 린넨 등의 수납장으로 오픈된 공간에 음식을 준비하여 그것을 덜어 먹었던 방식에 의해 오늘날의 셀프서비스를 뷔페 스타일 서비스라고 한다. 일명 바이킹 스타일이라고도 하며 오랜 항해로 인해 모든 음식을 테이블에 가득히 놓고 덜어 먹었던 형식에 의해 불러지게 되었다. 이러한 방식은 좁은 공간에 많은 사람을 초대해야 하는 경우 공간적 배려와 함께 조리와 서비스에 인원과 시간이 투여되는 것을 약식으로 진행하여, 편의성을 도모한 뜻에서 시작되었다. 요리는 코스요리와 같이 주로 전채요리에서 찬 요리와 더운 요리로 나누어지고, 생선요리와 육류로 세팅한다. 음식 가까이에 식기, 커트러리 등이 세팅되어 있어 먹을 수 있는 양만큼 덜어서 자리에 앉아서 먹거나 상황에 따라 서서 먹기도 한다.

한 접시에 여러 가지 요리를 섞이게 담아 먹는 방법은 음식 각각의 좋은 맛을 잃어버린다. 먹고 싶은 것을 먹을 수 있을 만큼 조금씩 덜어서 먹는 것이 음식 맛도 좋고 예의도 차릴 수 있다. 주최자도 요리의 맛과 요리의 양을 유지하기 위해 끊임없는 배려와 주의를 기울일 필요가 있다.

이밖에도 손님들이 서로 부딪히는 일이 없도록 입구와 출구의 흐름이 좋도록 구성해야 하는데 대체로 오른쪽으로 들어와서 왼쪽으로 나가도록 동선유도가 전개되게끔 배치한다. L자형 테이블은 공간의 코너에 배치될 때 효과적이고 원형이나 U자형 테이블은 공간의 중앙부에 배치되는 것이 바람직하다. 테이블이 벽을 따라 배치되어야 할 때는 보통의 직사각형 테이블이 좋고, 재미있고 다양한 공간을 연출하기 위해 여러 가지 형태의 테이블을 결합시키는 것도 고려해 볼 만하다.

뷔페 스타일의 파티에서 유의해야 할 점은 사람들의 움직임이 많기 때문에 복잡해 보이는 결점을 가지고 있다. 따라서 사람들의 시선을 강하게 머물 수 있도록 하는 장식이 필요하다. 예를 들면 꽃 장식, 아이스카빙 등 아이캐쳐로서의 악센트가 있는 장식 등이다.

파티의 구성

기본 요소

파티는 각본이 있는 드라마이다. 사람이 모이고, 이야기하고, 웃고, 감동받고, 시작과 끝이 준비된 전 과정에 필요한 연출과 노력이 깃들어야 한다. 테이블웨어 점검 및 배치, 커트러리와 글라스웨어 배열, 와인쿨러, 양초 및 꽃을 이용한 테이블 데코레이션 등 기본적인 파티 테이블 세팅을 돋보이게 만들어주는 계획과 아이디어가 필요한 것이다.

파티 플래닝의 가장 중요한 3가지 포인트는 파티에 모이는 구성인원, 시간과 장소, 테마 설정과 연출이다.

파티의 기본은 주최자와 손님이다. 초대하는 사람과 초대받는 사람으로 이루어진 구성멤버의 확인이 최우선 포인트가 된다. 초대객들로부터 초대한 일시와 목적 및 출석여부를 개별적으로 확인받는 것이 중요하다.

일시를 정하고 초대객의 리스트를 정하며 초대장을 보내 플래닝 노트를 만든다. 초대장 카드에는 게스트의 이름과 일자, 시간, 장소와 함께 주최자의 이름 및 연락처를 명기하는 것이 국제적인 공통서식이다. 이는 게스트의 참석여부에 대한 빠른 답을 이끌어내기 위한 회신용이다.

또 파티를 주재할 때는 파티주최자가 지닌 개성이 최대한으로 발휘될 수 있게끔, 파티 전체를 연출하는 감각과 센스가 필요하다. 파티의 도입을 무엇으로 잡고 클라이맥스는 무엇으로 하고 마지막은 어떻게 마무리할 것인가를 결정함에 있어 자신만이 가질 수 있는 테마를 컬러와 요리, 테이블 세팅의 각 측면에서 분명하게 정해야 한다. 계절감과 장소, 시간을 이미지화하는 일은 테마 설정의 핵심이며 특히 장소와 시간 설정은 파티의 성공을 좌우하는 중요한 요소가 된다.

무드를 고조시키고 드라마틱한 환상의 세계를 만들기 위한 조명의 사용이나, 테마를 강조하고 분위기를 연출하기 위한 메인 컬러의 설정, 감성에 영향을 주는 배경음악(B.G.M)의 활용 등 가능한 아이디어를 모두 동원해 명확한 테마를 구현하는 일은 파티의 성공을 위한 필수 요소이다.

파티에서 무엇을 얻을 것인가의 목표관리도 빼놓을 수 없다. 한 가지 목표만이 아니라 되도록 여러 가지를 동시에 달성하는 것이 효율적인 파티의 목표관리이다. '누가, 언제, 어디서, 무엇을, 어떻게, 왜'라는 전 과정을 통해 콘셉트의 통일을 확인하고, 연출, 조명, 음악, 장식 등이 각각의 독창성을 가지고 하나로 조화롭게 연출되어야 한다. 커뮤니케이션과 감동, 흥겨운 놀이와 교류가 파티의 핵심이며 본질이기 때문이다. 이것은 홈파티의 경우에도 마찬가지이다.

홈파티의 경우 테이블 세팅의 기본에 맞춰 파티 전의 수순을 진행해야 한다. 일단 테마가 설정되고 초대손님의 숫자와 규모가 확정되면 공간구성에 착수한다. 가정에서 열리는 파티의 경우 일반적인 집 스케일이 방문객이나 일시 거주자까지 배려한 크기는 아니기 때문에 최대한의 공간을 확보하는 일이 필요하다. 거실공간을 깔끔하게 연출하는 첫 번째 주안점은 벽연출이다. 벽공간은 일단 비워두는 것

• 파티 음식

• 파티 테이블

• 뷔페 음식

이 좋다. 그림이나 액자를 걸 경우에는 당일 파티의 콘셉트나 내용과 맞으면 무방하지만 그렇지 않을 경우는 집안을 좁아보이게 하고 복잡한 느낌을 준다. 주제에 맞는 테마 컬러의 설정도 홈파티에 개성을 부여해주는 요소이다.

좌석 배치

파티가 시작되면 사람들이 모이는 장소가 준비되고 자리가 마련된다. 오늘날 파티나 연회의 예절은 좌석 배치로부터 시작된다. 좋은 대화는 성공적인 파티에 주요소가 되고, 잘 짜여진 좌석 배치는 활기를 북돋우며 흥미로운 대화를 촉진시킨다.

좌석 배치는 주빈부터 시작하지만, 누구를 주빈으로 결정하느냐가 문제가 된다. 통상 주빈의 자리는 집주인과 안주인의 오른쪽에 놓여지고, 두 번째로 중요한 손님의 자리는 그들의 왼쪽에 놓는다. 10명 이상의 손님들이 앉게 될 경우 좌석표를 마련하는 것이 바람직하다. 가족모임에서는 가장 나이가 많은 사람이 주빈의 자리에 앉는다. 로마, 이집트, 메소포타미아시대의 연회에서는 태양에 가까운 자리가 상좌였다. 그 후로는 벽을 등진 자리가 최고의 자리로 통했다.

오늘날 격식 있는 디너파티에서도 테이블 자리 배치에 일정한 룰이 있다. 통상 남녀커플을 중심해 남성 주인이 문 가까이, 여성 주인이 가장 안쪽으로 앉는 것이 파티의 기본 좌석 배치이다. 결혼식 등 많은 사람이 모일 경우에는 초대손님의 이름을 기입한 네임카드 홀더를 세워 각자의 자리에 앉게끔 배려한다.

• 좌석 배치

파티의 좌석 배치는 보통 영국이나 미국의 스타일과 프랑스 스타일이 보편화되어 있다. 참고로 프랑스 스타일은 식탁 한가운데 자리 잡은 호스트를 중심으로 좌우측은 여자, 그 옆은 남자, 그 옆은 여자로

파티 좌석 배치의 동·서양적 특성

서양식 파티의 경우 손님을 부를 때는 혼자되지 않게끔 배려해 가급적 짝수로 하는 것이 상례이다. 통상 남녀를 교대로 섞어 앉히게 되는데 이런 관습은 커플들이 한 접시와 한 그릇의 음식을 함께 나누던 기사도 시대인 11세기로 거슬러 올라간다.

'같은 접시에서 먹는다.'라는 표현은 여기에서 나온 것이다(하지만 18세기 영국에서는 여성들은 테이블 끝 쪽에 앉았고, 남성들은 다른 쪽 끝에 가서 앉았다).

또한 19세기에는 손님을 반드시 짝수로 초청하는데, 한 손님이 부득이한 사정으로 못 오게 된 경우, 프로페셔널한 손님을 불러다가 다시 짝수로 채우곤 했다고 한다. 이러한 배치는 '까도르지엠(Quatorzieme)'이라고 불리었는데, 그것은 재수가 없다는 숫자인 13을 14로 바꾸기 위한 방편이었다. '까도르지엠'이 되는 것은 매우 고소득의 직업이었다.

그러나 우리의 경우는 좀 다르다. '배타적 안면문화'가 인간관계의 바탕을 이루는 우리는 기본정서상 초대객들이 저마다 주인과 친하다고 생각해 주빈석으로부터 먼 거리에 앉게 되면 소외감을 느낀다. 그런가 하면 앞자리는 잘 앉았거나 좌석 배치를 해도 끼리끼리 모여 앉는 성향이 강하다. 또한 모르는 사람끼리는 화합이 잘 안되어 낯선 그룹끼리 모였을 때 형식적 테마 이외의 내용적 테마가 없다. 그러므로 네임카드를 이용한 통상적인 좌석 배치는 우리 현실에 맞지 않는 방식이다. 그보다는 먼저 온 사람들이 선착순으로 착석하든가 하는 현실적인 배치방식을 고안하는 것이 바람직하다.

하는 식으로 남녀가 섞여 앉는다. 호스티스·호스트를 마주보고 앉으며 좌우측은 남자, 그 옆은 여자, 또 그 옆은 남자로 하는 식으로 섞어 앉게 된다. 이런 식으로 앉게 되면 식탁 길이뿐 아니라 마주앉은 사람끼리도 남녀가 섞어 앉게 된다.

한편 미국식은 식탁의 양편 끝에 호스트(우측)와 호스티스(좌측)가 단독으로 마주보고 앉는다. 손님들이 길이로는 남녀, 남녀 순으로 섞어 앉되, 같은 성끼리 마주보게 된다는 점에서 프랑스식과 다르다.

파티 매너

서빙 매너에서 와인이나 음료는 오른쪽, 요리는 왼쪽으로부터 서브된다. 그러나 가져갈 때는 전부 오른쪽으로 가져가므로 유의해야 한다. 음료를 서비스할 때 술은 남성, 차는 여성이 담당하는 것이 관례이다. 식탁에서의 행위는 하나씩 순차적으로 행하는 것이 원칙이다. 이를테면 와인을 마실 때는 포크와 나이프를 잠시 접시 위에 두는 것이 좋다.

파티 매너에 관해서는 영국식 매너가 대부분이다. 영국의 경우 기사도 정신을 비롯해 중세 이전부터 생활의 전 부문에서 신사의 예법과 규범이 사회적으로 강조되고 엄격하게 관리되어왔기 때문이다.

파티에 참석하였을 때는 먼저 호스트에게 인사를 하고 자연스럽게 행동하는 것이 매너이다. 파티는 다양한 분야의 사람들을 동시에 만날 수 있는 모임이므로 먹는 일에 집중하는 것보다 사교활동에 신경을 쓰는 것이 바람직하다. 교제 관계를 넓히는 기회가 될 수 있기 때문이다.

대화를 나눌 때는 음료만 손에 쥐고 음식 접시는 작은 테이블 위에 얹어놓는 것이 예의이다. 자기 이야기에 빠져 남의 얘기를 경청하지 못하거나 대화를 자기 중심적으로 이끌어가는 것은 삼가야 한다.

파티에는 여흥과 사교가 따르기 때문에, 파티가 끝난 후에도 적어도 한 시간은 남는 것이 예의이다. 떠날 때는 주인에게 짧지만 성의 있는 인사를 건넨다. 주최자 역시 답례의 인사말을 준비해 손님이 불편하지 않게 이끌어준다.

파티 플래닝

파티의 준비에서 마무리까지 전 과정을 총괄하는 체크리스트를 설정한다. 파티 플래닝의 단계별 준비로는 초대카드, 좌석 배치도와 파티 플래닝 노트 등의 리스트가 있다. 계획적이고 세심한 준비가 요구된다.

단계별 준비과정과 초대장, 플래닝 노트에 대한 자세한 내용은 다음과 같다.

표 9-5 **단계별 준비과정**

단계	제1단계	제2단계	제3단계
과정	• 파티의 방향성 • 파티의 콘셉트 • 개최자의 요구 • 게스트의 참가의향 확인	• 요리메뉴의 설정 • 조리의 방법 • 완성	• 테이블 데코레이션 • 네임카드 및 좌석 세팅 • 완료

표 9-6 **초대장(invitation card)**

• 게스트(For): • 날짜(Date): • 시간(Time): • 장소(Place): 주최측 전화번호:

표 9-7 **플래닝 노트(planning note)**

구분	내용
상황 (situation)	• 테마: • 게스트: • 스타일: • 장소:
메뉴 (menu)	• 오드블: • 메인 디쉬: • 디저트: • 술: • 음료:

(계속)

구분	내용
테이블 세팅 (table setting)	•이미지: •테마 컬러: •식기: •커트러리: •서비스 아이템: •린넨: •센터피스: •피기어: •그 외:

전시공간 연출

전시의 개요

전시(exhibition)는 공공에게 보이기 위한 여러 가지 제분의 물건을 수집해서 다수에게 보여주기 위한 정보 전달의 수단으로 인간과 인간 또는 사물이나 상황을 인간과의 관계로 구성하는 방법으로 통칭되고 있으며, 공간에 주제와 내용을 포함하는 커뮤니케이션 수단으로 정의할 수 있다. 전통적 정의로는 유무형의 특정 제품을 특정 장소에서 일정 기간 동안 홍보와 마케팅 활동을 함으로써 참가자에게 경제적 목적을 달성시키는 일체의 마케팅 활동을 말한다. 최근에 이르러서는 박람회의 기능이 단순 마케팅 수단이 아닌 신기술과 신제품의 소개, 브랜드 홍보, 참가자들 간의 네트워킹과 교육, 더 나아가 일반 참관자들의 엔터테인먼트의 장으로까지 그 기능이 확대되어 종합마케팅의 수단이 되고 있다.

전시에 해당되는 용어로는 상업적 광고를 목적으로 하는 제품 디스플레이(display)로부터 엑시비션(exhibition), 엑스포(expo)라고 통용되는 엑스포지션(exposition), 축제라고 해석되는 페어(fair), 보여준다는 의미의 쇼(show) 등이 있다.

• 전시장

전시회의 명칭

전시회는 보여주는 행사로 최근 전시의 종류와 형태가 다양하고 국가적인 행사로 커져감에 따라 전시회의 성격, 규모, 역할, 목적에 따라 명칭을 세분화하고 있다. 각 용어들은 일반인들에게 전시회나 박람회를 의미할 때 차이 없이 혼용되고 있다. 공간이 추구하는 목적과 용도 및 규모에 관계되어 사용되고 있는데 일반적인 제한이나 규정을 가지고 있지는 않다.

① 엑스포(expo): 만국박람회를 가리킨다. 영국에선 'great exhibition', 프랑스에선 'exposition universelle', 미국에선 'world fair'라고도 불린다. 세계를 대상으로 자국의 발전상황을 홍보하는 국제적인 행사로 예술, 과학, 산업 등 각 분야를 조직적으로 전시하여 공공의 관심을 환기시켜 산업 진흥과 무역확대에 도움이 되도록 한다.

② 엑시비션(exhibition): 전시 또는 전시회를 뜻하며, 일반적으로 보여준다는 의미이다. 최근 국내외의 교역량이 늘어나고 산업분야에서 차지하는 비중이 늘어나면서 엑시비션은 '산업전시회'로 기업의 마케팅 및 홍보활동을 위한 자리가 되었다.

③ 페어(fair): 정기적으로 일정한 기간과 장소에서 개최되며 근래에 이르러 더욱 전문성을 띠고 있다. 거래와 교역이 주목적으로 '시장'이라는 의미가 강하다.

④ 트레이드 페어(trade fair): 상업적 성격이 두드러지는 전시로 보여주는 측(기업, 판매측)과 관람자측(소비자, 구매측)이 하나의 전시장에 모여 상거래가 이루어지도록 기획된 전시회이다.

⑤ 쇼(show): 전시의 개념보다는 구경거리 흥행을 의미하는 경향이 크며 전시에서 이벤트적 행사로 관객의 시선을 끄는 볼거리를 말한다.

전시회의 구성요소

기원전 물물교환의 장소에서 전시가 시작되었으며, 전시의 기원은 그리스, 로마시대의 귀족과 부호들이 자신의 저택 일부에 미술품이나 보물 등을 수집하여 진열하고 감상한 것으로부터 시작된 것이라 할 수 있다. 르네상스 이후 왕족 저택의 수집품 설치된 공간을 그 내용에 따라 갤러리 또는 컬렉션으로 불렸다. 당시는 수집과 보관의 기능만이 수행되었고 일반인에게까지 공개를 하는 목적은 없었다. 19세기 초에 이르러 일반에게 공개하는 공공의 컬렉션의 형식을 갖게 되었고 개인적인 기호 이상의 가치 있는 것을 보존하고 전시하는 오늘날의 전시공간 형태로 구체화되었다.

진열과 장식의 의미를 포함하고 오늘날에 이르러 설정된 주제를 공간에 연출하는 종합기술로서 전시(exhibition)의 적용 범위는 상업공간의 매장 진열로부터 쇼윈도, 쇼룸, 전시관, 홍보관, 과학관, 미술관, 박물관과 박람회장에 이르기까지 다양하게 이루어지고 있는 상황이다.

전시가 갖는 고유의 특성을 든다면 일정한 공간에 특정의 물건을 일반 대중에게 직면하게 하고 직접적인 프레젠테이션을 구사함에 있어 객체에 대한 미디어 수법으로 TV, 라디오, 신문, 잡지에 비해 정보전달과 이해의 효과가 우위에 있는 미디어 수법의 하나라고 하겠다. 따라서 전시 디자인은 해당하는 전시물의 내용을 효과적으로 보여줄 수 있는 공간을 구성하여 관람자가 흥미를 갖고 접근하도록 하고

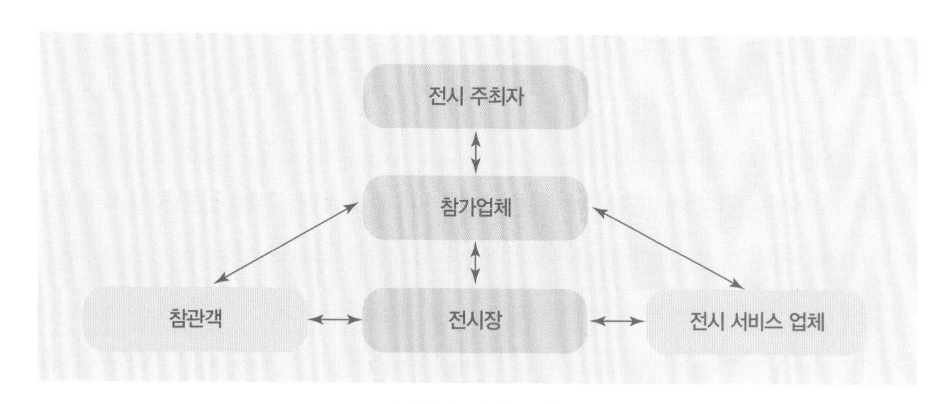

전시회의 구성요소

주관자의 전시 목적에 따른 관람자의 동기 유발이 이루어지도록 하여야 한다.

전시를 하기 위한 기본적 구성요소로는 전시 주최자, 참가업체, 참관객, 전시장, 전시 서비스 업체가 필요하다.

① 전시 주최자(show organizer): 전시회 기획, 전시장 임차, 참가업체와 참관객 유치, 홍보활동, 관리 운영 등 전시회 개최와 관련된 제반 업무를 담당한다.
② 참가업체(exhibitor): 전시 주최자로부터 일정 규모의 전시 부스를 임차하여 자사제품과 서비스에 대한 거래 상담과 홍보 등을 목적으로 전시회에 참가하는 업체로, 전시 주최자에게 부스 임대료, 제공서비스에 대한 비용을 지불하고 참가하게 된다.
③ 참관객(visitor): 전시회를 참관하는 모든 방문객으로 바이어, 관련 업체 담당자, 일반인 등이 모두 포함된다.
④ 전시장(venue): 참가업체의 전시품이 전시되고 참관객이 방문하여 거래상담과 정보교환 등 관련 제반 활동이 이루어지는 장소이다.
⑤ 전시 서비스 업체(exhibition service contractor): 전시 주최자나 참가업체에게 전시회 개최나 참가와 관련된 서비스, 즉 부스 장치, 디자인, 비품, 사인물, 운송, 전기, 급배수, 인력공급, 조사 등을 제공하는 용역업체이다.

전시의 기능

전시는 일정 공간 내에 특정한 상품, 예술적 작품, 학술적 표본, 역사적 자료 등을 수집하여 정리하고 기능적인 전시 방법을 동원하여 일반인에게 제공하고 상품의 매매와 촉진, 홍보, 교양, 연구, 문화진흥 등에 기여함을 목적으로 한다. 따라서 자료의 수집, 보존, 관리 및 전시의 기능을 갖는다. 자료에 관하여 전문적, 학술적 연구와 연구의 결과 자료를 통하여 제작 및 배포하는 기능도 있으며 강연회, 연구회를 개최하여 교육과 홍보의 기능 및 제품을 소개하여 판매 촉진의 역할을 담당하기도 한다.

전시 디자인의 성립 조건

전시 디자인을 통해 관람자에게 전시물 감상의 만족이 이루어지기 위해서는 공간의 쾌적한 환경이 유지되어야 한다. 많은 사람이 모이는 공간이므로 환기에 신경을 써야 하며 즐겁고 내용의 인지가 신속·정확하게 이루어져야 한다. 전시물은 관람의 조건에 최상의 상태를 유지해야 하고 훼손과 노후로부터 보호되어야 한다.

전시 주관자에게는 전시목적에 해당하는 관람자의 반응이 수반되어야 한다. 따라서 전시 디자인이 성립되려면 투자하는 주관자의 명확한 전시목적과 예산확보, 전시 대상물의 설정이 우선되어야 한다. 이러한 선결 조건에 의한 관람 대상의 성향 조사와 분석이 있어야 하고, 전시의 핵심은 개관시기, 주변환경, 사회환경의 분석에 기초하는 것이 이상적이다. 그리고 공간에 이루어지는 디자인 행위로서 합리적인 기능 충족을 이루기 위하여 전시가 예정된 공간을 확보하고 규모, 구조, 설비에 관한 면밀한 조사와 분석이 요구된다.

전시 산업의 잠재력

국가 간 정보 교류의 장으로서 전시 개최 효과는 국제적인 구성원 간의 친목도모와 국제 평화에 기여한다는 의미에서 그 필요성이 높이 평가되고 있다.

① 기능적 측면: 국제회의, 대규모 연회, 각종 문화 행사, 전시 및 박람회, 사회, 경제, 문화, 예술 등 분야의 여러 형태의 집회를 유치하는 다목적 기능 공간으로서의 역할을 한다.

② 산업 발전적 측면: 산업 교류의 촉진, 기술 개발의 촉진, 소비 패턴의 변화 제시, 유통 변화의 장을 제공한다.

③ 경제적 측면: 지역산업 진흥의 효과로서 각 산업 분야의 활성화, 개최 도시와 시민의 소득 증대, 세수 증가 효과 등 산업 발전에 기여하고 외화 수입이 증대가 된다. 계절적 영향을 받지 않아 비수기 개최가 가능하며 정보 교환을 통한 기술 발전의 촉진제 역할을 하며 관광 산업이 활성화된다.

④ 사회적 측면: 지방문화의 질적 향상에 기여한다. 관련 분야의 국제화 혹

은 지방 문화의 질적 향상을 주며 일반 국민의 자부심과 의식 수준이 향상되어진다. 시설물 정비, 교통망, 조경 등 환경디자인이 개선되어지며 고용 증대, 항공, 항만 등 사회기반 인프라를 조성하고 각종 문화 이벤트 개최로 지역 문화 수준이 향상된다.

⑤ 정치적 측면: 국가에 대한 수준 높은 홍보효과가 있으며 사회발전의 계기가 된다.

전시기획

정의

전시 분야를 선정한 뒤 성공 여부를 예측하고 전시회의 진행에 필요한 업무 흐름과 예산을 수립하는 행위이다.

표 9-8 전시기획의 단계

구분	내용
전시 주체의 선정	•무엇을 전시할 것인가
해당 산업의 시장 조사	•국내 시장 규모, 수출입 동향, 전문가 집단 면담
참가업체 대상 및 참관 대상 조사	•참가업체 대상 수 파악 •참관 대상(바이어, 방문객 등) 파악 및 결정 해외 참가업체 대상 파악 •대상업체 간 경쟁이 어느 정도 있어야 하며, 독점시장인 경우는 전시 개최가 불가능
협력기관 조사	•정부 관련 기관의 협조 요청
참가업체 대상 설문조사	•참가업체에 전시회 관련 설문조사 실시
전시장소 선정	•전시장 사용료, 교통의 편리성, LAN 시설의 적합성, 급배수, 전기 등 고려한 장소의 선정
전시회의 국제화 추진	•국제화의 조건으로 한 전시회 3회 이상 개최, 참가업체 중 해외업체 비율 20% 이상이고 전체 면적 중 참관부스 면적 20% 이상, 해외 방문객 4% 이상일 경우 해당
예산 수립	•수입예산(참가비, 부대시설 사용료 단가, 협찬금, 광고비 등에 대한 전시규모) •지출예산(전시장 사용료, 전시 장치비, 인쇄비, 홍보비) •전시회 수익률(규모가 클수록 수익률은 높아짐)

단계

전시 주최자 혹은 전시 참가업체와의 협의에 의하여 선정된 전시 서비스업체는 주최된 전시의 목적에 부합되면서 전시 참가업체의 사업목표에 부합하는 콘셉트로 전시를 기획하고 추진하여야 한다. 표 9-8은 전시기획의 단계를 나타낸 것이다.

전시 디자인 과정

전시 디자인은 정보 전달의 기능 공간이다. 따라서 인간의 정보습득 감지기관의 특성을 파악하는 것을 기본적인 바탕으로 삼아야 한다. 주제를 전달하는 목적을 갖고 관람자를 위한 환경 조성으로 전시 내용을 효과적으로 전달하는 기능성을 추구한다는 점 이외에는 인테리어 디자인의 기본 프로세스와 같은 틀을 갖는다. 일반적인 인테리어 디자인 과정에서 볼 수 있는 계획설계, 기본설계, 실시설계의 순서와 설계 이후 공사에 착수하는 과정은 동일하다. 단지 각각의 과정 중에서 인간과학, 사회적 요구, 통계적 수치와 수학적 분석 및 다양한 기법의 전문지식이 필요하다.

설계에 앞서 일반 인테리어 디자인의 과정과 다른 점이라면 설계 착수 이전의 단계에서 전시관의 건립 목적을 논리화하는 기획을 담당하고 설계와 공사 진행, 전시관 운영 등을 담당할 하나의 조직이 필요하다는 것이다. 전시공간에 사용되는 용어가 박물관, 전시관, 과학관, 홍보관, 기념관 등으로 다양하고 영리 목적과 비영리 목적의 구분이 전시관 건립의 진행에 큰 차이를 갖게 되기 때문에 전시될 개체의 선정으로부터 건립으로 형성될 파급효과를 예측하여 목표를 결정하는 과정에 주도면밀한 계획과 추진을 담당할 관리팀이 요구된다.

초기 사업계획의 입안은 시행 주관자가 일임하여 국내외의 유사 시설을 돌아보고 기본 틀을 작성하는 것이 보편적인 실정이다. 이 시점에서 유의해야 할 것은 전시분야의 영역이 광대하고 진행의 단계마다 다양한 분야의 전문적인 지식과 기술이 적용되는 복합적 체질을 갖고 있는 공공성격의 공간이라는 관점에서 사업시행자를 주축으로 각계의 전문가들이 함께 하는 기획팀의 구성이 바람직하다고

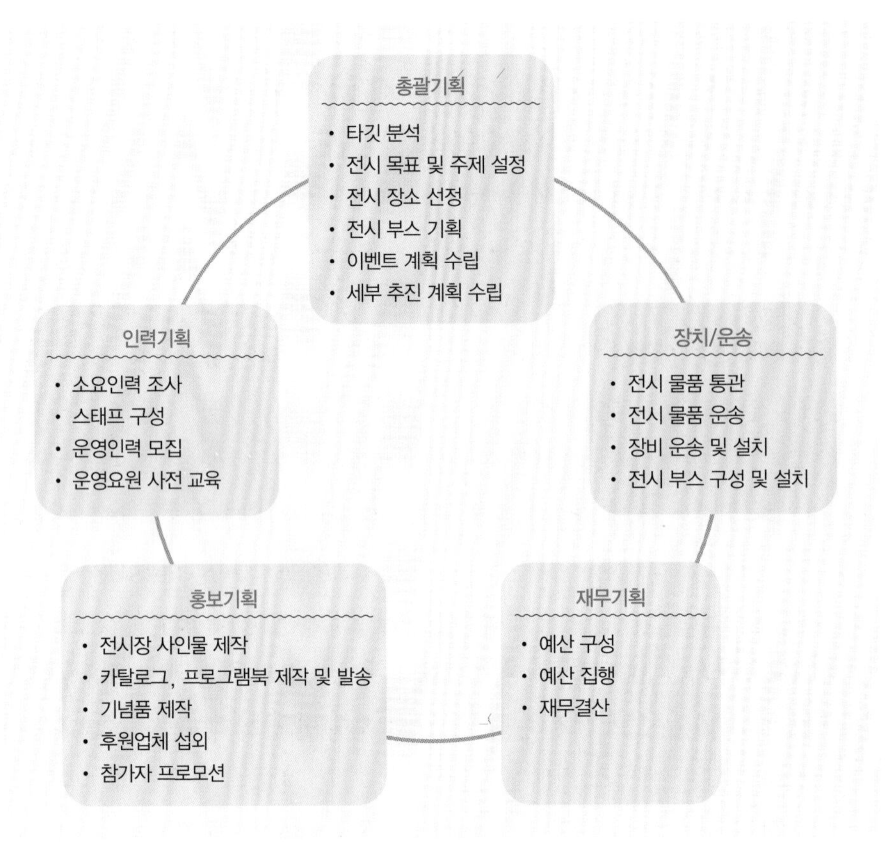

전시기획의 단계

하겠다. 시행 주관자, 행정 분야, 전시개체의 전문가, 동종의 전시관 관계자, 디자인 분야, 전시 시스템 분야, 건축 분야에서 기본적으로 입안에 참여하는 것이 합리적이고 필요에 따라 지역문화 분야, 심리 분야, 교육, 사회학, 경제 분야 및 건립 예정지역의 관공서와 지역주민 대표의 참여를 기획단계에 참가하도록 하는 것도 이상적이다. 이렇듯 다각적인 분야의 참여가 이루어지게 됨에 따라 종합적인 관리를 수행하는 조직의 필요성은 강조되어야 할 것이다.

계획설계 단계는 전시목적에 따라 전시방향을 수립하기 위한 제반사항을 조사하고 자료를 수집하는 작업이 주를 이룬다. 인테리어 디자인이 계획설계의 단계에서 도면상에 형태의 도출로 시작되는 방식과는 다른 양상을 거치게 된다.

전시방향을 정하는 콘셉트 결정의 중요한 과정으로서 우선적으로 필요한 것은 전시대상물에 대한 전반적이고 치밀한 조사이다. 일차적으로는 전시주체에 대한 범위 전체를 대상으로 하는 컬렉션의 개념으로 조사하고 전시가치에 대한 적정성을 판단하여 디테일한 조사에 착수한다. 수집하여 전시할 수 있는 전시물에 대하여는 규격, 중량, 전시포인트, 형태, 상태 및 수집에 따르는 경로로서 소재지와 소유자, 그리고 구입 또는 기증에 대한 가부 등이 조사되어야 하고, 기존의 물품이 존재하지 않아 수집이 불가능하여 제작이 필요한 경우에는 제작기간, 제작 예상가격, 가능 업체가 조사되어야 한다.

수집된 자료의 정리는 전시주체의 기본적인 지식을 가지고 있거나 전문적인 분류 체계의 경험을 가진 전문 인력의 체계적인 관리가 이루어져야 분석 과정도 체계적으로 진행될 수 있다. 전시 객체의 조사자료는 전시물의 규격이 기준이 되어 전시에 필요한 면적의 산출이 가능하다. 인공물과 자연물의 유형은 전시공간의 유지관리에 요구되는 제반 설비시설을 판단하는 기본이 된다. 설계 이전에 수립된 전시목적은 조사와 수집된 자료 분석을 결과로 하여 한 단계 구체화한 캐치프레이즈를 유도하게 된다. 이것을 통상 전시주제라 하고 전시방향의 결정과 전시관의 성격을 부여한 전시 시나리오의 기본 틀이 된다. 전시 시나리오의 작성은 충분한 시간을 가지고 팀 구성원을 중심으로 브레인스토밍 방식을 거쳐 집약된 결정치의 도출이 요구된다.

기본 설계 계획 설계를 바탕으로 구체적인 전시 시나리오를 작성하는데 단순하게 전시 내용의 흐름을 기록한 것이 아닌 기대하는 연출을 위한 전시물의 설치방법과 표현기법, 그리고 효과장치 등에 관한 실제 구현계획과 방법이 구체적으로 명기되어야 한다.

기본설계 단계에서는 관람의 용이성, 적정성, 흥미유도 및 전시내용의 중요도에 따라 전시내용의 3차원에 해당되며 바닥, 벽, 천장을 이용하여 전시위치가 조성된다. 전시방법을 결정하기까지 한 가지 디자인을 고집하지 않고 다양한 것을 유추하여 최선의 방법이 선택되어지도록 하는 것이 바람직하다.

전시회 참가의 목적

① 구매 촉진: 전시회에서 이루어지는 집단적인 접촉이 구매를 가속화시킨다.

② 인맥 확장: 한 장소에서 일시에 많은 수의 구매자를 대상으로 판매하여 판매 과정을 촉진시키고 구체화시킨다.

③ 신제품, 신기술의 소개 및 실험의 기회: 신제품에 대한 시장성을 테스트할 수 있는 기회가 된다.

④ 신규 바이어와의 만남: 바이어들이 스스로 찾아와 전시회에서 만난 새로운 바이어가 추후 고정적인 거래처가 될 수 있다.

⑤ 네트워킹과 협력의 기회: 관련 업계 사람들과의 접촉을 통하여 정보를 교환하고, 상호관계성을 높이고 더 나아가 제휴와 합작의 단계로까지 발전할 수 있다.

⑥ 최신 시장 동향 파악: 짧은 기간에 다른 신제품 개발 정보와 업계의 시장 동향을 알 수 있고 경쟁사 정보를 다양하게 수집할 수 있다.

⑦ 기업 브랜드 이미지 홍보의 장: 기업의 브랜드 이미지를 집중적으로 홍보할 수 있는 기회가 된다.

⑧ 높은 홍보효과: 짧은 기간이지만 수십만 명의 참관객과 비용 없이 매스컴의 집중 보도효과를 노릴 수 있다.

⑨ 엔터테인먼트의 장: 일반 소비재 박람회는 일반인이 가고 싶어 하는 엔터테인먼트의 장소가 되고 있다. 식품에 관한 전시인 경우 다양한 정보뿐만 아니라 시식도 가능하도록 제공하고 있다.

⑩ 교육의 장: 각종 교육이나 세미나 등에 대한 교육의 장으로 활용될 수 있다.

전시공간 인테리어

전시공간은 이상적인 제3의 공간으로 보는 즐거움과 동시에 도시인들에게 직접 체험 가능한 장소가 되어야 한다. 전시는 먼저 제한된 시간 안에 전시장 설치가 우선되어야 하므로 전시공간의 크기를 확인한 후 정확한 설계에 의하여 제작물을 만들어야 하며, 전시 기간 이후에는 철거가 되므로 사용재료의 선택에 있어서

• 전시공간 인테리어

신중하여야 한다. 또한 홍보, 정보전달, 전시하는 공간이므로 사람들에게 메시지를 잘 전달할 수 있도록 인테리어 디자인을 하여야 한다.

CHAPTER 10

외식산업 업종별 식공간 연출 사례

CHAPTER 10

외식산업 업종별 식공간 연출 사례

레스토랑은 평소 가정에서 즐기는 식사에서 벗어나 독특한 맛과 분위기를 즐기고 먹는 즐거움을 누릴 수 있는 공간이다. 과거에는 음식의 맛만 중요하고 실내 인테리어는 그다지 상관이 없던 시절도 있었지만 이제는 음식의 맛뿐만 아니라 인테리어와 분위기에 따라 고객의 선호도가 달라지고 있다. 이제는 소비자가 음식만 먹는 것을 원하는 것이 아니라, 다양한 볼거리와 즐길 거리를 요구하고 있어 가격이나 질, 시설 등은 단순하게 인간의 기본적인 욕구만을 충족시켜서는 안 되는 시대가 되었다.

최근에는 외국의 다양한 식문화와 환경을 접한 젊은이들이 홍대와 신사동 가로수길 등에서 새로운 분위기의 점포를 오픈하게 되면서 독특하고 세련된 분위기

• 레스토랑 '랑'의 실내 분위기

• 한식당의 좌식 테이블

의 외식공간이 선호되고 있다. 이제 외식공간 디자인은 소비자들의 실질적인 필요 충족뿐만 아니라 사교와 유흥의 장소로서도 기능을 해야 한다. 많은 이들이 이러한 외식업소에서 휴식을 얻고 교제를 나누기 바라기 때문이다.

• 한식당의 실내 분위기

외식공간의 인테리어는 무엇보다도 매일 일하는 직원들이 업무를 수행하는 데 있어서 효율적이도록 디자인하는 것이 필요하다. 또한 방문고객의 동선과 시선까지도 신경을 써야 한다.

외식공간은 업종과 메뉴, 가격, 대상고객의 수준에 따라 종류가 다양하며 실내 디자인 역시 차이가 있다. 식공간을 디자인할 때에는 상품, 입지상황, 고객의 라이프스타일, 소비성향, 운영 시스템 및 서비스 방식을 파악하고 공간을 효율적으로 계획하여 고객 편의 및 운영자의 수익창출을 위한 창조적인 디자인이 이루어져야 한다. 경제적이고 실용적이며 고객의 흐름이 빠른 공간인 간이식당, 패스트푸드점, 카페테리아와 최고의 디자인을 지향하는 고급 레스토랑, 커피전문점, 아이스크림 전문점 등 각 레스토랑의 특징과 종류에 따라 다양한 디자인이 요구된다.

한식당

한식당의 인테리어 디자인은 우리 고유의 맛과 멋을 표현해 전통적인 이미지가 잘 나타나도록 하는 것이 필요하다. 한국 전통의 느낌을 주기 위해 한옥에서 쓰이고 있는 기와나 한지, 마루, 장독 등을 이용하여 한국적인 이미지를 표현할 수 있다. 좌석은 입식과 좌식을 병용하며, 실내 분위기도 모던한 한식으로 꾸미는 경우가 많다. 음식이 나오는 방법도 한상에 다 차려서 나오는 평면 전개형보다는 코스요리로 나오고 있는 추세이다.

한식당을 인테리어 디자인할 때에는 음식에 맞는 설비계획을 잘 하여야 한다. 육류를 직접 굽는 식당의 경우 고기 굽는 냄새가 옷에 배어 고객이 불편함을 느끼는 경우가 있는데 배기나 후드 등을 설치하여 고객이 불편함을 느끼지 않도록 설비해야 한다. 한식당 실내공간의 면적 배분은 객석 면적 60%, 주방 30%, 서비스 스페이스 10% 정도가 적당하다.

롯데호텔의 '무궁화'

롯데호텔 내에 있는 무궁화 레스토랑은 북한산과 서울 시내가 한눈에 내려다 보이는 본관 38층에 위치하고 있다. '무궁화'는 한국 정통 반가음식(班家飮食)의 한

• 롯데호텔의 '무궁화'

자료: http://www.lottehotelseoul.com

정식을 현대적인 감각으로 재해석하였다. 동양적인 아름다움을 가미하여 모던하고 세련된 감각의 인테리어로 한식의 전통미가 느껴지도록 디자인되었다. 상차림은 소반차림 스타일로 품격 있게 나오며 계절에 따라 색을 달리하는 북한산의 아름다운 비경은 식사하는 자리를 더욱 즐겁게 해준다.

애류헌

애류헌(Erewhon)은 'nowhere(어디에도 없는)'라는 단어의 애너그램이며, 19세기 영국의 다재다능했던 문필가 새뮤얼 버틀러(Samuel Butler, 1835~1902)가 1872년에 출간했던 동명의 소설에서 영감을 얻은 이름이다. 또한 옛 선조들의 전통한옥(오죽헌, 목우헌 등)이 연상되는 애류헌은 '따뜻한 정이 흐르는 집'이라는 의미도 가지고 있다. 실내 인테리어는 기와 느낌이 나는 벽을 연출하며 한옥의 느낌이 나

• 애류헌

자료: http://www.theerewhon.com

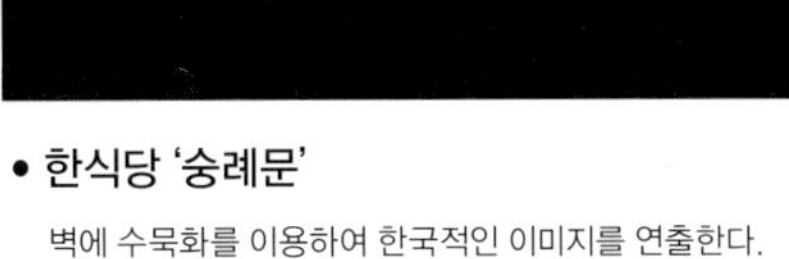

• 한식당 '숭례문'

벽에 수묵화를 이용하여 한국적인 이미지를 연출한다.

• 삼원가든 정원

도록 연출하였으며 입구에는 장독을 연출하여 깊이 있는 한식의 느낌이 연출되도록 하였다.

양식당

양식당은 일반적으로 서구풍의 식당을 말하며 파스타를 파는 이탈리안 레스토랑이나 프랑스 정통음식을 파는 레스토랑 등이 양식당에 해당된다. 특히 양식당은 여성 고객들이 대부분이어서 분위기 좋은 곳을 더 선호하는 경향이 있으므로

• 닐리

자료: www.nilli.co.kr

소비자의 감성을 자극할 수 있는 이미지를 주어야 한다.

양식당의 색채계획은 바닥의 경우 주로 짙은 색으로 더러움을 감출 수 있는 색채를 선택하며, 테이블보를 사용하는 음식점은 테이블보가 손님의 시각에 미치는 색채요소가 되므로 음식점 전체의 색채와 조화를 이루는 것을 선택한다.

고객용 공간과 주방, 창고 등이 뒤쪽 부분의 적절한 면적 배분계획과 병행되어 능률적인 동선계획을 기본으로 하여야 한다. 식당의 규모에 따라 객석, 주방, 창고의 면적 비율은 달라지는데, 대형점은 70:25:5의 면적 비율이, 중형점 60:30:10, 소형점은 객석 면적 45%, 주방 면적 40%, 창고 면적 15% 표준형이다.

닐리

이탈리안 파스타 & 피자 전문점으로 편안함을 뜻하는 Natural, 이탈리아 정통 파스타 & 피자를 뜻하는 Italian, 건강을 뜻하는 Well-Being, 부담스럽지 않지만 제대로 한 끼의 식사를 의미하는 Dine의 조합어로 천연재료로 만든 건강한 한 끼의 식사를 대접한다는 의미를 가지고 있다. 실내공간 디자인은 내추럴하면서 편안한 분위기를 주고 있다.

중식당

중식당은 멋과 개성이 강한 독특한 곳으로 인식되고 있다. 그 이유는 고유의 빨강, 검정, 금색 등 강한 원색이나 고전 문양을 사용하여 중국 특유의 이미지를 갖기 때문이다. 최근에는 모던하고 현대적인 스타일로 디자인하고 장식적인 요소에 중국 고유의 특성을 반영시키는 디자인이 많아졌다.

중국 요리의 경우 서비스 스테이션을 중앙에 설치하는 것이 개인 접시를 빈번하게 내더라도 어느 객석으로부터도 쉽게 접근할 수 있도록 한다. 또 객실에는 서비스 테이블을 두도록 계획한다.

레스토랑 면적에 비해 주방의 크기는 20~25% 정도가 적당하며, 레스토랑 면적이 넓을수록 주방 면적의 비율은 낮아도 된다. 주방 계획 시 중국요리는 기름 사용이 많으므로 바닥은 미끄럽지 않게 하고, 배수조의 배치에 유의하며, 다른 요리에 비해 중국 요리는 열량이 센 기구를 사용하므로 공조와 환기를 충분히 고려한 설계가 이루어져야 한다.

차이나팩토리

차이나팩토리는 China(중국)와 Factory(공장)의 결합어로, 맛있는 중국요리를 화려한 볼거리와 함께 끊임없이 생산해 낸다는 의미를 가지고 있다. 정통중식과 현대적인 중식까지 다양한 중식요리를 골라먹는 재미는 물론 딤섬과 디저트를 마음껏 즐길 수 있는 색다른 중식 레스토랑이다. 이색적인 인테리어와 오픈 키친, 여

• **차이나팩토리**

자료: www.chinafactory.co.kr

러 가지 메뉴를 고를 수 있는 독특한 주문 방식으로 즐거움을 선사한다. 50여 가지의 다양한 메뉴들과 무한 제공되는 딤섬 & 디저트 바까지, 가족, 친구, 연인과 함께 특별한 시간을 보낼 수 있다. BI에는 중국 프라이팬(WOK)에 맛있는 재료를 볶는 모양과 맛깔스럽고 자유로운 터치의 글씨체로 액티브하고 다이나믹한 쿠킹을 표현하고 있다.

딘타이펑

딘타이펑(Din Tai Fung)은 크고 풍요로운 솥이라는 뜻으로 대만 길거리 노점에서 샤오롱바오를 팔기 시작하여 1970년대 이후에야 현재 대만본점에서 점포를 운영하였다. 1993년 〈뉴욕타임즈〉에 세계 10대 레스토랑으로 선정이 될 만큼 중화권의 대표적인 레스토랑이다. 철저한 수제공정으로 만들어지는 수제품이며 가장 대표적인 샤오롱바오는 5g의 얇은 만두피에 16g의 만두소와 18개 주름의 황금비율로 풍부한 육즙과 함께 먹는 기술과 예술의 결정체라고 할 수 있다. 식공간에서 주조컬러는 붉은색으로 중식당의 이미지를 전달하고 있다.

• 딘타이펑

자료: http://www.dintaifung.co.kr

일식당

다른 업종에 비하면 충성도가 높으며 일식당을 찾는 고객들은 높은 객단가를 지불하는 만큼 그에 상응하는 만족을 원하고, 식당을 선택하는 기준 또한 까다롭다. 일식당의 내부 인테리어는 그곳의 객단가를 말해준다.

일식 바는 음식을 만드는 모습을 고객이 직접 보며 즐기고 주방장과 대화도 오고가는 공간이므로 특별히 청결을 유지해야 한다. 자리구성에 있어서는 편안함과 동시에 개인의 프라이버시 확보가 가능해야 한다. 대나무, 발 등을 이용하여 개인 공간을 확보해 주어야 한다. 객실의 경우 음식이 자주 나오기 때문에 오래 앉아 있어도 불편하지 않도록 의자 배치를 하여야 한다. 최근에는 젠(Zen) 스타일의 인테리어와 미니멀리즘 등 장식은 최소화하며 여백의 미가 느껴지는 디자인으로 고급스럽고 공간에 자연의 요소가 느껴지는 디자인이 많이 이루어지고 있다.

일본 음식은 식기나 컬러가 다양하면서 소량으로 제공되기 때문에 다른 식당과는 다르게 시각과 미각의 만족을 동시에 추구한다. 이를 위해서는 내부공간은 목재 소재와 블랙 색조와 같이 단조롭고 간결하게 구성하여 고급스러움이 요구된다. 일본 음식이 다채롭기 때문에 식당 내부는 최대한 단조롭게 하는 것이다.

일식당의 평면 계획에 있어서 주방의 위치는 종업원, 서비스 인원 등이 손님의 눈에 띄지 않는 곳에서 출입 가능한 것이 필요하다. 고객 동선의 구성은 출입구 홀에서 일반 객석과 연회석으로 가는 도입 부분을 구별하여 주고, 팬트리(식료품, 식기 저장실)에서 일반 객석과 연회석의 동선을 분리하는 방식으로 구성해야 한다. 일반 객석의 서비스 동선은 자연스럽게 지나갈 수 있도록 구성하여 주고, 간단한 식기 서빙을 위해서 모든 객석과 같은 거리에 서비스 스테이션을 만들어야 한다.

일식당의 평면 구성은 크게 관리 구역, 주방, 계산대, 객석으로 구분할 수 있다. 객석을 좀 더 세분화하여 의자 객석, 계단대 객석, 다다미 객석, 바닥차를 둔 객석, 독립된 개실로 구성한다. 관리 부분은 간접 영업 부분의 뜻으로 사무실, 종업원 탈의실, 휴게실, 창고 등을 말하는데, 규모가 작은 레스토랑은 생략하거나 기능을 겸용으로 하는 경우도 있다.

리츠칼튼 호텔의 일식당 '하나조도'

리츠칼튼 호텔 내에 있는 하나조도 일식당은 사계절의 정취가 느껴지는 일본식 정원이 아름다운 곳으로 깔끔하면서 일본의 느낌을 잘 전달해주고 있다.

• 하나조도

자료: http://www.ritzcarltonseoul.com

뷔페식당

뷔페식당(buffet restaurant)은 식문화 변화에 따라 개인의 행사, 집단의 행사, 비즈니스, 축하자리 등 문화적 역할을 하는 장소로서 이제는 대중화된 생활양식으로 자리 잡고 있다. 또한 음식 제공 차원에서 벗어나 연회 목적에 맞는 다양한 행사를 행할 수 있는 공간으로 활용되고 있다.

특히 뷔페식당은 자기가 원하는 음식을 선택해서 먹을 수 있기 때문에 고객의 만족도가 비교적 높은 업태 중 하나이다. 풍부한 음식으로 시각적인 만족감도 주고 식욕을 돋우도록 잘 진열된 음식은 보는 이들로 하여금 즐거움을 준다.

뷔페식당의 구성은 테이블 공간, 음식 진열 공간, 주방 서비스 공간으로 구분된다. 행사가 있는 경우 행사무대, 연주무대, 예술품 및 전시품 진열을 위한 무대

• 에비슈라 매장

자료: www.ebishura.co.kr

와 매장에서 특별히 준비하는 즉석요리가 있다면 즉석요리 서비스 등을 위한 별도의 서비스 공간이 필요하다.

동선은 크게 고객 동선, 음식 진열 동선, 종업원 동선으로 나누어지며 고객의 기호에 따라 음식을 셀프로 서비스하는 곳이므로 동선이 정체되지 않아야 한다. 음식은 보기 쉽고 찬 음식은 차갑게, 뜨거운 음식은 따뜻하게 보관·배치하여 음식 제공이 원활히 이루어져야 한다.

일반적으로 모든 연출과 장식은 중앙의 진열 테이블에 집중시키고, 조명은 하이라이트를 연출하여 밝고 활동적인 분위기로 이끌고, 식사 테이블은 단순하고 아늑한 분위기로 유도한다.

패스트푸드

단시간에 가볍게 빨리 먹을 수 있는 간이음식점으로 미리 준비되어 셀프서비스한다. 셀프서비스를 위해 일정한 통로폭을 확보하고 고정식의 테이블과 의자를 최소화하여 배치한다. 의자와 테이블의 레이아웃은 2인석, 1인석 또는 여러 사람이 같이 앉을 수 있는 카운터로 한다.

패스트푸드점은 주로 젊은 층에서 수요가 이루어진다. 대부분은 체인형태이므로 철저하게 경영관리, 시스템 주방, 재료의 물류관리, 새로운 메뉴개발 등으로 경쟁력을 확보하여야 한다.

• 외부고객을 유인하기 위한 간판

패스트푸드점의 인테리어 디자인에서 가장 중요한 부분은 고유한 SI(Store Identity) 요소를 레스토랑 곳곳에 충분히 표현해야 외부로부터 고객을 유인하기 좋다.

• 패스트푸드점 입구

입구는 혼잡한 시간 때 복잡하지 않도록 충분한 공간을 확보하고 문은 자동문이나 넓은 쌍여닫이문으로 계획하고 계산대의 위치는 손님이 입구로부터 직각으로 들어오는 곳이 좋다. 패스트푸드는 셀프서비스 형태이므로 주문, 배식, 계산, 포장 등의 복합 기능을 효율적으로 수행할 수 있는 수납과 공간이 필요하다.

좌석의 배치 역시 셀프서비스의 동선에 따라 배치하고, 고객의 호응이 좋은 창가에 좌석 배치가 많도록 고려한다. 패스트푸드의 식사공간은 1인당 평균 약 1m^{2}이다.

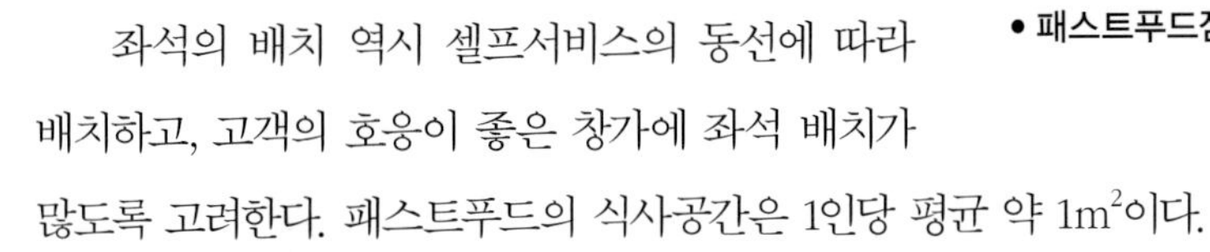

주방계획은 음식 냄새가 홀(hall)로 풍기지 않도록 배기 라인과 용량을 점검하고 작업자를 위한 에어컨 설치도 고려되어야 한다. 주방에 따른 부대 공간으로 재료 창고와 종업원 대기실 등의 공간도 갖춘다.

패스트푸드점은 셀프서비스의 영업 형태이면서 기름의 사용이 많으므로 미끄러지는 사고가 발생하지 않도록 청소관리가 되어야 한다.

패스트푸드점에서는 주로 강렬한 색채를 사용하는데, 주목성을 가진 빨간색과 명시성을 가진 노란색을 많이 사용한다. 또한 붉은색 계열은 식욕을 돋우는 색으로 알려져 있기도 하다. 패스트푸드점 간판디자인의 대부분이 난색계열의 색들로 구성된다. 또한 디자인 요소로서 컬러 콘셉트를 달리 구성하기도 한다. 맥도날드의 경우는 간판을 붉은색 계열의 배경색상으로 노란색 M 자를 그려 넣고, KFC의 경우는 빨간색과 흰색으로 조화시켜 독특한 분위기를 연출하고 있다. 이러한 맥도날드, KFC와 같은 패스트푸드점은 미국의 자본과 기술력이 음식소비의 세계화를 주도하고 있다고 해도 과언이 아닐 것이다.

• 맥도날드

자료: http://www.mcdonalds.co.kr,
© Anthony92931(위키피디아 ⓒⓘⓞ)

• KFC

자료: http://www.kfckorea.com,
© Mike Mozart(플리커 ⓒⓘ)

• 버거킹

자료: http://www.burgerking.co.kr,
© Anthony92931(위키피디아 ⓒⓘⓞ)

베이커리숍

베이커리숍은 빵과 과자를 제조하고 판매하는 공간이 필요하다. 최소한 제조할 수 있는 공간은 20m^{2}의 면적이 필요하다. 판매매장은 소형 레스토랑의 경우 13m^2, 중형 및 대형 레스토랑은 50~90m^{2}가 표준 크기이다.

고객의 동선은 입점→접시를 들고→상품 선택→포장대를 겸한 계산대로 이동→출점한다. 계산대는 고객이 머무는 곳이므로 주변의 고객 흐름을 방해하지 않도록 설계되어야 하며, 포장대는 0.6 × 1.5~1.8m가 되도록 한다.

베이커리숍은 프랜차이즈 지정이 아닌 직접 과자를 생산하는 조리실을 함께 계획하면 직접 만드는 베이커리숍이라는 느낌을 부각시킬 수 있어 효과적이다. 매장 내 쇼케이스의 조명은 전체 광선을 조절하여 과자 본래의 색채가 맛있어 보일 수 있도록 한다.

• 베이커리숍 매장 전시대

파리바게트

우리나라의 대표적인 제빵 업체로 가장 많은 프랜차이즈 가맹점을 가지고 있다. 직영 점포인 '파리크라상'과 프랜차이즈 베이커리 가맹점인 '파리바게트'가 있다. 삼립식품 등과 함께 SPC그룹의 계열사이다. 간판과 실내를 블루로 디자인하여 전체적으로 모던하면서도 깔끔한 느낌을 전달해 준다.

• 파리 바게트 매장

자료: http://www.paris.co.kr/, © Palo Alto(플리커 ⓒⓘ)

뚜레쥬르

제일제당의 제분기술과 식품과학이라는 줄기에서 열매를 맺은 베이커리로 자연친화적이고, 친근한 유럽 스타일로 매장을 연출하고 있다. 매장 인테리어는 민트와 브라운 컬러로 밝고 산뜻한 느낌을 전달하고 있다. 홈메이드를 강조해 밀대를 형상화한 심벌과 로고는 뚜레쥬르만의 빵 느낌을 당당하게 잘 표현하고 있다.

• 뚜레쥬르 매장

자료: http://www.tlj.co.kr

크리스피 크림

우리나라에는 롯데쇼핑(주)에서 크리스피 크림(Krispy Kreme)과 프랜차이즈 계약을 하여 신촌 1호점을 시작으로 매장을 운영 중이며 던킨 도너츠(Dunkin' Donuts)는 테이크아웃 위주로 영업하는 반면, 크리스피 크림은 평균 50석을 마련, 취지 자체가 카페 분위기를 만들어 맛있는 도넛과 실내에서 편안하게 분위기를 즐기며 누릴 수 있는 것을 추구하고 있다. 또한 도넛 시어터를 만들어 도넛이 만들어지는 과정을 고객이 직접 눈으로 보게 하여 보는 즐거움을 주고 있으며, 이러한 과정을 통해 소비자의 구매욕구를 자극하고 있다.

• 크리스피 크림

• 크리스피 크림의 도넛 제조 공정

도넛이 나오는 과정을 직접 볼 수 있도록 인테리어가 되어 있어 시각적 즐거움을 제공한다.

자료: http://www.krispykreme.co.kr

커피숍

커피숍의 본래 목적은 커피와 차를 파는 곳이지만 현대인들에게는 '제3의 공간'이 되었다. 조용하고 아늑한 공간에서 혼자 책을 읽기 좋은 분위기를 선호하며, 개성적이고 매력적인 환경에 큰 비중을 두는 만큼 커피숍의 인테리어 디자인은 커피숍의 가치를 더해 준다.

우리나라 커피산업의 규모는 1조 5,000억 원으로 추산된다. 이 중 원두커피가 차지하는 비중은 10%이며 나머지는 우리가 흔히 말하는 다방커피, 즉 인스턴트커피가 90%를 차지한다. 미국이나 일본 등 커피가 더 대중화된 국가에서는 이 비율이 반대이다.

'스타벅스'는 1999년 국내 처음으로 이대점에 1호점으로 커피 전문점 사업을 시작하여 테이크아웃과 에스프레소 문화를 소개하였다. 독특한 분위기와 인테리어로 스타벅스 문화를 만들었다. 스타벅스의 인테리어는 미국 본사의 디자이너팀과 미술 전문가들이 전 세계의 '스타벅스' 매장의 인테리어를 설계한다. 디자인의 멋과 실용성을 추구하는 것에서 벗어나 매출 신장에 이용하는 전략을 펴고 있다.

기본적으로 스타벅스 본연의 스타일을 따르지만 현지 상권과의 조화를 고려하여 스타벅스와 현지 상권의 문화가 함께 어우러질 수 있도록 설계하고 있다.

'스타벅스' 매장은 포근하고 안정감을 준다. 마치 이탈리아의 전통적인 길거리 커피 전문점을 연상케 하는 데 갈색 톤의 나무 무늬 장식과 원두 추출기 등의 소품들은 은은함과 자연스러움을 안겨주고 있다. 건조한 딱딱하고 인스턴트적인 느낌이 아니라 커피 본연의 맛과 향을 자연스러운 분위기에서 즐길 수 있도록 해준다. 또한 매장의 벽화에서도 커피가 연상되거나 커피를 마시고 싶은 생각이 들도록 디자인하였다.

'커피빈'의 경우 커피 가격은 '스타벅스'보다 더 높다. 인테리어도 '스타벅스'에 비해 더 고급스러운 재질로 고전적인 분위기를 내는데, 이는 떡갈나무를 인테리어 소재로 쓰고 있기 때문이다.

'맥도날드' 역시 발 빠르게 맥카페로 변신하여 영업을 확대해 나가고 있는데 이를 위해 가장 큰 변화를 준 것은 매장의 인테리어이다. 패스트푸드의 대명사답게 맥도날드는 매장의 회전율을 높이기 위해 작은 테이블과 불편한 의자를 배치하였지만 맥카페는 편안한 소파와 휴식공간과 문화공간의 분위기를 연출한다. 미국에 상륙한 맥카페는 은은한 조명, 무선인터넷 서비스, 평면 TV 스크린과 같은 고급스러운 인테리어를 갖추고 있다. 이를 통해 '맥도날드'의 타깃이 더 이상 어린이만을 위한 공간이 아니라는 것을 알 수 있으며 커피 문화를 즐기는 성인으로 변하였음을 알 수 있다.

'던킨 도너츠' 역시 매장 인테리어를 카페형으로 변화시키고 있다. 유동인구가 많은 대표적인 지역을 중심으로 카페형 매장을 늘리면서 지역특성에 맞는 인테리어와 '커피 & 도넛'이라고 광고를 하며 도넛에 반드시 커피가 같이 있어야 한다는 의미로 광고를 하고 있다.

대형 프랜차이즈 커피숍들이 인테리어와 맛, 시즌에 맞는 다양한 메뉴와 마케팅으로 관리한다면, 개인이 운영하는 커피숍은 주인의 개성과 색깔을 확실하게 고객에게 인지시켜 차별화로 공략할 수 있다. 개인이 운영하는 커피숍은 확실한 마니아층이 있으면 영업이 가능하다. 또한 최근에는 로스팅 전문 커피숍들이 등장하면서 커다란 로스팅 기계와 생두 자루, 그리고 각종 핸드드립과 커피 관련 제품들이 매장의 인테리어를 표현해주고 있다. 바리스타가 직접 내리는 핸드드립 커피를 찾는 인구도 많아졌다. 핸드드립 매장 인테리어의 특징은 바를 선호한다는 것이다. 바에 앉아서 직접 핸드드립하여 커피를 내리는 과정을 보기도 하고 향도 맡으며 커피를 더욱 즐기게 된다.

수년간 급성장하던 커피숍이 시장 포화로 주춤하는 가운데 기존 커피숍 인테리어에 다양한 상품을 결합한 새로운 카페 업종들이 인기를 끌고 있다. '파리바게뜨', '뚜레쥬르' 등 베이커리숍에 카페를 결합한 업종은 꾸준히 인기를 모으고 있다. 기존 베이커리숍에 카페를 결합해 사업모델을 강화하는 리모델링 창업도 많다. 제과 프랜차이즈들이 카페 개설을 적극적으로 하는 이유는 변화해가는 시장상황에서 단일 업종으로는 더 이상 성장하기 힘들다는 위기의식 때문이다. 따라서 고급스러운 인테리어와 스타일링이 가미된 음식으로 무장한 매장은 브랜드 고급화에 일조를 하며 매출신장과 타 브랜드와의 차별화를 두고 있다. 국내 베이커리 업체들이 대부분 베이커리와 커피를 판매하는 카페 사업에 뛰어들었다.

커피숍에서 카운터는 그 점포의 중요한 중심의 역할을 맡게 된다. 따라서 커피숍 평면계획을 할 때는 점포 내 도입 위치와 카운터 위치의 상관성에 의하여 시작되고, 객석과의 거리상을 고려하여 설계하는 것이 필요하다. 평당 자리 수는 2.5석 전후가 좋다.

스타벅스

스타벅스는 원래 커피 원두만을 판매하는 회사였다. 1982년 스타벅스의 영업·마케팅 이사로 취임한 하워드 슐츠(Howard Schultz)가 이탈리아 밀라노를 여행하고 돌아와서 커피 원두뿐 아니라 에스프레소와 커피음료를 판매할 것을 최고경영진에 제안했다. 하지만 커피 원두를 볶아서 판매하는 사업 이외에 다른 음료사업은 본래의 사업취지에 맞지 않다는 이유로 거절당했다. 당시만 해도 커피는 집에서 만들어 먹는 것으로 여겨졌다. 1984년 스타벅스의 체인 대표들은 커피사업의 스승이자 거래처였던 알프레드 피트의 커피사업을 인수했다. 1986년 하워드 슐츠는 커피를 뽑아서 고객들에게 무료로 시음하도록 했고, 마침내 커피숍의 문을

• 스타벅스 로고

• 스타벅스 매장

스타벅스의 인테리어 디자인 마케팅

우리가 잘 알고 있는 스타벅스의 경우 인테리어를 단순한 디자인의 멋과 실용성을 추구하는 것에서 벗어나 매출 신장에 이용하는 전략을 펴고 있다. 본사 직원인 2,000명 가운데 10%에 해당하는 200명이 인테리어 부서 인력 일만큼 인테리어 마케팅에 적극적이다. 스타벅스는 점포가 위치한 상권에 맞추어 주변 분위기와 가장 어울리는 스타일로 모든 인테리어의 디자인들을 창조·조합하고 있으며, 인테리어와 소품 디자인을 원두라던지 원두자루 등, 커피와 관련된 것으로 꾸미고 있다. 스타벅스 인사동점의 경우는 우리나라 전통거리에 맞추어 전통 스타일로 꾸며 놓았다. 전 세계 6,500여 개 매장 가운데 유일하게 한글 간판으로 사용하고 있으며 외형 역시 상감약식 등 고전문양을 살려서 한국의 전통미를 표현하여 외국브랜드이지만 한국의 전통 거리에서도 높은 매출을 유지하고 있다.

자료: 홍성용(2007). 스페이스 마케팅.

여는 계기를 찾았다. 1987년에 그는 주위의 투자자들을 설득하여 오늘날의 스타벅스로 성장시키는 발판을 마련했다. 스타벅스의 성장 배경에는 제품의 품질이 물론 중요한 요소로 작용했지만, 그보다 더 중요한 것은 스타벅스가 소비자에게 가정과 직장 다음으로 가장 안락한 장소가 되었기 때문이라는 분석이 있다. 1987년 스타벅스는 체인 사업을 슐츠에게 넘겼다. 스타벅스는 그 해 시카고, 밴쿠버에 최초의 매장을 열었다. 스타벅스 커피 코리아는 1997년 신세계(주)와 라이선스 계약을 체결하고 1999년 이화여대 앞에 1호점을 열었다. 2008년 250호점을 열었고, 한국 내 연간 매출액이 1,700억 원을 넘어섰다.

커피빈

인터내셔널 커피빈앤드티리프(International Coffee Bean & Tealeaf)가 운영하는 커피 체인업체이다. 1963년 1호점을 개설한 뒤 전 세계 22개국에 750개 이상의 체인점을 운영 중이다. 미국 샌프란시스코, 피닉스, 라스베가스, 호놀룰루, 텍사스, 앨라배마, 마이애미, 디트로이트에 직영점이 있다. 주요 거점 도시는 LA, 샌디에이

• 커피빈 로고와 매장 분위기

자료: © Terence(위키피디아, ⓒⓘ)

고를 비롯해 캘리포니아 남부이다.

캘리포니아 외의 대부분의 지점들은 프랜차이즈 방식이다. 싱가포르의 빅터 사순(Victor Sassoon) 사가 동남아시아 전역에서 프랜차이즈 형태로 운영 중이다. 호주, 브루나이, 중국, 이집트, 인도, 인도네시아, 이스라엘, 한국, 쿠웨이트, 말레이시아, 멕시코, 필리핀, 카타르, 스리랑카, 아랍에미리트, 베트남에서도 영업 중이다.

1963년 모나 하이먼(Mona Hyman)과 허버트 하이먼(Herbert Hyman)이 LA에 처음 커피전문점을 열었으며, 지금도 이 지점은 운영되고 있다. 커피콩의 이미지가 회사의 로고이다. 1963년 설립 이래 최고 품질의 원두와 희귀한 차를 구하기 위해 전 세계의 원산지 조사를 진행했다. 에티오피아를 비롯한 아프리카, 라틴아메리카, 인도네시아, 콜롬비아 등 원산지에서 들여온 최상급 원두를 사용한다. 현재 22종의 커피와 20종의 차를 판매하고 있다.

커피와 차를 생산하는 농장들과 직수입 관계를 맺으면서 최고의 원두와 차를 수확할 수 있도록 지원과 연구를 병행하고 있다. 유럽 방식으로 소량의 원두를 매일 볶아 개별 매장에 하루 단위로 배송한다. 또한 허브티와 과일차를 비롯한 건강음료, 빵, 샌드위치 등의 간단한 식사도 판매한다. 한국에는 2000년 6월 프랜차이즈 체인 형태로 커피빈코리아가 설립되어, 2001년 5월 서울시 강남구 청담동에 1호점(현 학동역점)을 열었다.

카페테리아

카페테리아는 일반적으로 서비스를 받는 레스토랑과는 그 공간 구성이 다르다. 많은 사람들이 한꺼번에 이용하는 셀프서비스의 형태로 고객이 직접 음식을 선택하고 계산한 후 식사를 마친 후에는 식기 등을 식기 반납대로 반납하는 형식이다. 대부분 휴게소, 학교, 기업의 직원 식당 등에서 많이 시행하고 있는 방식이며, 객석의 시설은 의자 및 테이블로 구성되고, 음료대가 반드시 설치되어야 한다.

주방과 객석, 계산대의 공간 비율은 25:75 이상으로 주방이 충분히 넓어야 하며, 음식의 공급, 조리, 잔반 처리 등의 시설 또한 최대한 일련의 선상으로 계획한다.

카페테리아의 마감 계획은 대중이 직접 이용하므로 위생과 청결관리에 철저히 신경써야 하고, 특히 소음을 최대한 줄일 수 있는 흡음 성능의 재료를 사용하여 산만해지지 않도록 관리한다.

찬(세종대학교 광개토관 15층)

세종대학교 광개토관 15층 스카이라운지에 위치한 학생식당으로 단체 급식을 하는 곳이다. 깔끔하고 고급스러운 인테리어로 내부 및 외부 방문객이 식사를 하는 곳으로 메뉴를 직접 선택하여 담고 식사 후에는 퇴식구에 식기를 반납하여야 한다.

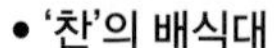

• '찬'의 배식대

• '찬'의 테이블

사람들은 어떤 카페를 좋아하는가?

유명하고 성공한 카페들은 어떤 공통점을 가지고 있을까? 유명한 성공카페는 대부분 명확한 자신만의 카페 콘셉트를 유지하고 있으면서 동시에 고객과의 커뮤니케이션을 원활하게 이끌어 낸다.

정서만족을 위한 레저공간 '카페'

카페는 유·무형의 고객과의 커뮤니케이션이 음식이나 서비스와 더불어 굉장히 중요한 포인트이다. 고객과 원활한 호흡을 위해서는 카페 고객이 원하는 것을 잘 파악해야 한다. 그렇다면 고객들이 카페에 바라는 것은 무엇일까?

얼핏 비슷하게 느껴지는 레스토랑과 카페의 고객은 원하는 점이 미묘하게 다르다. 레스토랑에서 고객이 원하는 것은 굉장히 분명하다. 바로 '맛있는 식사'이다. 물론 단순히 식사 외에도 가족행사나 비즈니스 미팅과 같은 사회적 이유가 동반되기도 하지만, 일반적으로는 맛있고 즐거운 식사가 우선된다고 볼 수 있다.

즉, 배부른 상태에서 레스토랑을 찾는 사람은 없다고 봐도 무방한 것이다. 레스토랑에서는 이러한 고객에게 필요한 식사가 무엇인지, 그리고 그 식사를 위해 갖추고 있어야 하는 서비스, 인테리어, 입지 등이 무엇인지를 고민하면 된다. 카페보다 훨씬 난이도가 높고 복잡한 메뉴기획과 서비스에 대한 고민이 필요하지만, 객관적이며 명확한 답이 있다고 볼 수 있다.

그러나 카페 고객은 조금 다르다. 고객들이 무엇을 필요로 하는지가 명확하지 않다. 식사를 위해 온 고객, 지인과 대화를 위해 온 고객, 혼자만의 작업을 위해 온 고객, 휴식을 위해 온 고객, 맛있는 차 한 잔을 마시러 온 고객 등 고객이 필요로 하는 것이 무엇이고 이를 위해 나는 무엇을 준비해야 하는지 경우의 수가 너무 많다.

이렇게 다양한 고객들을 위해 모든 준비를 갖추기란 불가능에 가깝다. 카페는 고객이 필요로 하는 많은 요소들을 금전적인 문제나 인력적인 문제 등 여러 부족한 여건으로 레스토랑처럼 치밀하게 준비할 수가 없다. 결국 카페에서는 메뉴, 음료, 인테리어, 서비스 등 고객을 위한 각 요소가 부분적으로 부족하게 구성된 상태로 고객을 응대할 수밖에 없다.

그러나 성공하는 카페들은 이렇게 많은 부분이 부족한 여건 속에서도 여전히 장사도 잘되고, 고객도 끊이지 않을 뿐더러 더욱이 고객의 컴플레인도 거의 없다.

왜 이런 현상이 나오는 걸까? 카페는 단순한 외식공간이 아닌 일종의 레저공간이기 때문이다. 포만감보다 정서적 만족을 위해 찾는 경우가 많다. 또한 카페는 고객들이 필요한 모든 것을 갖추고 있는 장소가 아니다. 카페 고객들이 카페의 기대치를 스스로 조절한다.

즉, 멋진 메뉴나 서비스 혹은 인테리어가 성공요소가 아니라, 얼마큼 고객들이 편안한 마음으로 지낼 수 있느냐가 성공요소인 것이다.
그렇다면 현재 우리나라의 카페 고객들은 누구일까? 물론 여기서 말하는 카페는 식사나 음료를 판매하고 있는 개인오너카페를 말한다. 프랜차이즈형 커피전문점과 베이커리는 제외한다. K 씨가 오픈한 카페 5곳의 고객 성비와 연령대를 살펴보면 다음과 같다.

여성들의 아지트

오픈 후 3개월간 이용 고객 중 여성비율은 평균 76%를 차지한다. 24%의 남성들도 대부분 여성을 따라 온 커플 고객이 많았으며, 남성끼리 방문한 경우는 거의 없다. 또한 방문고객 중 81%가 20~30대였다. 즉, 카페는 20~30대 여성들의 아지트로서의 기능을 한다고 본다.
중요한 점은 아지트는 프로페셔널한 감성이 아니라는 것이다. 정서적 만족감을 느끼는 공간이 어디인가? 바로 내 방이다. 카페는 내 방보다 나은, 그러나 내 방처럼 편안한 장소여야 한다. 그러면서 명확한 콘셉트가 있어야 한다. 결국 20~30대 여성들이 원하고 꿈꾸는 집이나 방을 모티프로 삼아야 한다. 그 곳의 감성, 소품, 메뉴 등을 구현하여 그 곳에서 쉬고 먹고 이야기할 수 있도록 만들어야 성공카페가 될 수 있다. 홍대, 가로수길, 삼청동의 성공한 카페들을 살펴보면 대부분 여성들이 꿈꾸는 집을 콘셉트로 잡고 있다.
많은 개인들이 카페 오픈을 내 집 꾸미듯 편하게 생각하고 직접 오픈에 나서게 된다. 그러나 본인의 감성수준이 고객과 비슷한 수준이거나 낮은 경우 대부분 실패하게 된다.
이런 부분 때문에 개인카페 창업이 쉽지 않다. 카페는 외식전문가, 디자이너들에게는 수준의 다운그레이드(down grade)가 필요하고, 평범한 사람에게는 업그레이드(up grade)가 필요하다. 특히 개인이 운영하는 카페는 매우 프로페셔널해도, 매우 아마추어스러워도 성공하지 못한다. 고객의 눈높이보다 약간 상회하는 수준으로 기획해야 한다. 또한 콘셉트가 명확해야 한다.
이를 위해서는 많은 카페들을 다니고, 보고, 느껴봐야 한다. 레스토랑과 카페의 차이점은 고객이다. 카페를 찾는 고객에 대한 이해를 하기 위해서는 내가 먼저 카페고객으로서 충분히 느껴야 좋은 카페를 만들 수 있다.

자료: 월간식당. 카페 창업, 고객을 명확히 아는 것부터, 2010. 4. 2.

부록 1

전시 공간 연출 사례

천일염 요리경연 한마당

1. 추진배경

① 식품으로 전환(2008년 3월)한 천일염은 다양한 상품으로 출시 및 전시회 개최, 천일염의 우수성 홍보 등을 통해 일반 소비자들에게 가치가 부각되고 있으나, 외국 요리사에게도 체험 및 홍보가 필요하다.

- 식품에 있어 가치 기준인 맛을 표현하는 천일염을 부각할 수 있는 자리가 부족하여, 실제 천일염을 사용한 요리 품평회를 통해 요리사 및 소비자들이 비교 체험할 수 있는 기회를 제공한다.

② 대한민국 천일염 품질 홍보 및 소비자 신뢰 제고 등을 위해서는 일반적인 전시나 단순한 이벤트를 넘어서는 행사가 필요하다.

- 이를 위해 천일염을 활용하여 전문요리가, 음식평론가, 소비자가 직접 평가하고 참여할 수 있는 경연 형식의 행사를 추진한다.
- 우수 천일염 및 천일염 응용제품을 소개할 수 있는 자리를 함께 마련하고, 해외 쉐프 쿠킹 쇼를 통해 소금의 중요성, 천일염의 우수성을 소개할 수 있도록 추진한다.

2. 기본방향

① 국내의 유명 호텔 및 식당 조리장 등을 추천 선발하여, 천일염의 맛과 특성을 살릴 수 있는 요리 메뉴를 신청 받아 선정한다.

② 선정 메뉴를 국내 천일염으로 조리하여, 국내 음식평론가들로 구성된 심사위원회의 평가로 우수 요리를 선정하여 시상한다.

③ 부대행사로 우수염전 사례 및 소금가공품의 전시를 통해 천일염 우수성을 홍보한다.

- 대한민국의 우수한 천일염과 세계적인 명성을 얻고 있는 프랑스, 이탈

리아 소금을 사용하여 만든 요리를 비교하여 시식을 추진한다.

3. 행사개요

① '천일염 요리 경연 한마당' 사업개요

- 행사주최: 농림수산식품부, 한국농수산식품유통공사
- 행사주관: 사단법인 한국음식조리인연합
- 행사기간: 2012년 5월 8일~11일(우수염전 홍보 및 가공식품 전시)
- 경연일: 2012년 5월 10일(목), 본선 경연 시간: 12:00~14:30
- 경연장소: 일산 킨텍스 KFS(Korean Food Show) 행사장

② 주요 행사내용

- 본 행사(천일염 요리 경연 대회 운영) / 요리사 20명
  - 메뉴 2종(전채요리 1, 메인요리 1)을 천일염을 사용한 요리로 심사위원회에 출품
  - 심사위원은 참가자가 제출한 요리 3종을 분석하여 맛이 뛰어나며, 천일염의 특성을 살릴 수 있는 메뉴 1종을 최종 선정

③ 부대행사 운영

- 해외 유명 셰프 쿠킹 쇼
  - 해외 및 국내 요리 전문가 2인이 참여하는 쿠킹 쇼(cooking show) 진행
  - 조리과정 중 한국의 천일염을 사용하고, 조리과정에서 소금의 중요성 및 천일염 장점 유도, 방송인 등 시식 시간 마련
- 우수 염전 및 천일염 제품 전시
  - 2011년 제1회 염전 콘테스트 수상 염전 외 우수 천일염 가공품 및 천일염을 활용한 건강제품 등을 전시하여, 언론 방송 취재진에게 공개
- 천일염 소비와 홍보를 위한 다채로운 행사 진행

- 천일염 음악회(어린이 합창), 로고송, 천일염 홍보 음악회

- 천일염 세계화 포럼
  - 단체: 사)천일염세계화포럼(김학용 국회의원님 주관)
  - 일정: 5월 10일(목요일) 오전 10~11시
  - 장소: 요리경연장 내(內) 무대
  - 인원: 천일염 관련 단체 및 내빈 100여 명
  - 내용: 천일염 세계화 포럼 및 세미나
- 천일염 식재료를 활용한 홍보전시
  - 천일염의 효능 등 우수성을 위한 음식이야기(김치 및 발효식품)
  - 단체: 사)한국음식문화재단
  - 일정: 5월 10일(목요일) 오전 10시~오후 17시
  - 장소: 요리경연장 내(內) 무대 앞 공간
  - 규모: 20평 내외
  - 내용: 천일염의 대표적인 식재료 김치를 활용한 천일염 홍보 천일염 김치홍보전시, 천일염 효능, 시식행사
- 천일염 시식체험 행사 및 기념품 제공
  - 천일염 생선구이, 전, 인절미, 프리첼 시식행사
  - 기념품 장바구니 제공

4. 천일염 생산지 투어

중국 4성급 호텔 주방장 및 사장단 30명을 초청(중국 반점협회)한다.

5. 전시 디자인의 콘셉트

소금과 바다를 상징하는 색상으로 순백색의 깨끗한 천일염을 표현한다.

6. 전시장 사진

Competition Festival
천일염 요리경연 한마당 행사
프랑스의 게랑드, 이태리의 코마치오 소금과 함께
국 갯벌 천일염을 세계 3대 명품 소금으

미국 NRA 식품전시회

NRA는 국립 레스토랑 협회 이상의 380,000개 레스토랑의 위치를 나타내는 미국의 레스토랑 산업 사업 협회로, 전국 레스토랑 협회 교육 재단을 운영하고 있다. 삶의 질을 향상, 번영, 명성, 그리고 참여의 새로운 시대에 미국의 레스토랑 산업을 이끌어 것이라는 비전을 가지고 있으며 1919년에 설립되어 워싱턴에 본사를 두고 있다.

세계 외식업계 종사자들의 최대 이벤트인 '2011 국제외식산업박람회(NRA 2011 Show)'가 2011년 5월 21일부터 5월 24일까지 개최되었다. 1년 전부터 인터넷 예매가 가능한데 전년도 연말까지는 티켓 정상가의 30% 정도의 금액만 지불하면 입장권을 구입할 수 있었다. 12월쯤 30불에 입장권을 구입하면 입장권과 명찰, 자세한 지도와 셔틀버스 이용 방법 등이 상세하게 적혀 있는 자료를 다음 해 3월 말쯤 우편으로 받을 수 있다.

NRA 식품전시회는 호텔과 레스토랑 및 식음료업계 관계자들이 업계 최신 트렌드는 물론 외식산업 전반에 걸친 다양한 제품 정보와 산업 동향을 파악할 수 있는 장소로 호평 받고 있다.

전시장 가득 참여업체의 홍보와 시식코너가 마련되어 있고 너무 넓어 출입구 번호를 외워놓지 않으면 길을 잃어버리기 십상이다. 전시기간 내내 다양한 세미나와 요리시현 등이 세미나실에서 개최되고, 각종 이벤트가 업계와 연계되어 실시된다. 특히 시카고의 유명한 레스토랑을 투어하면서 키친을 둘러보는 이벤트도 있다.

군데군데 낯익은 한국 음식도 시식을 할 수 있는데 뻥튀기, 비빔밥 등 외국인들도 신기한 듯 줄을 서서 시식을 하기도 한다. 농림수산식품부와 농수산물유통공사는 '한식 세계화 추진'의 일환으로 다양한 한식과 전통주(酒)를 미국 시장에 홍보하고 있었다. 시카고에 현지인들도 한국음식을 호기심과 기대어린 눈으로 집중하고 관심을 가졌다.

NRA 전시는 눈으로 즐기는 것뿐 아니라 입으로 먹으면서 체험할 수 있다는

Discover Korea's
Delicious Secret

All Natural
15 calories
IDAHOAN

Yield.
Maintain your creative edge
Iceberg
chef

HOSHIZAKI
LANCER

NEW
Brew Tea
Brew Green Tea

것도 다른 전시에 비해 기대를 갖게 하는 요인 중 하나이지만 이외에도 각종 이벤트와 기발한 아이디어로 방문한 사람들을 즐겁게 해준다는 데 기대 이상의 만족감을 갖게 한다. 또 햄버거를 높이 쌓아서 만든 햄버거 상품은 지나가는 사람들로 하여금 진짜인지 한 번 더 확인하며 발걸음을 멈추게 했다.

각종 테이크아웃 음식이나 선물 포장용 용기와 꽃 모양의 그릇은 모양과 색이 예뻐 한번 만져보고 싶은 생각이 들게 하고 각종 테이블 세팅이나 냅킨, 테이블 클로스를 전문으로 제작하는 업체에서는 명함을 달라고 하며 적극적으로 세일즈를 한다. NRA는 외식산업의 전반적인 트렌드를 읽을 수 있는 좋은 기회이다.

부록 2

실습: 외식 공간 모델링 디자인해보기

30×30cm 공간에 자신이 하고 싶은 업종과 업태를 정하고 업태에 따른 외식공간을 모델링 디자인을 해본다. 업태가 나왔다면 디자인계획에 따른 주조컬러를 선택하고 그에 따른 벽과 바닥 등에 쓰일 재질을 선택한다. 간단하게 컴퓨터의 3D작업이나 아이디어 스케치를 해보고 30×30cm 공간 안에 제작해 본다.

• 아이디어 스케치

제목	
이미지 스타일	
사이즈	
주조컬러	
재질	
바닥 재질	
콘셉트	
아이디어 스케치	

해변으로 가요

이미지 스타일 심플 스타일(simple style), 내추럴 스타일(natural style)

사이즈 30×30cm

주조컬러 흰색, 코발트블루

재질 아크릴, 나무, 모래

바닥 재질 아크릴, 모래

콘셉트 파란색과 흰색의 조화로 편안하고 시원한 여름 해변의 카페(cafe)를 연출하였다. 전체적으로 튜브나 소라, 불가사리 등을 넣어 바다를 연상하도록 하였으며 바닥과 벽 한쪽에도 아크릴을 사용하여 투명한 느낌을 전달하였다. 테이블에는 흰 테이블 클로스를 덮고 하늘색 러너를 깔아 바다의 느낌을 컬러로 전달하였으며 의자의 바닥은 배의 키를 연상시키는 모양으로 제작하였다. 바닥은 가볍고 충격에 강한 아크릴을 사용하여 투명감을 주었고, 투명한 아래 모래와 바다 해초 등을 놓음으로써 바다 위에 떠 있는 느낌을 주려고 하였다.

• 유지은 학생(여주대학교 푸드코디네이션과), 해변으로 가요

힐링 찻집

이미지 스타일 내추럴 스타일(natural style)

사이즈 30x30cm

주조컬러

재질 나무 느낌

바닥 재질 나무 바닥

콘셉트 힐링을 주제로 나무의 소재를 많이 사용했으며 찻집 안에 있으면 마치 숲속에 있는 느낌이 든다. 벽면 밑 부분은 나무 단면을 이용하여 붙여 나무의 편안한 느낌을 자연스럽게 표현하였으며 같은 이미지를 주기 위해 바닥도 나무 느낌으로 표현하였다. 테이블 역시 나무의 단면을 이용하여 연출하고 의자도 같은 느낌으로 표현하였다. 벽면 장식에 책을 장식하였으며 나무 소재를 이용한 소품을 이용하여 전체적으로 편안한 느낌을 연출하였다.

• 김명준 학생(여주대학교 푸드코디네이션과), 힐링 찻집

참고문헌

국내 및 국외문헌

강진형 외(2006). 아름다운 우리 식기. 교문사.
구난숙 외(2001). 세계속의 음식문화. 교문사.
국제파티협회(2011). 파티 플래너 길라잡이. 수학사.
권영걸(2003). 공간디자인 16강. 도서출판 국제.
권영걸(2004). 색채와 디자인 비즈니스. 도서출판 국제.
김경미 외(2006). 색채와 푸드스타일링. 교문사.
김경임 외(2007). 푸드코디네이션 개론. 파워북.
김미주(2008). 커피경제학. 지훈.
김영갑 외(2010). 외식마케팅. 교문사.
김영갑 외(2011). 외식창업론. 교문사.
김영한 외(2003). 스타벅스 감성마케팅. 책아책아 기획.
김인권(2004). 전시디자인. 태학원.
김재규(2000). 유혹하는 유럽도자기. 한길아트.
김정해(2011). 좋아 보이는 것들의 비밀, 컬러. 길벗.
김주경 외(2010). 컬러스토리. 교문사.
김진한(2002). 색채의 원리.
김태정 외(1999). 음식으로 본 동양문화. 대한교과서.
김헌희 외(2001). 외식산업경영의 이해. 백산출판사.
김현지 외(2009). 상업공간디자인. 신정
니콜라 게겐(2006). 소비자는 무엇으로 사는가. 지형.
로이 스트롱 저, 강주현 역(2005). 권력자들의 만찬. 넥서스BOOKS.
맛시모 몬타나리 저, 주경철 역(2001). 유럽의 음식문화. 새물결.
메리 C. 밀러 저, 박영순 역(2000). 실내건축의 색채. 교문사.
문은배(2002). 색채의 이해. 도서출판 국제.
문은배(2005). 색채의 이해와 활용. 안그라픽스.

문창희 외(2007). 테이블 코디네이트. 수학사.
박란숙 외(2007). 파티, 파티 만들기. 수학사.
박명순 외(2007). Color Design Project 14. 교문사.
박명환(2007). COLOR DESIGN BOOK. 길벗.
성기혁(2002). 색즉시색. 교학사.
식공간연구회(2008). 테이블 코디네이트의 역사. 교문사.
쓰지하라 야스오 저, 이정환 역(2002). 음식, 그 상식을 뒤엎는 역사. 창해.
에바 헬러 저, 이영희 역(2002). 색의 유혹. 예담.
오경화 외(2004). 테이블 코디네이트. 교문사.
오인욱(2007). 실내계획. 기문당.
원융희 외(2001). 레스토랑 메뉴디자인. 신광출판사.
원융희(1999). 세계의 음식문화. 도서출판 자작나무.
유동혁(2004). 색, 색을 먹자. 기획출판 거름.
이미혜 외(2007). 공간디자인과 테이블 스타일링. 기문당.
이성우(1997). 한국식품문화사. 교문사.
이연숙(1998). 실내 디자인 양식사. 연세대학교 출판부.
이유재(1999). 서비스마케팅. 학현사.
이학식 외(2006). 소비자행동(제4판). 법문사.
임영상 외(1997). 음식으로 본 서양문화. 대한교과서.
정현숙 외(2007). 푸드비즈니스와 푸드코디네이터. 수학사.
조은정(2005). 테이블 코디네이션. 도서출판 국제.
최정신 외(2009). 실내디자인. 교문사.
크리스티안 미쿤다 저, 최기철 외(2005). 제3의 공간. 미래의 창.
폴 프리드먼 저, 주민아 역(2001). 미각의 역사. 21세기 북스.
홍성용(2007). 스페이스마케팅. 삼성경제연구소.
하워드 슐츠 저, 홍순명 역(2005). 스타벅스 커피한잔에 담긴 성공신화. 김영사.
한경수 외(2005). 외식경영학. 교문사.

한국실내디자인학회편(1997). 실내디자인 각론. 기문당.
한국외식정보 편집부(2006). 한국외식연감 2006. 한국외식정보(주).
한기증(2009). 색채학의 이해. 기문당.
한복진(2002). 우리생활 100년, 음식. 현암사.
황규선(2007). 테이블 디자인. 교문사.
황지희(2002). 푸드코디네이터학. 효일.

Chris Bryant & Paige Gilchrist(2000). *The new book of table settings.* Lark Books.
Emily Chalmers(2001). *Table inspirations.* Ryland Peters & Small.
Mehribian A. Russel JA(1974). *An Approach to Environmental Psychology.* Cambridge, MA:MIT Press.
Potterybarn(2004). *Dining spaces.* Oxmoorhouse.

국내논문

김미영(2008). 한식 패스트푸드형 레스토랑의 미국 진출을 위한 현지인의 인식에 대한 연구: 미국 LA 지역을 중심으로. 세종대학교 관광대학원 석사논문.
서울산업대학교(2010). 조선시대 궁중식기 복원 및 현대적 적용-II. 서울산업대학교 공예문화디자인혁신센터.
임유정(2008). 브랜드이미지전략의 오감마케팅이 소비자 구매행동에 미치는 영향에 관한 연구. 성균관대학교 석사논문.
채경아(2009). 식공간(食空間)을 위한 감성적 공간 연출에 관한 연구. 경원대학교 석사논문.
채원우(2010). 상업공간에 설치된 개실(Room)에 대한 공간 연구 분석: 각국의 전통주거와 연관된 한, 중, 일 식음공간의 개실, 반개실에 대하여. 한양대학교 석사논문.
한국프랜차이즈협회(2004). 프랜차이즈 인테리어 디자인 디스플레이 사례연구. 산업자원부.
황규원(2008). 소비자 라이프스타일에 따른 식공간 연출 요소에 관한 연구. 경기대학교 박사논문.

웹사이트

http://www.lottehotelseoul.com

http://www.theerewhon.com

http://www.nilli.co.kr

http://www.chinafactory.co.kr

http://www.ritzcarltonseoul.com

http://www.ebisura.co.kr

http://www.mcdonalds.co.kr

http://www.kfckorea.com

http://www.burgerking.co.kr

http://www.paris.co.kr

http://www.tlj.co.kr

http://www.krispykreme.co.kr

http://www.madforgarlic.com

http://www.design.co.kr

http://www.blacksmith.co.kr

http://search.naver.com

찾아보기

ㅅ

ㅇ

ㅈ

저자소개

홍종숙

세종대학교 조리외식경영학 박사
한국생산성 e-러닝센터 우편원격교육 외식경영아카데미 자문위원
현재 여주대학교 푸드코디네이션과 교수
저서 《레스토랑 메뉴관리》, 《외식마케팅》, 《외식창업론》 외 다수

전지영

세종대학교 조리외식경영학 박사
파프리카 대표
전 청와대 비서실 영양사
현재 세종대학교 조리외식경영학과 겸임교수
저서 《푸드비즈니스와 푸드코디네이터》, 《레스토랑 메뉴관리》 외 다수

조태옥

세종대학교 조리외식경영학 박사
현재 (사)세종전통음식연구소 소장
신한대학교 식품영양학과 겸임교수
저서 《한식조리기능사》, 《외국인을 위한 김치 조리서》 외 다수

외식 식공간 연출

2014년 10월 24일 초판 인쇄 | 2014년 10월 30일 초판 발행

지은이 홍종숙·전지영·조태옥
펴낸이 류제동 | **펴낸곳** ㈜교문사

전무이사 양계성 | **편집부장** 모은영 | **책임진행** 김소영 | **디자인** 김재은 | **본문편집** 우은영
제작 김선형 | **홍보** 김미선 | **영업** 이진석·정용섭·송기윤
출력 동화인쇄 | **인쇄** 동화인쇄 | **제본** 한진제본

주소 413-756 경기도 파주시 문발로 116(교하읍 문발리 출판문화정보산업단지 536-2)
전화 031-955-6111(代) | **팩스** 031-955-0955
등록 1960. 10. 28. 제406-2006-000035호
홈페이지 www.kyomunsa.co.kr | **E-mail** webmaster@kyomunsa.co.kr

ISBN 978-89-363-1431-6(93590) | **값** 23,000원

* 저자와의 협의하에 인지를 생략합니다.
* 잘못된 책은 바꿔 드립니다.